中国工程造价咨询行业发展报告
（2023版）

主编◎中国建设工程造价管理协会

中国建筑工业出版社

图书在版编目（CIP）数据

中国工程造价咨询行业发展报告：2023 版 / 中国建设工程造价管理协会主编 . —北京：中国建筑工业出版社，2023.10

ISBN 978-7-112-29144-1

Ⅰ. ①中… Ⅱ. ①中… Ⅲ. ①工程造价—咨询业—研究报告—中国— 2023 Ⅳ. ① TU723.3

中国国家版本馆 CIP 数据核字（2023）第 173646 号

责任编辑：赵晓菲 朱晓瑜 张智芊
责任校对：芦欣甜
校对整理：张惠雯

中国工程造价咨询行业发展报告（2023 版）

主编 中国建设工程造价管理协会
*
中国建筑工业出版社出版、发行（北京海淀三里河路 9 号）
各地新华书店、建筑书店经销
北京雅盈中佳图文设计公司制版
北京云浩印刷有限责任公司印刷
*
开本：787 毫米 × 1092 毫米 1/16 印张：19 字数：326 千字
2023 年 12 月第一版 2023 年 12 月第一次印刷
定价：109.00 元
ISBN 978-7-112-29144-1
（41870）

主　审：

王　玮

审查人员：

谭　华　林乐彬　成　明　赵　彬　柯　洪　王　晶

奚　萍　鲍立功　李　媛　张　超　沈　萍　李静文

黄　峰　刘宇珍　梁祥玲　龚春杰　陈光侠　徐逢治

王如三　陈　奎　王　磊　金玉山　邵重景　于振平

康增斌　恽其黎　谭平均　叶巧昌　温丽梅　贺　垒

徐　湛　陶学明　彭吉新　岳春燕　王彦斌　贾宪宁

赵　强　金　强　刘汉君　周小溪　付小军　刘学民

朱四宝　董士波　杨晓春

综述

本报告基于 2022 年我国工程造价咨询行业发展总体情况,从行业发展现状、行业结构、行业收入、影响行业发展的主要环境因素、行业存在的主要问题及对策展望等方面进行了全面梳理和分析,归纳总结了行业 2022 年度主要事件和重大成果,反映了 2022 年我国工程造价咨询行业的发展概况。

住房和城乡建设部 2022 年工程造价咨询统计公报中说明,为贯彻落实《国务院关于深化"证照分离"改革进一步激发市场主体发展活力的通知》(国发〔2021〕7 号)要求,2022 年工程造价咨询统计调查制度调整了统计口径,统计范围由原具有工程造价咨询资质的企业改为开展工程造价咨询业务的企业。通过数据分析显示,2022 年工程造价咨询企业和从业人员的增速远大于企业营业收入的增速,其主要原因是工程造价咨询企业资质取消后,工商部门新登记注册了大量从事工程造价咨询业务的企业,但新增的企业中绝大部分还未开展或是刚开展少量工程造价咨询业务,因此,虽然行业头部企业营业收入仍保持稳步增长态势,但是行业的整体增速放缓。

从企业结构分析,随着建筑业改革的不断深化,专营类企业数量逐渐减少,企业主营业务朝着多元化方向发展;从人员结构分析,开展工程造价咨询业务的从业人员数量持续增长,但是由于注册造价工程师数量不再作为企业登记注册时的强制性要求,虽然注册造价工程师数量持续增长,整体增速放缓。在多元化发展趋势驱动下,企业专业技术人员的规模逐渐扩大,高级职称人员占专业技术人员的比例逐年上升,行业人才结构不断完善;从营业收入分析,工程造价咨询行业造价营业收入增速放缓,由于增量企业中绝大部分还未开展或是刚开展少量工程造价咨询业务,在分母变大的情况下,全国企业平均营业收入和人均收入均有所下降;从造价咨询业务专业和阶段分析,房屋建筑工程仍占造价咨询业务收入比重较大，房屋建筑工程与市政工程、公路工程、水利工程、火电工程专业收入占比合计超 80%，结（决）算阶段、全过程工程造价咨询收入占据重要地位。

行业发展主要影响因素分析显示，在政策环境方面，2022 年国家着力推动行业高质量发展，围绕新型城镇化和城市更新出台一系列政策，拓展了行业发展空间，标准化工作助推行业规范发展，企业信用评价为行业营造了公平竞争的环境，节能降碳推动行业绿色可持续发展，数字经济助力行业智慧转型升级，未来工程造价咨询行业将朝着绿色化、智慧化、数字化发展；在经济环境方面，2022 年宏观经济环境稳中有进，建筑业整体保持稳中趋缓态势，房地产业进入深度调整期；在技术环境方面，围绕 BIM、大数据、云计算、人工智能等新型信息技术，如何抓住数字化转型机遇，推动行业全面数字化转型，成为工程造价咨询行业和企业必须面对的新课题。

综合当前发展情况，工程造价咨询行业正处于整体转型发展期，主要存在工程造价咨询企业和注册造价工程师的综合服务能力有待提升，行业低价恶性竞争依然存在，行业信息化推进难度大等问题。针对上述问题，相关部门正加大工程造价市场化改革步伐，加强行业监管体系建设，强化工程造价咨询行业数字化转型顶层设计。行业协会也将不断完善行业信用评价和行业自律工作，通过平台搭建、标准制定、课题研究等方式，帮助企业主动融入国家"双碳"、城市更新等，助推工程造价咨询行业健康发展。

CONTENTS 目录

第一部分

全　国　篇

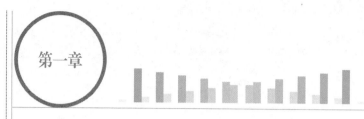

第一章

行业发展状况

2022 年是党和国家历史上极为重要的一年。党的二十大胜利召开，擘画了全面建设社会主义现代化国家、以中国式现代化全面推进中华民族伟大复兴的宏伟蓝图。随着工程造价改革持续深化，工程造价咨询行业不断进行自我革新，注重造价专业人才培养，大力推进行业数字化转型升级，高质量发展取得新成效，已经成为中国建筑业和工程咨询领域重要的专业力量。

第一节　整体发展水平

一、固定资产投资总体情况

2022 年全年全社会固定资产投资 579556 亿元，比上年增长 4.9%。其中，固定资产投资（不含农户）572138 亿元，增长 5.1%。

在固定资产投资（不含农户）中，第一产业投资 14293 亿元，占全年固定资产投资（不含农户）2.5%，比上年增长 0.2%；第二产业投资 184004 亿元，占全年固定资产投资（不含农户）32.2%，增长 10.3%；第三产业投资 373842 亿元，占全年固定资产投资（不含农户）65.3%，增长 3.0%。民间固定资产投资 310145 亿元，增长 0.9%。基础设施投资增长 9.4%。社会领域投资增长 10.9%。2022 年固定资产投资（不含农户）的分布情况如图 1-1-1 所示。

单位：亿元

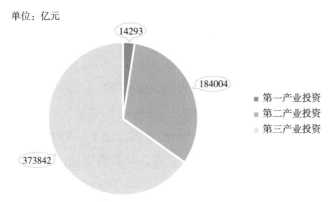

图 1-1-1 2022 年固定资产投资（不含农户）的分布情况

（数据来源：《中华人民共和国 2022 年国民经济和社会发展统计公报》）

二、建筑业发展情况

建筑业总体发展情况

2022 年，全国建筑业企业共 143621 家，全国建筑业企业从业人数为 5184.02 万人，全国建筑业总产值为 311979.84 亿元，全国具有施工资质的总承包和专业承包建筑业企业利润总额为 8369 亿元。全国建筑业发展情况具体分析如下：

（1）全国建筑业企业数量持续增加，增速较为平稳

截至 2022 年底，全国建筑业企业共有 143621 家，比去年增加了 14875 家，增长 11.55%。2020-2022 年全国建筑业企业数量变化情况如图 1-1-2 所示。

单位：家

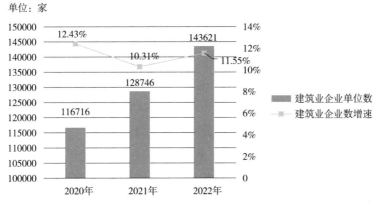

图 1-1-2 2020-2022 年全国建筑业企业数量变化情况

（数据来源：中国建筑业协会《2022 年建筑业发展统计分析》）

由图 1-1-2 可知，2020-2022 年全国建筑业企业数量分别为 116716 家、128746 家、143621 家。近三年增速均超过 10%，2020 年为近三年增速的最高点，随后，2021 年增速放缓，达到三年增速最低点，2022 年增速再次上升，说明近三年来建筑业企业数量在逐年增加，增速较为平稳。

（2）全国建筑业从业人数持续减少，减幅逐年增加

2022 年，建筑业从业人数为 5184.02 万人，比上一年末减少 98.92 万人，减幅为 1.87%。2020-2022 年全国建筑业从业人员数量变化情况如图 1-1-3 所示。

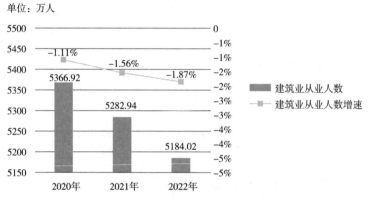

图 1-1-3 2020-2022 年全国建筑业从业人员数量变化情况

（数据来源：中国建筑业协会《2022 年建筑业发展统计分析》）

由图 1-1-3 可知，2020-2022 年全国建筑业从业人数分别为 5366.92 万人、5282.94 万人、5184.02 万人。2020 年建筑业从业人数减少 61 万人，减幅最小，为 1.11%；2022 年建筑业从业人数减少 98.92 万人，减幅最大，为 1.87%。说明近三年建筑业从业人数持续减少，且减幅逐年增加。

（3）建筑业经营规模扩大，总产值逐年增加，增速呈现先增后减

2022 年，全国建筑业总产值为 311979.84 亿元，比上一年增长 6.45%。2020-2022 年全国建筑业总产值变化情况如图 1-1-4 所示。

由图 1-1-4 可知，2020-2022 年全国建筑业总产值逐年增加，2021 年总产值比上一年增加 29132.27 亿元，增速比上一年增加 4.80 个百分点；2022 年总产值比上一年增加 18900.53 亿元，增速比上一年放缓 4.69 个百分点，说明建筑业总产值逐年增加，增速呈现先增后减。

单位：亿元

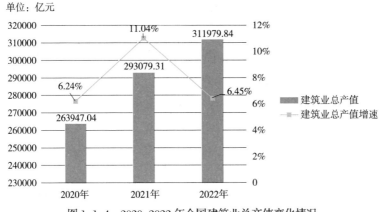

图 1-1-4 2020—2022 年全国建筑业总产值变化情况

（数据来源：中国建筑业协会《2022 年建筑业发展统计分析》）

（4）建筑业利润下滑，呈现增速先增后降的趋势

2022 年，全国建筑业企业利润总额为 8369 亿元，比上一年利润总额减少 185 亿元，下降 2.16%；增速比上一年放缓 5.18 个百分点。2020—2022 年全国建筑业企业利润总额变化情况如图 1-1-5 所示。

单位：亿元

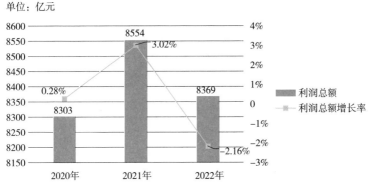

图 1-1-5 2020—2022 年全国建筑业企业利润总额变化情况

（数据来源：国家统计局年度数据）

由图 1-1-5 可知，2020—2022 年全国建筑业企业利润总额分别为 8303 亿元、8554 亿元、8369 亿元，分别比上一年增长了 0.28%、3.02%、-2.16%。2020 年利润增速不明显，几乎为零；2021 年利润增速大幅上升，为近三年增速的最高点；2022 年为近三年增速的最低点，且增速为负。说明近三年建筑业企业利润总

额变化明显，且出现下滑现象，增速呈现先升后降的趋势。

三、工程造价咨询行业发展情况

2022 年开展工程造价咨询业务的企业共 14069 家，从业人员共 1144875 人，营业收入共计 3389.39 亿元[①]，其中：工程造价咨询业务收入 1144.98 亿元，占工程造价咨询企业全部营业收入的 33.78%。行业发展情况具体分析如下：

1. 企业数量逐年递增，增速先降后升

根据 2022 年工程造价咨询统计，2022 年全国开展工程造价咨询业务的企业共 14069 家，较上年增长 23.43%。其中，主营业务包括工程造价咨询业务的企业 13742 家，占比 97.68%。2020–2022 年全国工程造价咨询企业数量变化情况如图 1-1-6 所示。

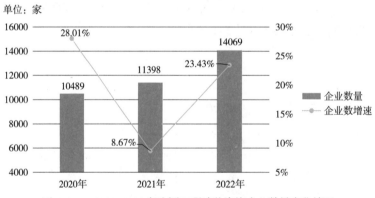

图 1-1-6　2020–2022 年全国工程造价咨询企业数量变化情况

（数据来源：《2022 年工程造价咨询统计公报》）

2. 从业人员数量持续增长，增速先回落后上升

2022 年末，开展工程造价咨询业务的企业从业人员共计 1144875 人，较上年增长 31.84%。2020–2022 年全国工程造价咨询企业从业人员数量变化情况如图 1-1-7 所示。

---

① 该营业收入对标了以往统计口径，在《2022 年工程造价咨询统计公报》公布开展工程造价咨询业务企业营业收入的基础上，剔除了勘察设计、会计审计、银行金融等业务收入，下同。

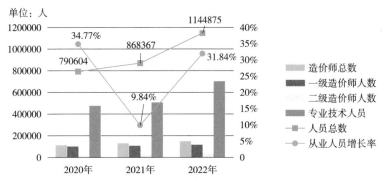

图 1-1-7 2020-2022 年全国工程造价咨询企业从业人员数量变化情况

（数据来源：《2022 年工程造价咨询统计公报》）

3. 工程造价咨询业务收入呈逐年递增态势

2022 年开展工程造价咨询业务的企业营业收入合计 3389.39 亿元[①]。其中，工程造价咨询业务收入 1144.98 亿元，占全部营业收入的 33.78%；招标代理业务收入 326.10 亿元，项目管理业务收入 623.23 亿元，工程咨询业务收入 236.51 亿元，工程监理业务收入 858.12 亿元，全过程工程咨询业务收入 200.45 亿元，分别占全部营业收入的 9.62%、18.39%、6.98%、25.32%、5.91%。2022 年工程造价咨询企业营业收入分布情况、2020-2022 年全国工程造价咨询企业工程造价咨询业务收入变化情况如图 1-1-8、图 1-1-9 所示。

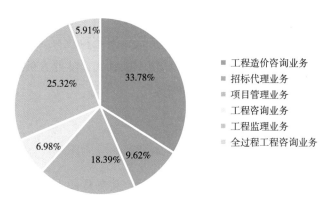

图 1-1-8 2022 年工程造价咨询企业营业收入分布情况

（数据来源：《2022 年工程造价咨询统计公报》）

---

① 为了保持延续性，该营业收入对标了以往统计口径，在《2022 年工程造价咨询统计公报》公布开展工程造价咨询业务企业营业收入的基础上，剔除了勘察设计、会计审计、银行金融等业务收入，下同。

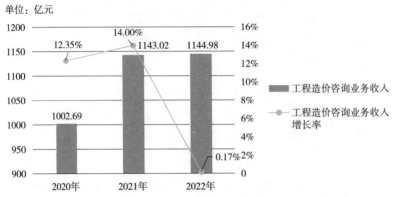

图 1-1-9　2020-2022 年全国工程造价咨询企业工程造价咨询业务收入变化情况

（数据来源：《2022 年工程造价咨询统计公报》）

2020-2022 年全国工程造价咨询业务收入分别为 1002.69 亿元、1143.02 亿元、1144.98 亿元，较上年分别增长 12.35%、14.00%、0.17%，营业收入规模逐年递增，但增速先增后减。其中，工程造价咨询业务营业收入分别占全部营业收入的 39.01%、37.39%、33.78%。

第二节　人才队伍建设

2022 年，工程造价咨询行业积极响应党和国家科技兴国和人才强国战略，积极开展人才培养体系建设，行业人才队伍不断壮大，从业人员综合素质不断增强，工程造价咨询服务专业水平不断提升。

一、行业从业人员分布情况

2022 年底，开展工程造价咨询业务的企业共有从业人员 1144875 人，比上年增长 31.84%。其中，注册造价工程师 147597 人，比上年增长 13.77%，占全部工程造价咨询企业从业人员的 12.89%。专业技术人员 701514 人，比上年增长 39.02%，占全部工程造价咨询企业从业人员的 61.27%。

2020-2022 年全国工程造价咨询企业从业人数、注册造价工程师人数、专业

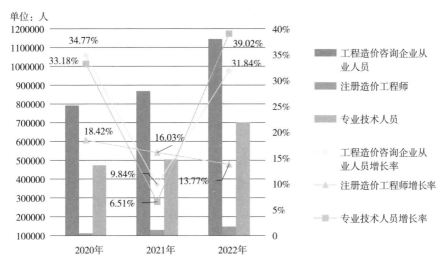

图 1-1-10　2020-2022 年全国工程造价咨询企业从业人数、注册造价工程师人数、
专业技术人数变化

（数据来源：《2022 年工程造价咨询统计公报》）

技术人数变化情况如图 1-1-10 所示。

由图 1-1-10 可知，2020-2022 年全国工程造价咨询企业从业人员、注册造价工程师以及专业技术人员的数量均逐年稳步增加。其中，工程造价咨询企业从业人员、专业技术人员增长率先降低再上升，2021 年增长率处于最低点，随后 2022 年增长率快速上升再次突破 30%；而注册造价工程师近三年增长率持续下降，2020 年为 18.42%，2021 年为 16.03%，2022 年则减少至 13.77%。

工程造价咨询企业专业技术人员中，高级职称人员 189433 人，比上年增长 44.44%，占专业技术人员 27.00%；中级职称人员 323746 人，比上年增长 31.40%，占专业技术人员 46.15%；初级职称人员 188335，比上年增长 48.21%，占专业技术人员 26.85%。2020-2022 年工程造价咨询企业专业技术人员分布情况及各类职称人数变化情况如图 1-1-11 所示。

由图 1-1-11 可知，2020-2022 年工程造价咨询企业高级职称人员、中级职称人员、初级职称人员的数量逐年稳步增加，但增长率先降后增，2021 年的高级职称人员、中级职称人员、初级职称人员增长速度均低于 10%，处于近三年最低点。随后，2022 年的高级职称人员、中级职称人员、初级职称人员增长速度快速上升。

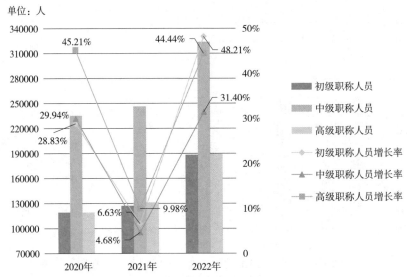

图 1-1-11　2020–2022 年工程造价咨询企业专业技术人员分布及各类职称人数变化情况

（数据来源：《2022 年工程造价咨询统计公报》）

二、人才培养工作开展情况

2022 年，为提升行业整体水平，提高人才培养质量，行业主管部门、行业协会、高等院校及企业共同努力，不断完善人才队伍建设培养体系，持续优化人才培养工作。

为积极推动行业人才队伍建设，掌握全国工程造价行业人才培养工作动态，研究行业人才工作内容和机制，中国建设工程造价管理协会（简称"中价协"）召开工程造价行业人才培养工作会，围绕行业人才培养工作调查统计的内容和机制、人才工作简报或行业人才发展报告的编制思路和办法、校企社人才培养交流平台建设等议题展开讨论，并提出政府、协会、企业、高校应联合推进"以在校教育为基础、在职教育为核心、高端人才为引领"的工程造价专业人才培养体系建设，进一步完善人才培养模式，建立协调互动机制，构建人才结构，提升人才培养质量。

　　为加强工程造价专业人才培养，持续完善行业人才知识结构，中价协组织编写了《建设工程造价管理理论与实务（2022年版）》（全国一级造价工程师继续教育培训教材）。为更好地服务工程建设发展大局，中价协举办主题为"适应新形势、探索新模式、谋求新发展"的工程造价网络直播公益讲座，针对行业关注的如何提升国际工程咨询能力、国内外工程量清单及合约造价体系差异等热点问题，中价协举办国际工程咨询专题公益讲座。

三、工程造价专业学科建设情况

　　阳光高考网统计数据显示，2022年全国共有292所高校具有工程造价本科专业招生点，2003-2022年全国开设工程造价本科专业的高校数量详见图1-1-12。

　　全国高校开设工程造价本科专业的地区分布如图1-1-13所示。图1-1-13显示，全国有28个省、自治区、直辖市的高校开设工程造价专业（暂未统计港澳台）。其中，四川和河南开设工程造价专业的高校最多（25所），其次是湖北（23所）、河北（20所）、山东（19所）和江西（18所），这些地区大多数都属建筑业大省，开设院校数量均超过15所。

单位：所

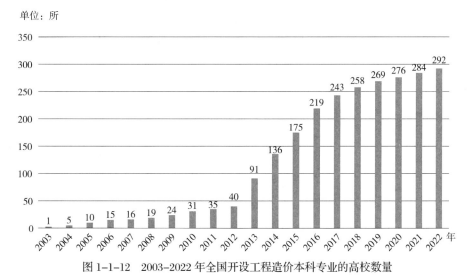

图1-1-12　2003-2022年全国开设工程造价本科专业的高校数量

（数据来源：教育部高等学校工程管理和工程造价专业教学指导分委员会发布的2022年工程造价专业发展报告）

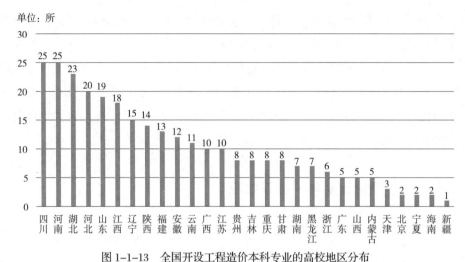

图 1-1-13 全国开设工程造价本科专业的高校地区分布

（数据来源：教育部高等学校工程管理和工程造价专业教学指导分委员会发布的 2022 年工程造价专业发展报告）

目前，全国各地工程造价专业招生院校地区分布尚不均衡，西北地区开设院校偏少，宁夏、新疆分别只有 2 所和 1 所高校开设工程造价本科专业，而西藏、青海等地高校均未开设工程造价本科专业。随着新基建和"一带一路"倡议的不断推进，这些地区的工程造价专业发展将迎来新的契机。

2012-2022 年全国工程造价本科专业招生总人数及地区分布如表 1-1-1 所示。10 年间，工程造价本科专业招生总人数增长 5.86 倍，其中，增幅最大的是华南地区，从 2012 年的 100 人快速增至 2022 年的 1899 人，10 年间增长 18.99 倍。但从各地近 5 年招生数量看，总体趋于平稳，专业热度比较稳定。

近 10 年工程造价本科院校招生总人数及地区分布（单位：人）   表 1-1-1

年份		2012	2013	2014	2015	2016	2017	2018	2019	2020	2021	2022
招生总人数		4234	7909	11541	15138	17110	18836	20390	20955	21048	21740	24811
地区	东北	616	970	1462	1540	1611	1753	1854	1870	1844	2239	1767
	华南	100	266	696	919	938	1257	1318	1330	1241	1795	1899
	西北	162	710	1263	1381	1700	1827	1911	1954	1927	1836	1933

续表

年份		2012	2013	2014	2015	2016	2017	2018	2019	2020	2021	2022
地区	华中	601	1171	1698	2661	3033	3451	3736	3758	3903	3012	4008
	西南	1801	2830	3207	3838	4291	4561	4834	5193	5074	4890	5447
	华北	479	900	974	1188	1441	1604	2098	2105	2093	2239	2980
	华东	475	1062	2241	3611	4096	4383	4639	4745	4966	5729	6777

（数据来源：教育部高等学校工程管理和工程造价专业教学指导分委员会发布的2022年工程造价专业发展报告）

工程造价专业毕业生市场需求大，各高校工程造价专业毕业生一次就业率基本达到90%以上，在250个专业就业排行榜中列第78位，毕业生就业前景光明。就业第1年平均月薪为5500元左右，就业3年平均月薪可达8500元左右，就业5年后平均月收入涨幅达170%以上。工程造价专业毕业生就业范围依据办学特色和行业优势有所不同，但大多集中在工程业主（建设单位）、建筑企业（工程承包单位）、勘察设计企业、工程咨询/监理企业、金融机构，以及政府部门、事业单位或社会组织等。根据麦可思研究院《2022年中国大学生就业报告》统计，工程造价专业毕业去向落实率为91.1%，就业满意度为75%，工作与专业相关度为88%。此外，工程造价专业毕业生经过实践并通过考试，可获得造价工程师、监理工程师、建造师和咨询工程师（投资）等职业资格。

截至目前，全国共有6所高校工程造价专业通过住房和城乡建设部评估（认证），即：重庆大学、沈阳建筑大学、江西理工大学、福建工程学院、天津理工大学、山东建筑大学；全国共有11所高校工程造价专业获批国家一流本科专业建设点，即：天津理工大学、青岛理工大学、沈阳建筑大学、山东建筑大学、华北水利水电大学、北京建筑大学、江西理工大学、重庆大学、长春工程学院、福建工程学院、西华大学。

总的来说，经过不断调整，工程造价专业办学理念和教学内容更加适应新时期工程建设领域的发展和国家基础设施建设战略新需求，工程造价专业学生的招生和毕业规模不断扩大，培养质量逐步提升。

第三节　行业自律和信用体系建设

2022 年，中国工程造价咨询行业持续推进与完善行业自律和信用体系建设，健全行业自律制度，推动信用体系建设，各项工作取得良好成效。

一、健全行业自律制度

由中价协汇编的《工程造价司法鉴定典型案例》正式出版发行。案例总结了建设工程造价鉴定工作经验，对于加强行业自律管理，指导工程造价企业和注册造价工程师更好开展工程造价司法鉴定工作起到了积极作用；《工程造价咨询行业自律体系落地深化研究》课题完成，该课题对工程造价咨询行业自律组织权责体系与工作机制进行了深化研究，构建了行业自律体系框架，进一步完善了《行业自律规则》《自律管理办法》《个人职业道德守则》，对促进行业健康有序发展，提升行业咨询服务水平，加强行业信用管理等都具有重要指导意义。

二、推动信用体系建设

中价协修订了工程造价咨询企业信用评价办法和标准，研究建立了更符合企业实际、更贴近市场需求的信用评价体系。持续动态开展信用评价及核查工作，提高了评价结果的时效性和准确性。

1. 创新信用监管模式

2022 年 1 月，住房和城乡建设部印发《住房和城乡建设部关于印发"十四五"建筑业发展规划的通知》（建市〔2022〕11 号）中指出，要完善建筑市场信用管理政策体系，构建以信用为基础的新型建筑市场监管机制，要推进部门间信用信息共享，鼓励社会组织及第三方机构参与信用信息归集，丰富和完善建筑市场主体信用档案。实行信用信息分级分类管理，加强信用信息在政府采购、招标投标、行政审批、市场准入等事项中的应用，根据市场主体信用情况实施差异化监管。

2. 完善信用评价办法和监管模式

为贯彻落实国务院、住房和城乡建设部关于社会信用体系建设的工作部署，推进工程造价咨询行业信用体系建设，更加科学和规范地开展工程造价咨询企业信用评价工作，规范工程造价咨询企业从业行为，中价协对《工程造价咨询企业信用评价管理办法》进行了修订，新修订的管理办法中完善了各项条款与指标，科学调整了各项指标设置及权重，更准确地体现出参与信用评价的造价咨询企业综合实力，使评价结果更为科学合理。同时，依据新的管理办法，信用评价初评机构可根据工作需要，在评价中或评价后核实企业申报内容的真实性、合法性、有效性，形成制度化、规范化、常态化的评价等级动态管理模式，及时查处不良行为，确保企业信用等级的真实性和有效性。

第四节 数字化转型

数字化是当今世界经济和社会发展的大趋势，也是衡量一个国家和地区现代化水平的重要标志。党的二十大报告强调，推进新型工业化，加快建设制造强国、质量强国、航天强国、交通强国、网络强国、数字中国。发展数字经济是把握新一轮科技革命和产业变革新机遇的战略选择。数字经济不仅是新的经济增长点，也是改造提升传统建筑产业的新支点。国家数字化发展战略为工程造价数字化建设提供了强劲动力，物联网、大数据、5G、人工智能等新技术为工程造价行业数字化转型发展提供了保障。

一、数字化转型新要求

2022 年 3 月，住房和城乡建设部印发《"十四五"住房和城乡建设科技发展规划》（建标〔2022〕23 号），在建筑业信息技术应用基础研究方面，要以支撑建筑业数字化转型发展为目标，研究 BIM（建筑信息模型）与新一代信息技术融合应用的理论、方法和支撑体系，研究工程项目数据资源标准体系和建设项目智能化审查、审批关键技术，研发自主可控的 BIM 图形平台、建模软件和应用软件，开发工程项目全生命周期数字化管理平台。

二、数字化转型实践

为积极进行数字化转型，中价协组织开展了对"建设工程造价指标信息服务平台系统"的审查。平台是在调研行业内现有指标服务平台的基础上，以工程量清单计价规则为依据，结合《工程造价指标编制指南》等课题研究的基础上开发的，具有工程造价数据采集、指标加工、指标发布三大功能，企业能够使用平台形成本企业的指标数据库，也可以查看其他企业分享的数据，为工程造价咨询服务提供参考。

三、数字化转型研讨与交流

7月21日，"中国数字建筑峰会2022·城市峰会"在广州召开。峰会以"系统性数字化重塑企业发展力"为主题，通过专题演讲和圆桌对话形式，就新格局下数字化转型发展前景、如何加快新技术与建筑业深度融合、全方位系统性开展数字化转型、重塑企业掌控力与拓展力等议题，进行了深入交流与探讨。在数字成本专题论坛上，主题嘉宾表示，企业要将数字化转型上升至企业级战略高度，加快部署新技术与建筑技术深度融合；成本的数字化转型之路，数据驱动是关键，要在数据构建、系统建设、数据驱动三个层面建立新的创新思路，有序推进；要积极研究建筑工业化、数字化对商务管理的新要求，借助信息化手段，推动全层级、全流程、全方式重塑。

8月16日，"中国数字建筑峰会2022·山西"在太原召开。峰会就新格局下数字化转型的发展前景、建筑业企业数字化转型发展的思考与初探、如何加快部署新技术与建筑业深度融合、系统性数字化重塑企业掌控力与拓展力等议题进行深入交流与探讨。

9月16日，"中国数字建筑峰会2022·浙江"在杭州召开。峰会聚焦行业数字化转型驱动产业变革、数字技术和业务融合创新、工程造价改革、数字化重塑企业、未来社区数字化、绿色建筑等议题，深度解读区块链、云原生、数据安全、物联网等前沿科技，借助数字化技术赋能行业未来，探索行业数字化管理与服务，全产业链共研数字化转型现状与未来。

5月6日，"2023智慧城市与智能建造高端论坛暨中国建筑学会智能建造学术委员会年会·工程咨询企业数字化转型论坛"在武汉召开。会议表示，数字化转型要落实四大事项，一是要贯彻落实改革精神，推动行业数字化转型；二是要大力发展基础研究，做好顶层设计；三是坚持以科技创新为引领，注重新技术的应用；四是充分发挥行业大数据的优势，打造数字化服务能力。

四、解决工程造价数字化瓶颈

受住房和城乡建设部委托，部科技与产业化发展中心主持验收了由中价协组织开展的部科技计划项目"工程造价市场化管理模式研究"。该课题结合建筑业改革发展趋势，按照工程造价管理市场化改革需求，在借鉴国内外先进经验的基础上，提出了建立以成本数据为基础，以交易数据为支撑，以管理数据为核心的"数据对标"造价管理模式，构建具有中国特色的工程造价市场化管理体系框架，并进一步研究了具体的市场化改革路径。

为进一步提升工程造价服务质量，推动工程咨询企业BIM应用，促进工程造价咨询行业转型升级，中价协组织编制的《工程造价咨询BIM应用指南》正式发行。该书从工程建设全过程的角度，深入研究了BIM技术在工程造价咨询业务中的应用范围、应用深度、业务边界、业务标准和成果质量，对于利用BIM技术拓展传统工程造价咨询业务具有一定的指导性和创新性，为进一步推动工程造价数字化转型升级奠定了基础。

为适应工程造价新发展理念的管理要求，提升行业数字化应用能力，实现建设工程造价指标数据的共享，指导工程造价从业人员及企业对建设工程造价指标分类及编制，提升工程造价管理和服务水平，中价协组织编制的《工程造价指标分类及编制指南》正式发行。该指南共分为房屋建筑工程、房屋修缮工程、市政工程、城市轨道交通工程四个专业。从工程造价指标的层级体系、项目特征、指标构成内容、计算规则等角度进行工程造价指标形成的研究，确定工程造价指标的编制原则、编制方法、表现形式、特征描述等内容，明确各项工程造价数据的归集范围、计算口径，可为行业从业人员及企业编制建设工程造价指标数据提供参考依据。

第五节 履行社会责任

2022 年，中国工程造价咨询行业坚持稳中求进，助推工程造价行业高质量发展，努力在行业新发展格局的构建过程中体现新担当、展现新作为、做出新贡献。

一、调解工程造价纠纷

中价协调解委员会深入贯彻落实住房和城乡建设部印发的《住房和城乡建设部办公厅关于取消工程造价咨询企业资质审批加强事中事后监管的通知》（建办标〔2021〕26 号）文件精神，积极探索适合我国国情的工程造价纠纷的解决模式，为各方化解建设工程造价纠纷提供专业技术支持，为促进社会和谐做出了应有的贡献。

为提高工程造价纠纷调解的质量和效率，进一步提升调解员和造价从业人员化解矛盾纠纷的业务能力，2022 年 11 月 28 日–12 月 4 日，中价协、住房和城乡建设部干部学院联合举办了"工程造价纠纷调解员（线上）培训班"，培训内容包含调解制度和调解规则文件解读、调解沟通交流的技巧与情绪处理、调解员职业伦理规范、调解员工作的心得体会、从调解员的角度处理建设工程施工合同纠纷等。2023 年 3 月 29-30 日，中价协在雄安新区召开全国工程造价纠纷调解工作交流会。会议从创建调解部门、遴选纠纷调解专家、建立完善调解制度办法、案例解读和总结调解经验等几方面进行了分享。

二、提升行业整体标准化水平

中价协长期致力于提升工程造价咨询行业的标准化工作，先后参与并组织制定了多项国家标准及协会标准，制定了《团体标准管理办法》，为提升行业整体标准化水平做出了巨大贡献。

2022 年 7 月 29 日，为进一步完善团体标准的管理流程，促进团体标准的编制质量，中价协组织召开了《中国建设工程造价管理协会团体标准管理办法》修订稿讨论会议。与会专家对中价协能够及时把握目前行业标准的管理工作的改革新业态表示了肯定，同时结合行业实际状况及其他标准组织机构发布标准的特点对管理办法在条文内容、文字表述等方面提出了建设性意见和建议。

　　2022 年 12 月 26 日，由中价协组织编制的《建设项目工程总承包计价规范》T/CCEAS 001-2022、《房屋工程总承包工程量计算规范》T/CCEAS 002-2022、《市政工程总承包工程量计算规范》T/CCEAS 003-2022、《城市轨道交通工程总承包工程量计算规范》T/CCEAS 004-2022 四本团体标准正式批准发布。工程总承包计价计量规范是中价协标准化改革后发布的第一批团体标准，为了使工程总承包计价计量规范能被广泛认知、采信和完善，2023 年 4 月起，中价协与地方协会联合分别于北京、成都、宁波、石家庄、青岛等城市组织召开了系列宣贯会议，帮助业内人士正确理解和使用本规范。

第二章

行业结构分析

第一节　企业结构分析

一、深化工程造价行业改革，推动企业总量显著增加

2022 年 1 月 19 日，住房和城乡建设部印发《住房和城乡建设部关于印发"十四五"建筑业发展规划的通知》（建市〔2022〕11 号），明确要深化工程造价改革，进一步完善工程造价市场形成机制，完善造价咨询行业监管制度，构建政府主导、企业自治、行业自律、社会监督的协同监管新格局。近年来，国家大力推动建筑业发展和改革，落实"放管服"改革，这就意味着工程造价咨询行业将原先对企业资质的重点关注，逐步回归到正常的市场竞争及优胜劣汰，将核心竞争力作为企业高质量发展的根本优势，从而有利于行业的健康可持续发展。

2022 年参加工程造价咨询统计调查的企业共计 14069 家，与 2021 年相比增长 23.43%。2020 年和 2021 年全国开展工程造价咨询业务的企业分别为 10489 家和 11398 家，分别比其上一年增长 28.01% 和 8.67%。统计显示 2022 年开展工程造价咨询业务的企业总量与 2021 年相比增速有所回升。

二、行业改革促进服务变革，企业主营业务朝向多元化发展

2022 年，工程造价咨询企业资质的正式取消，企业数量的不断增加使得行业竞争压力越来越大。在此背景下，企业业务转型升级以及提升综合服务能力是摆脱行业发展困境的重要手段。

　　2022 年，14069 家开展工程造价咨询业务的企业中，主营业务包括工程造价咨询业务的企业有 13742 家，占比 97.7%。同时，主营业务包含招标代理、项目管理、工程咨询、工程监理、全过程工程咨询的企业分别有 9958 家、5043 家、6668 家、4961 家、5832 家。统计数据表明，目前主营业务包括工程造价咨询业务的企业数量依然占全部企业的大多数，工程造价咨询业务在行业中仍然占据主要地位。

　　2022 年全国开展工程造价咨询业务的企业中主营业务统计数据如图 1-2-1 所示，各地区开展工程造价咨询业务的企业及主营业务分布如图 1-2-2 所示。

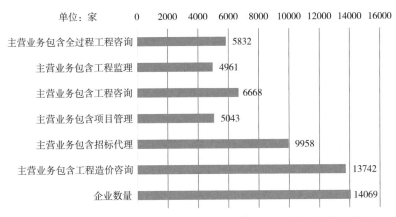

图 1-2-1　2022 年全国开展工程造价咨询业务的企业主营业务统计数据

第二节　从业人员结构分析

一、从业人员数量持续增长，增速有所回升

　　2022 年，参加工程造价咨询统计调查企业的从业人员共有 1144875 人。其中，新吸纳就业人员 68981 人，占全部从业人员的 6.03%。新吸纳就业人员中，高校应届毕业生 32267 人，占比 46.78%；退役军人 732 人，占比 1.06%；进城务工人员 3004 人，占比 4.35%；脱贫人口 424 人，占比 0.62%；其他 32554 人，

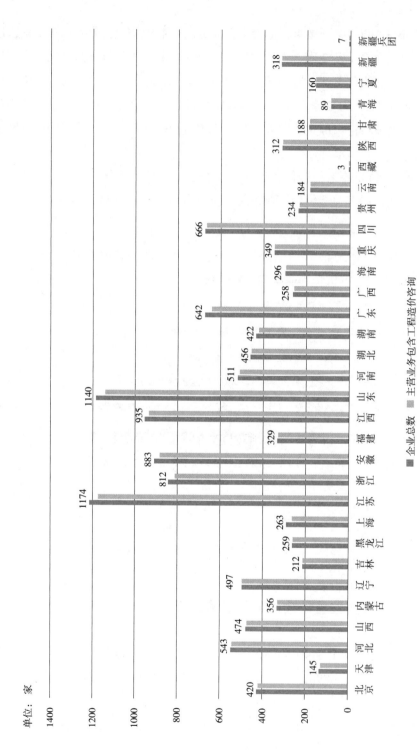

图 1-2-2　2022 年各地区开展工程造价咨询业务的企业及主营业务分布

单位：家

占比 47.19%。2022 年工程造价咨询行业取消准入，从业人员与开展工程造价咨询业务的企业数量保持同步增长，行业竞争日趋激烈。

2020-2022 年开展工程造价咨询业务的企业从业人员分别为 790604 人、868367 人、1144875 人，分别比上一年增长 34.77%、9.84%、31.84%。从业人员数量变化分析如图 1-2-3 所示。

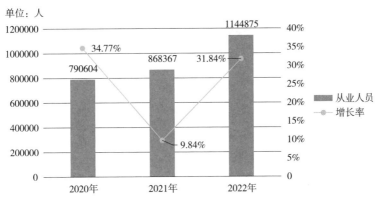

图 1-2-3　2020-2022 年开展工程造价咨询业务的企业从业人员数量变化

二、造价工程师报考条件调整，注册造价工程师数量持续攀升

2022 年 3 月 11 日，人力资源和社会保障部正式发布《人力资源社会保障部关于降低或取消部分准入类职业资格考试工作年限要求有关事项的通知》，提到降低或取消《国家职业资格目录（2021 年版）》中 13 项准入类职业资格考试工作年限要求。一级、二级造价工程师，一级建造师考试报考条件均有所调整。以一级造价工程师为例，调整后工作年限要求，从事工程造价、工程管理业务年限要求均减少一年。

2022 年，开展工程造价咨询业务的企业共有注册造价工程师 147597 人，比上年增长 13.77%，占全部从业人员比例为 12.9%。其中，一级注册造价工程师 116960 人，占全部从业人员比例为 10.22%；二级注册造价工程师 30637 人，占全部从业人员比例为 2.68%。2022 年工程造价咨询从业人员组成分布如图 1-2-4 所示。

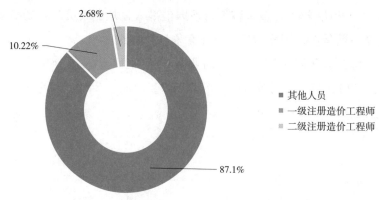

图 1-2-4　2022 年工程造价咨询从业人员组成分布

2020-2022 年末，开展工程造价咨询业务的企业中，拥有注册造价工程师分别为 111808 人、129734 人、147597 人，占从业人员总数的 14.14%、14.94%、12.89%，分别比其上一年增长 18.42%、16.03%、13.77%。注册造价工程师数量统计如表 1-2-1 所示。

2020-2022 年注册造价工程师数量统计（单位：人）　　　表 1-2-1

序号	年份	注册造价工程师		
		合计	一级注册造价工程师	二级注册造价工程师
1	2020 年	111808	101320	10488
2	2021 年	129734	108305	21429
3	2022 年	147597	116960	30637

其中，2020-2022 年开展工程造价咨询业务的企业注册造价工程师数量变化分析如图 1-2-5 所示。

图表数据显示，2020-2022 年注册造价工程师数量占从业人员数量比例均低于 15%，且 2022 年注册造价工程师数量占从业人员数量的比例相比 2021 年降低 2.04%。其主要原因是由于造价咨询企业资质的取消，注册造价工程师数量不再是企业注册时的强制要求，虽然注册造价工程师数量持续增长，但整体增速有所放缓。

单位：人

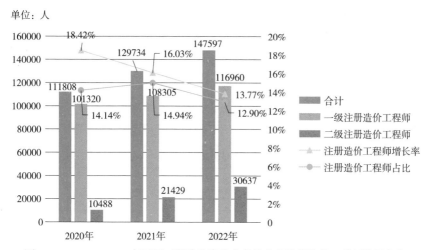

图 1-2-5 2020-2022 年开展工程造价咨询业务的企业注册造价工程师数量变化

三、高级职称人员比例持续增加，行业人才结构不断改善

2022 年末，开展工程造价咨询业务的企业专业技术人员共 701514 人，比上年增长 39.02%，占全体从业人员的比例为 61.27%。其中，高级职称人员 189433 人，中级职称人员 323746 人，初级职称人员 188335 人，各级职称占专业技术人员总数的比例分别为 27.00%、46.15%、26.85%，各级职称占从业人员总数的比例分别为 16.54%、28.28%、16.45%，其分布如图 1-2-6 所示。

2020-2022 年，开展工程造价咨询业务的企业专业技术人员分别为 473799 人、504620 人、701514 人，占从业人员总数的 59.93%、58.11%、61.27%，分别比其上一年增长 33.18%、6.51%、39.02%。其中，高级职称人员分别为 119253 人、

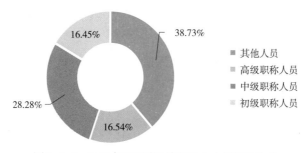

图 1-2-6 2022 年工程造价咨询从业人员职称分布

131152 人、189433 人，占全部专业技术人员的比例分别为 25.17%、25.99%、27.00%，分别比其上一年增长 45.21%、9.98%、44.44%。各级职称专业技术人员数量统计如表 1-2-2 所示。

2020-2022 年各级职称专业技术人员数量统计（单位：人） 表 1-2-2

序号	年份	专业技术人员			
		合计	高级职称人员	中级职称人员	初级职称人员
1	2020 年	473799	119253	235366	119180
2	2021 年	504620	131152	246391	127077
3	2022 年	701514	189433	323746	188335

其中，2020-2022 年开展工程造价咨询业务的企业专业技术人员数量统计及变化分析如图 1-2-7 所示。

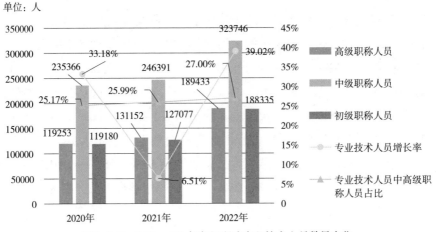

图 1-2-7 2020-2022 年各级职称专业技术人员数量变化

以上统计数据表明，我国开展工程造价咨询企业业务的专业技术人员规模与企业数量同步大幅增长，专业技术人员占总体从业人员的比例超过 60%。在资质取消以及多元化发展趋势驱动下，工程造价咨询企业专业技术人员的规模逐渐扩大，高级职称人员占专业技术人员的比例逐年上升，行业人才结构不断完善。

四、各地区行业从业人员分布不均衡

由于地理环境、区域发展战略以及行业发展水平等原因，我国各省市开展工程造价咨询业务的企业从业人员分布不均衡。就从业人员总数而言，江苏、浙江、广东排在前三位，合计300006人；就专业技术人员总数而言，江苏、浙江、广东位列前三，合计175722人，其中高级职称42392人，中级职称79990人，初级职称53340人。就注册造价工程师总数而言，江苏、浙江、北京排在前三位，合计41313人，其中一级注册造价工程师31204人，二级注册造价工程师10109人。2022年各省市工程造价咨询企业从业人员分类统计如表1-2-3所示。

2022年各省市工程造价咨询企业从业人员分类统计（单位：人）　表1-2-3

企业归口管理的地区或行业	从业人员	工程造价咨询人员	注册造价工程师			专业技术人员			
			合计	一级	二级	合计	高级职称	中级职称	初级职称
合计	1144875	310224	147597	116960	30637	701514	189433	323746	188335
北京	71279	32179	11563	9760	1803	35917	9567	17928	8422
天津	11282	3529	1436	1282	154	8480	3446	3436	1598
河北	23940	9013	4345	4193	152	15036	3833	8310	2893
山西	13676	5414	2734	2618	116	8506	1438	5424	1644
内蒙古	10658	4222	2228	1842	386	7393	2156	3981	1256
辽宁	16212	7134	2744	2744	0	10188	3110	5342	1736
吉林	17535	3346	1403	1273	130	11800	2130	5105	4565
黑龙江	7538	3156	1247	1247	0	4685	1756	2127	802
上海	44733	11431	4884	4539	345	29798	6989	14174	8635
江苏	106241	25669	15479	12748	2731	67331	17057	30530	19744
浙江	101992	25839	14271	8696	5575	62687	15347	27197	20143
安徽	37527	12085	7503	4363	3140	24560	6064	11281	7215
福建	28674	7290	2648	2587	61	16212	2950	8567	4695
江西	32064	8382	4787	3782	1005	17745	3029	8463	6253
山东	61655	24510	8866	8866	0	39866	7543	18480	13843

续表

企业归口管理的地区或行业	从业人员	工程造价咨询人员	注册造价工程师			专业技术人员			
			合计	一级	二级	合计	高级职称	中级职称	初级职称
河南	60000	10959	4505	4500	5	24862	5959	10757	8146
湖北	34313	8956	4287	3514	773	22490	3597	10337	8556
湖南	35707	8354	3969	3359	610	19721	4667	12095	2959
广东	91773	27229	9188	6194	2994	45704	9988	22263	13453
广西	27611	4874	3404	1916	1488	16890	3400	7326	6164
海南	6432	2842	1388	1154	234	3273	821	1618	834
重庆	20474	7613	4054	2756	1298	12137	3499	5612	3026
四川	59785	16014	10186	6956	3230	32803	7829	17631	7343
贵州	12870	3360	1973	1289	684	8093	2513	3725	1855
云南	16147	5571	2548	1898	650	10713	1716	3967	5030
西藏	147	91	48	39	9	42	20	18	4
陕西	20977	7421	3758	2816	942	12379	2413	6605	3361
甘肃	10117	2467	1510	1005	505	7305	2050	3304	1951
青海	2980	882	305	305	0	1891	529	806	556
宁夏	3994	1800	797	797	0	2814	642	1377	795
新疆	6512	3315	2369	1685	684	3475	951	2149	375
新疆兵团	475	180	84	74	10	399	96	218	85
行业归口	149555	15097	7086	6163	923	116319	52328	43593	20398

其中，各地区注册造价工程师数量统计及变化分析如图 1-2-8 所示。

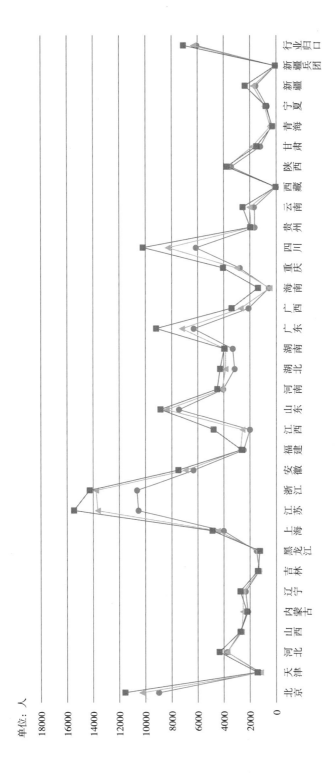

图 1-2-8　2020—2022 年各地区注册造价工程师数量分布

注：本章数据来源于 2022 年工程造价咨询统计资料汇编。

第三章

行业收入分析

第一节　营业收入分析

一、工程造价咨询行业整体营业收入增速减缓

2020-2022 年全国工程造价咨询行业整体营业收入（为了保持延续性，该营业收入对标了以往统计口径，在《2022 年工程造价咨询统计公报》公布开展工程造价咨询业务企业营业收入的基础上，剔除了勘察设计、会计审计、银行金融等业务收入，下同）汇总如表 1-3-1 所示，2022 年部分地区工程造价咨询行业整体营业收入以及工程造价咨询业务收入如图 1-3-1、图 1-3-2 所示。工程造价咨询行业整体营业收入包含工程造价咨询业务收入和其他业务收入，其中其他业务分为招标代理业务、项目管理业务、工程咨询业务、工程监理业务及全过程工程咨询业务。

2020-2022 年全国工程造价咨询行业整体营业收入汇总（单位：亿元）　表 1-3-1

企业归口管理的地区或行业	2020 年			2021 年			2022 年		
	工程造价咨询业务收入	其他业务收入	整体营业收入	工程造价咨询业务收入	其他业务收入	整体营业收入	工程造价咨询业务收入	其他业务收入	整体营业收入
合计	1002.69	1567.95	2570.64	1143.02	1913.66	3056.68	1144.98	2244.41	3389.39
北京	144.60	91.82	236.42	166.52	134.42	300.94	169.32	121.17	290.49
天津	11.21	21.69	32.90	11.80	11.74	23.54	12.37	33.33	45.70
河北	21.31	30.08	51.39	21.28	29.79	51.07	20.8	29.33	50.13
山西	14.90	18.09	32.99	15.86	14.78	30.64	14.79	16.47	31.26

续表

企业归口管理的地区或行业	2020 年			2021 年			2022 年		
	工程造价咨询业务收入	其他业务收入	整体营业收入	工程造价咨询业务收入	其他业务收入	整体营业收入	工程造价咨询业务收入	其他业务收入	整体营业收入
内蒙古	12.37	7.81	20.18	12.64	9.46	22.10	10.25	9.43	19.68
辽宁	14.41	7.39	21.80	17.06	10.16	27.22	15.45	12.93	28.38
吉林	7.75	7.87	15.62	8.38	8.84	17.22	7.55	7.99	15.54
黑龙江	9.80	11.92	21.72	10.09	6.02	16.11	9.00	7.64	16.64
上海	59.25	77.50	136.75	64.67	231.27	295.94	61.09	158.05	219.14
江苏	89.22	129.92	219.14	100.41	152.06	252.47	104.08	165.37	269.45
浙江	87.15	150.57	237.72	105.64	174.43	280.07	111.03	183.62	294.65
安徽	27.09	50.21	77.30	32.09	53.97	86.06	37.45	57.78	95.23
福建	14.64	33.40	48.04	16.93	30.66	47.59	16.92	27.34	44.26
江西	12.93	14.21	27.14	15.41	18.73	34.14	17.86	86.87	104.73
山东	62.50	62.90	125.40	76.69	73.94	150.63	82.02	79.61	161.63
河南	25.54	111.53	137.07	29.86	79.19	109.05	25.88	59.97	85.85
湖北	27.15	10.75	37.90	30.70	17.25	47.95	32.67	19.81	52.48
湖南	27.16	32.45	59.61	27.62	46.64	74.26	25.86	140.86	166.72
广东	81.88	170.01	251.89	98.19	141.08	239.27	100.38	241.60	341.98
广西	10.47	19.75	30.22	11.44	22.05	33.49	10.97	25.63	36.60
海南	4.53	1.07	5.60	4.50	1.47	5.97	5.44	4.68	10.12
重庆	24.60	11.34	35.94	25.97	14.33	40.30	24.16	25.99	50.15
四川	69.03	70.76	139.79	76.44	92.38	168.82	73.30	111.38	184.68
贵州	10.40	13.60	24.00	9.64	9.94	19.58	9.06	9.38	18.44
云南	22.83	20.56	43.39	23.95	9.29	33.24	20.93	6.70	27.63
西藏	0.08	0.04	0.12	0.62	0.65	1.27	0.39	0.01	0.40
陕西	34.75	33.11	67.86	42.89	37.22	80.11	42.42	36.73	79.15
甘肃	6.40	14.51	20.91	7.27	10.03	17.30	5.91	14.94	20.85
青海	2.02	4.08	6.10	2.09	3.15	5.24	1.83	3.24	5.07
宁夏	4.15	1.79	5.94	4.47	5.71	10.18	3.76	6.29	10.05
新疆	11.07	10.80	21.87	14.20	24.05	38.25	9.42	10.32	19.74
新疆兵团	0.13	0.86	0.99	0.58	0.80	1.38	0.38	0.36	0.74
行业归口	51.37	325.56	376.93	57.12	438.16	495.28	62.24	529.59	591.83

单位：亿元

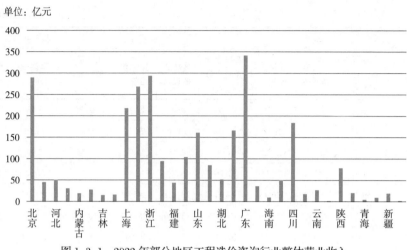

图 1-3-1 2022 年部分地区工程造价咨询行业整体营业收入

单位：亿元

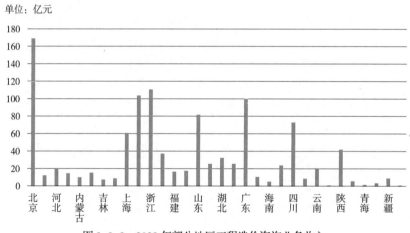

图 1-3-2 2022 年部分地区工程造价咨询业务收入

分析统计结果及图示信息可知：

1. 工程造价咨询行业整体营业收入增速减缓

2022 年全国工程造价咨询行业整体营业收入为 3389.39 亿元，较 2021 年增长 332.71 亿元，同比上升 10.88 个百分点；2021 年行业整体营业收入为 3056.68 亿元，较 2020 年增长 486.04 亿元，同比上升 18.91 个百分点，相较于 2021 年，2022 年我国工程造价咨询行业整体营业收入增速减缓。

2. 广东、浙江、北京整体行业收入位居前三，区域性差异明显

2022 年工程造价咨询行业整体营业收入排名前三的分别是广东 341.98 亿元、浙江 294.65 亿元、北京 290.49 亿元。

从区域发展角度分析，工程造价咨询行业发展仍存在不平衡现象。在华北地区，北京整体营业收入为 290.49 亿元，明显高于内蒙古、山西等其他省份；在华东地区，浙江、江苏工程造价咨询行业整体营业收入均突破 250 亿元，是福建的六倍左右；在华南地区，广东整体营业收入实现 341.98 亿元，远超海南和广西；在西南地区，四川整体营业收入达 184.68 亿元，显著高于重庆、贵州、云南和西藏。2022 年各省份全社会固定资产投资与工程造价咨询行业整体营业收入对比，同时反映了各地区发展的不平衡，具体如表 1-3-2 所示。

2022 年全社会固定资产投资与营业收入对比（单位：亿元）　　表 1-3-2

企业归口管理的地区或行业	全社会固定资产投资	营业收入	营业收入占比
北京	8739.60	290.49	3.32%
天津	11790.27	45.70	0.39%
河北	42604.98	50.13	0.12%
山西	9032.50	31.26	0.35%
内蒙古	13929.38	19.68	0.14%
辽宁	7324.91	28.38	0.39%
吉林	13240.92	15.54	0.12%
黑龙江	12446.68	16.64	0.13%
上海	9543.76	219.14	2.30%
江苏	64731.64	269.45	0.42%
浙江	46763.31	294.65	0.63%
安徽	44656.59	95.23	0.21%
福建	35369.35	44.26	0.13%
江西	34884.85	104.73	0.30%
山东	60258.02	161.63	0.27%
河南	59591.40	85.85	0.14%

续表

企业归口管理的地区或行业	全社会固定资产投资	营业收入	营业收入占比
湖北	43992.19	52.48	0.12%
湖南	47001.02	166.72	0.35%
广东	51159.30	341.98	0.67%
广西	27912.77	36.60	0.13%
海南	3737.07	10.12	0.27%
重庆	21896.76	50.15	0.23%
四川	40566.32	184.68	0.46%
贵州	17204.07	18.44	0.11%
云南	26936.01	27.63	0.10%
西藏	1518.57	0.40	0.03%
陕西	31518.73	79.15	0.25%
甘肃	7694.73	20.85	0.27%
青海	3458.76	5.07	0.15%
宁夏	3189.16	10.05	0.32%
新疆	13003.59	19.74	0.15%
新疆兵团	1578.16	0.74	0.05%

注：北京、天津、山西、辽宁、吉林、安徽、山东、河南、湖北、湖南、广西、云南、新疆、新疆兵团全社会固定资产投资不含农户投资。

统计分析表明，2022 年全国 32 个省、自治区、直辖市中，全社会固定资产投资排名前三的地区是江苏、山东、河南，分别为 64731.64 亿元、60258.02 亿元、59591.4 亿元；工程造价咨询行业整体营业收入占当年全社会固定资产投资的比例排前三的为北京、上海、广东，占比分别为 3.32%、2.3%、0.67%。

二、行业企业平均整体营业收入小幅下降

2020-2022 年，全国开展工程造价咨询业务的企业平均整体营业收入统计如表 1-3-3 所示，企业平均整体营业收入变化如图 1-3-3 所示。

2020-2022 年企业平均整体营业收入　　表 1-3-3

企业归口管理的地区或行业	企业平均整体营业收入（万元/企业）			增长率（%）		
	2020 年	2021 年	2022 年	2021 年	2022 年	平均增长
合计	2450.80	2681.77	2409.12	9.42	-10.17	-0.37
北京	6140.78	7467.49	6803.04	21.60	-8.90	6.35
天津	2300.70	2064.91	2986.93	-10.25	44.65	17.20
河北	1107.54	1107.81	914.78	0.02	-17.42	-8.70
山西	839.44	760.30	652.61	-9.43	-14.16	-11.80
内蒙古	686.39	650.00	548.19	-5.30	-15.66	-10.48
辽宁	650.75	718.21	571.03	10.37	-20.49	-5.06
吉林	887.50	869.70	729.58	-2.01	-16.11	-9.06
黑龙江	851.76	719.20	635.11	-15.56	-11.69	-13.63
上海	6050.88	12979.82	7556.55	114.51	-41.78	36.36
江苏	2379.37	2406.77	2215.87	1.15	-7.93	-3.39
浙江	3596.37	3457.65	3495.26	-3.86	1.09	-1.39
安徽	989.76	1123.50	1047.63	13.51	-6.75	3.38
福建	1869.26	1455.35	1329.13	-22.14	-8.67	-15.41
江西	1292.38	1173.20	1096.65	-9.22	-6.52	-7.87
山东	1641.36	1729.39	1363.97	5.36	-21.13	-7.89
河南	3087.16	2396.70	1650.96	-22.37	-31.12	-26.74
湖北	1038.36	1192.79	1138.39	14.87	-4.56	5.15
湖南	1693.47	1735.05	3832.64	2.46	120.90	61.68
广东	3863.34	4212.50	5073.89	9.04	20.45	14.74
广西	1798.81	1762.63	1386.36	-2.01	-21.35	-11.68
海南	756.76	865.22	338.46	14.33	-60.88	-23.28
重庆	1549.14	1679.17	1432.86	8.39	-14.67	-3.14
四川	2801.40	3097.61	2740.06	10.57	-11.54	-0.49
贵州	987.65	890.00	771.55	-9.89	-13.31	-11.60
云南	2645.73	2064.60	1493.51	-21.96	-27.66	-24.81
西藏	1200.00	529.17	1333.33	-55.90	151.97	48.03

续表

企业归口管理的地区或行业	企业平均整体营业收入（万元/企业）			增长率（%）		
	2020 年	2021 年	2022 年	2021 年	2022 年	平均增长
陕西	2650.78	2923.72	2512.70	10.30	−14.06	−1.88
甘肃	1244.64	804.65	1091.62	−35.35	35.66	0.16
青海	910.45	563.44	569.66	−38.11	1.10	−18.50
宁夏	638.71	711.89	628.13	11.46	−11.77	−0.15
新疆	1021.96	1351.59	616.88	32.25	−54.36	−11.05
新疆兵团	1100.00	1533.33	1057.14	39.39	−31.06	4.17
行业归口	16902.69	23036.28	27655.61	36.29	20.05	28.17

单位：万元/企业

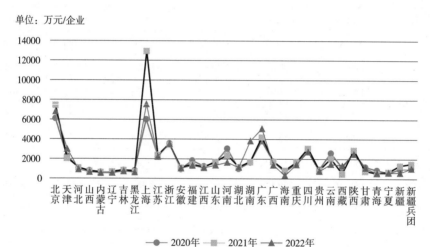

图 1-3-3　2020-2022 年企业平均整体营业收入变化

分析统计结果及图示信息可知：

1. 全国企业平均整体营业收入小幅下降

分析全国企业平均整体营业收入总体变化趋势，2020-2022 年企业平均整体营业收入呈现先增长、后下降的趋势，2021 年企业平均整体营业收入为 2681.77 万元/企业，与 2020 年同期相比增速为 9.42%，2022 年企业平均整体营业收入为 2409.12 万元/企业，与 2021 年同期相比下降 10.17 个百分点，全国企业平均整体营业收入呈现小幅下降趋势。

2. 上海企业平均整体营业收入领先，湖南、海南波动较大

2022 年上海企业平均整体营业收入仍居榜首，为 7556.55 万元 / 企业，工程造价咨询行业的企业业务水平和发展状况全国领先。由图 1-3-3 可知 2020-2022 年，全国大部分省、自治区、直辖市企业平均整体营业收入变化总体在小范围内上下波动，而湖南、海南波动较大。湖南增长率由 2021 年的 2.46% 上升至 2022 年的 120.9%，涨幅为 118.44 个百分点，企业平均整体营业收入增加了 2097.59 万元 / 企业；海南增长率则从 2021 年的 14.33% 下降至 2022 年的 -60.88%，负增长的幅度达 75.21 个百分点。

三、行业人均整体营业收入呈下降趋势

2020-2022 年，工程造价咨询服务从业人员人均整体营业收入统计如表 1-3-4 所示，行业人均整体营业收入变化情况如图 1-3-4 所示。

2020-2022 年行业人均整体营业收入　　　　　　　表 1-3-4

企业归口管理的地区或行业	从业人员人均整体营业收入（万元 / 人）			增长率（%）		
	2020 年	2021 年	2022 年	2021 年	2022 年	平均增长
合计	32.51	35.20	29.60	8.27	-15.90	-3.81
北京	49.20	60.64	40.75	23.25	-32.79	-4.77
天津	35.34	34.09	40.51	-3.54	18.82	7.64
河北	23.59	22.65	20.94	-3.98	-7.55	-5.77
山西	21.44	20.71	22.86	-3.40	10.37	3.48
内蒙古	25.08	21.70	18.47	-13.48	-14.91	-14.19
辽宁	20.31	19.16	17.51	-5.66	-8.63	-7.15
吉林	19.62	19.28	8.86	-1.73	-54.03	-27.88
黑龙江	24.08	23.48	22.07	-2.49	-5.98	-4.24
上海	93.69	189.96	48.99	102.75	-74.21	14.27
江苏	39.14	35.27	25.36	-9.89	-28.09	-18.99

续表

企业归口管理的地区或行业	从业人员人均整体营业收入（万元/人）			增长率（%）		
	2020年	2021年	2022年	2021年	2022年	平均增长
浙江	29.27	28.70	28.89	-1.95	0.66	-0.64
安徽	20.60	23.16	25.38	12.43	9.57	11.00
福建	22.24	16.30	15.44	-26.71	-5.30	-16.01
江西	28.10	22.89	32.66	-18.54	42.69	12.08
山东	27.81	29.55	26.22	6.26	-11.29	-2.51
河南	36.13	26.43	14.31	-26.85	-45.86	-36.36
湖北	25.39	27.30	15.29	7.52	-43.98	-18.23
湖南	25.33	23.44	46.69	-7.46	99.19	45.87
广东	32.82	33.96	37.26	3.47	9.73	6.60
广西	23.50	23.25	13.26	-1.06	-42.99	-22.02
海南	25.48	24.71	15.73	-3.02	-36.33	-19.67
重庆	28.21	28.41	24.49	0.71	-13.78	-6.54
四川	28.56	31.23	30.89	9.35	-1.09	4.13
贵州	20.50	21.22	14.33	3.51	-32.48	-14.48
云南	49.42	36.66	17.11	-25.82	-53.32	-39.57
西藏	22.64	22.13	27.21	-2.25	22.96	10.35
陕西	35.42	40.85	37.73	15.33	-7.63	3.85
甘肃	20.72	10.92	20.61	-47.30	88.73	20.71
青海	43.85	25.10	17.01	-42.76	-32.22	-37.49
宁夏	21.77	22.94	25.16	5.37	9.69	7.53
新疆	41.00	60.95	30.31	48.66	-50.27	-0.80
新疆兵团	17.81	22.15	15.58	24.37	-29.67	-2.65
行业归口	35.92	47.83	39.57	33.16	-17.26	7.95

从以上统计结果及图示信息可知：

1. 行业人均整体营业收入呈下降趋势

从全国整体情况分析，2021年工程造价咨询企业资质取消后，工商部门新

单位：万元／人

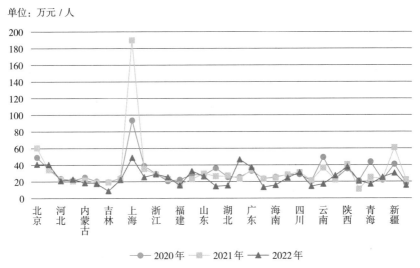

图 1-3-4　2020-2022 年行业人均整体营业收入变化

登记注册了大量从事工程造价咨询业务的企业，企业数量的增加，导致 2022 年工程造价咨询行业从业人员数量相比 2021 年增加了 27.65 万人，但新增的企业中绝大部分还未开展或是刚刚开始开展少量工程造价咨询业务，因此，从业人员人均整体营业收入受到影响，整体呈下降趋势。2020-2022 年，工程造价咨询行业从业人员人均整体营业收入分别为 32.51 万元、35.2 万元、29.6 万元。与 2021 年相比，2022 年工程造价咨询行业从业人员人均整体营业收入减少 5.6 万元，同比下降了 15.91%。

2. 行业人均整体营业收入区域性特征明显

2022 年上海人均整体营业收入仍位居全国首位，由于 2022 年从业人员数量的大幅增加，人均整体营业收入由 2021 年的 189.96 万元／人下降至 2022 年的 48.99 万元／人，下降幅度较大。此外，华中区域人均整体营业收入出现明显波动，河南、湖北、湖南人均整体营业收入变化较大。河南人均整体营业收入由 2021 年的 26.43 万元／人减少至 2022 年的 14.31 万元／人，湖北人均整体营业收入由 2021 年的 27.3 万元／人减少至 2022 年的 15.29 万元／人，两省均出现了不同幅度的下降，而湖南人均整体营业收入则由 2021 年的 23.44 万元／人增加至 2022 年的 46.69 万元／人，同比上升了 106.65 个百分点，全国排名上升了 16 位，相较于河南和湖北，

2022 年湖南工程造价咨询行业人均整体营业收入发展态势向好。

四、工程造价咨询业务收入仍占主要地位

工程造价咨询行业整体营业收入按业务类别划分为：工程造价咨询业务收入和其他业务收入。其中，其他业务分为：招标代理业务、项目管理业务、工程咨询业务、工程监理业务及全过程工程咨询业务。按业务类别划分，2022 年工程造价咨询行业整体营业收入构成及占比分析如表 1-3-5 所示，构成情况如图 1-3-5 所示。

2022 年工程造价咨询行业整体营业收入构成及占比分析（单位：亿元） 表 1-3-5

企业归口管理的地区或行业	工程造价咨询业务收入		其他业务收入						
	合计	占比（%）	合计	占比（%）	招标代理	项目管理	工程咨询	工程监理	全过程工程咨询
合计	1144.98	33.78	2043.96	66.22	326.10	623.23	236.51	858.12	200.45
北京	169.32	58.29	115.61	41.71	45.69	14.86	25.04	30.02	5.56
天津	12.37	27.07	28.19	72.93	3.94	5.71	6.41	12.13	5.14
河北	20.80	41.49	28.53	58.51	5.48	1.04	4.63	17.38	0.80
山西	14.79	47.31	16.46	52.69	5.42	0.17	0.86	10.01	0.01
内蒙古	10.25	52.08	9.29	47.92	3.25	0.23	0.76	5.05	0.14
辽宁	15.45	54.44	12.84	45.56	4.53	0.64	2.37	5.30	0.09
吉林	7.55	48.58	7.68	51.42	2.28	0.55	0.65	4.20	0.31
黑龙江	9.00	54.09	6.85	45.91	2.04	0.23	1.96	2.62	0.79
上海	61.09	27.88	153.96	72.12	22.17	82.54	6.82	42.43	4.09
江苏	104.08	38.63	157.24	61.37	29.66	20.45	13.41	93.72	8.13
浙江	111.03	37.68	172.80	62.32	23.54	25.62	11.85	111.79	10.82
安徽	37.45	39.33	56.64	60.67	16.70	7.07	3.32	29.55	1.14
福建	16.92	38.23	26.73	61.77	4.40	1.13	2.76	18.44	0.61
江西	17.86	17.05	86.71	82.95	5.52	62.14	2.27	16.78	0.16

续表

企业归口管理的地区或行业	工程造价咨询业务收入		其他业务收入						
	合计	占比（%）	合计	占比（%）	招标代理	项目管理	工程咨询	工程监理	全过程工程咨询
山东	82.02	50.75	74.43	49.25	17.59	3.96	5.76	47.12	5.18
河南	25.88	30.15	58.50	69.85	9.11	1.21	4.73	43.45	1.47
湖北	32.67	62.25	18.98	37.75	6.39	0.84	1.43	10.32	0.83
湖南	25.86	15.51	137.55	84.49	5.32	102.51	5.50	24.22	3.31
广东	100.38	29.35	237.20	70.65	70.71	9.65	15.62	141.22	4.40
广西	10.97	29.97	24.24	70.03	8.55	1.62	2.58	11.49	1.39
海南	5.44	53.75	4.64	46.25	0.42	0.41	1.11	2.70	0.04
重庆	24.16	48.18	24.13	51.82	3.27	0.84	2.41	17.61	1.86
四川	73.30	39.69	104.52	60.31	6.16	31.00	4.07	63.29	6.86
贵州	9.06	49.13	9.29	50.87	2.87	0.32	0.79	5.31	0.09
云南	20.93	75.75	6.61	24.25	1.64	1.34	0.81	2.82	0.09
西藏	0.39	97.50	0.01	2.50	0.01	0.00	0.00	0.00	0.00
陕西	42.42	53.59	35.28	46.41	10.92	0.47	1.19	22.70	1.45
甘肃	5.91	28.35	14.86	71.65	1.36	7.56	1.01	4.93	0.08
青海	1.83	36.09	3.22	63.91	0.46	0.39	1.51	0.86	0.02
宁夏	3.76	37.41	6.27	62.59	1.25	2.31	0.34	2.37	0.02
新疆	9.42	47.72	9.50	52.28	3.02	2.56	0.48	3.44	0.82
新疆兵团	0.38	51.35	0.36	48.65	0.07	0.01	0.04	0.24	0.00
行业归口	62.24	10.52	394.84	89.48	2.36	233.85	104.02	54.61	134.75

从以上统计结果及图示信息可知：

1. 工程造价咨询业务收入占比接近四成

2022年全国工程造价咨询企业整体营业收入为3389.39亿元，2021年整体营业收入为3056.68亿元，相较于2021年增加了332.71亿元，同比增长10.88%。其中：工程造价咨询业务收入1144.98亿元，占整体营业收入比例为

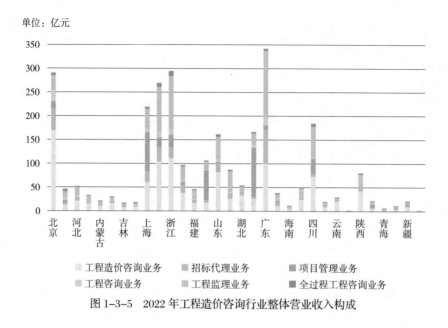

图 1-3-5 2022 年工程造价咨询行业整体营业收入构成

33.78%，接近四成；其他业务收入 2244.41 亿元，其他业务收入中，招标代理业务收入 326.10 亿元，占整体营业收入比例为 9.62%；项目管理业务收入 623.23 亿元，占比 18.39%；工程咨询业务收入 236.51 亿元，占比 6.98%；工程监理业务 858.12 亿元，占比 25.32%；全过程工程咨询业务收入 200.45 亿元，占比 5.91%。

2. 北京、浙江、江苏工程造价咨询业务收入位居全国前三

2022 年，北京、浙江、江苏工程造价咨询业务收入位居前三甲，分别为 169.32 亿元、111.03 亿元、104.08 亿元。2022 年，北京、内蒙古、辽宁、黑龙江、山东、湖北、海南、重庆、西藏、云南、陕西、新疆兵团等省市工程造价咨询业务收入占整体营业收入的比例均超过了 50%；两种业务类型占比差距最大的是西藏，西藏工程造价咨询业务收入占比 97.5%，而其他业务收入占比仅为 2.5%，工程造价咨询业务收入占比约为其他业务收入占比的 40 倍。

按业务类别划分，2020-2022 年工程造价咨询行业整体营业收入构成分析详见表 1-3-6，总体变化分析如图 1-3-6 所示（"全过程工程咨询业务"为 2022 年新列入统计对象，缺少 2020 年、2021 年数据）。

2020-2022 年工程造价咨询行业整体营业收入构成分析（单位：亿元） 表 1-3-6

内容		2020 年		2021 年			2022 年		
		收入	占比（%）	收入	占比（%）	增长率（%）	收入	占比（%）	增长率（%）
工程造价咨询业务收入		1002.69	39.01	1143.02	37.39	14.00	1144.98	33.78	0.17
其他业务收入	合计	1567.95	60.99	1913.66	62.61	22.05	2043.96	66.22	6.81
	招标代理	285.87	11.12	263.47	8.62	−7.84	326.10	9.62	23.77
	项目管理	384.69	14.96	586.03	19.17	52.34	623.23	18.39	6.35
	工程咨询	201.29	7.83	275.70	9.02	36.97	236.51	6.98	−14.21
	工程监理	696.10	27.08	788.46	25.80	13.27	858.12	25.32	8.83
	全过程工程咨询	—	—	—	—	—	200.45	5.91	—

单位：亿元

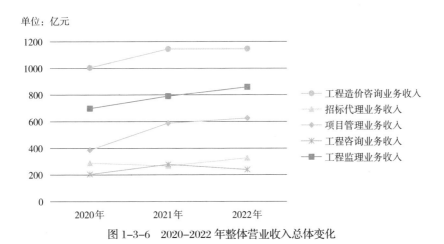

图 1-3-6　2020-2022 年整体营业收入总体变化

从以上统计结果及图示信息可知，工程造价咨询业务收入占比有所降低。
2020-2022 年间，工程造价咨询业务收入呈现平稳增长趋势，2022 年工程造价
咨询业务收入增长率较 2021 年下降了 13.83 个百分点，增幅有所减少，但总
体收入仍在平稳增加；2022 年其他业务收入中，招标代理业务收入由 2021 年
7.84% 负增长转变为 2022 年 23.77% 的正增长，增加了 31.61 个百分点；项目
管理业务收入 2021 年增长率为 52.34%，2022 年增长率为 6.35%，说明增长趋
缓；工程咨询业务收入 2021 年增长 36.97%，2022 年增长率为 −14.21%，呈

现负增长，工程咨询业务收入较 2021 年减少了 39.19 亿元，呈缓慢下降趋势；工程监理业务收入 2021 年增长 13.27%，2022 年增长 8.83%，增幅有所降低。

第二节　工程造价咨询业务收入分析

一、房屋建筑工程专业咨询业务收入占据核心地位

2022 年，按专业分类的工程造价咨询业务收入汇总如表 1-3-7 所示。从下列统计结果及图示信息可知：

1. 房屋建筑工程专业收入占比约六成，体现核心地位

2022 年，工程造价咨询业务收入按所涉及的专业划分，房屋建筑工程专业收入最高，为 670.50 亿元，占全部工程造价咨询业务收入的比例是 58.56%；市政工程专业收入 196.34 亿元，占 17.15%；公路工程专业收入 55.67 亿元，占 4.86%；水利工程专业收入 30.40 亿元，占 2.66%；火电工程专业收入 27.01 亿元，占 2.36%；其他 18 个专业收入合计 165.06 亿元，占 14.41%。

2. 北京位居房屋建筑工程专业收入首位

2022 年，房屋建筑工程专业工程造价咨询业务收入排名前四的省市为北京、浙江、江苏及广东，其收入分别为 100.46 亿元、73.42 亿元、65.94 亿元和 58.49 亿元。北京位居全国首位，房屋建筑工程专业工程造价咨询业务收入达 100 亿元以上。

2020-2022 年，按专业分类的工程造价咨询业务收入如表 1-3-8 所示，2020-2022 年间平均占比前 5 的专业为：房屋建筑工程、市政工程、公路工程、水利工程和火电工程专业，其工程造价咨询业务收入如图 1-3-7 所示。

表 1-3-7

2022 年各专业工程造价咨询业务收入分布（单位：亿元）

企业归口管理的地区或行业	工程造价咨询业务收入合计	房屋建筑工程 专业1	市政工程 专业2	公路工程 专业3	铁路工程 专业4	城市轨道交通工程 专业5	航空工程 专业6	航天工程 专业7	火电工程 专业8	水电工程 专业9	核工业工程 专业10	新能源工程 专业11
合计	1144.98	670.50	196.34	55.67	10.62	21.08	2.46	0.23	27.01	18.02	3.32	11.46
北京	169.32	100.46	23.26	6.06	1.34	5.60	1.04	0.12	5.36	2.37	0.89	2.94
天津	12.37	7.28	3.51	0.28	0.05	0.41	0.00	0.00	0.11	0.04	0.00	0.04
河北	20.80	12.14	4.40	1.08	0.05	0.04	0.01	0.00	0.16	0.17	0.17	0.10
山西	14.79	7.60	2.46	1.26	0.03	0.01	0.02	0.00	0.36	0.06	0.00	0.19
内蒙古	10.25	6.34	1.43	0.42	0.07	0.02	0.02	0.00	0.33	0.08	0.00	0.18
辽宁	15.45	9.30	2.87	0.59	0.05	0.32	0.02	0.00	0.25	0.23	0.00	0.12
吉林	7.55	4.12	1.84	0.27	0.03	0.11	0.01	0.00	0.12	0.16	0.00	0.01
黑龙江	9.00	5.53	1.50	0.57	0.04	0.06	0.00	0.00	0.38	0.10	0.00	0.02
上海	61.09	45.03	7.46	0.82	0.15	1.73	0.16	0.00	0.77	0.66	0.00	0.25
江苏	104.08	65.94	16.78	3.92	1.03	1.50	0.06	0.00	3.94	1.83	0.00	0.50
浙江	111.03	73.42	18.89	5.75	0.27	2.55	0.07	0.00	0.81	1.27	0.01	0.43
安徽	37.45	22.26	6.95	2.96	0.29	0.36	0.01	0.00	0.14	0.57	0.00	0.13
福建	16.92	9.99	3.74	1.02	0.03	0.07	0.01	0.00	0.21	0.36	0.00	0.14
江西	17.86	10.72	3.40	0.93	0.02	0.06	0.00	0.00	0.59	0.50	0.00	0.10
山东	82.02	51.43	15.20	3.24	0.24	1.45	0.05	0.03	1.30	0.50	0.07	0.34
河南	25.88	15.84	4.99	1.36	0.03	0.05	0.02	0.01	0.51	0.62	0.01	0.08

续表

企业归口管理的地区或行业	工程造价咨询业务收入合计	房屋建筑工程 专业1	市政工程 专业2	公路工程 专业3	铁路工程 专业4	城市轨道交通工程 专业5	航空工程 专业6	航天工程 专业7	火电工程 专业8	水电工程 专业9	核工业工程 专业10	新能源工程 专业11
湖北	32.67	19.99	7.61	1.45	0.09	0.17	0.02	0.00	0.06	0.49	0.04	0.08
湖南	25.86	14.74	4.22	2.31	0.03	0.21	0.04	0.00	0.78	0.81	0.00	0.21
广东	100.38	58.49	19.01	4.68	0.46	2.21	0.06	0.00	3.01	1.04	0.02	0.61
广西	10.97	6.65	2.12	0.51	0.02	0.04	0.00	0.00	0.21	0.28	0.01	0.03
海南	5.44	3.31	1.15	0.34	0.00	0.00	0.00	0.00	0.00	0.02	0.00	0.03
重庆	24.16	12.48	6.42	1.59	0.06	0.44	0.00	0.00	0.10	0.20	0.00	0.03
四川	73.30	42.44	16.68	4.80	0.43	1.14	0.24	0.00	0.13	0.72	0.04	0.26
贵州	9.06	5.04	1.78	0.73	0.01	0.02	0.02	0.00	0.43	0.07	0.00	0.06
云南	20.93	8.98	3.19	4.16	0.21	0.23	0.32	0.00	0.02	0.87	0.01	0.03
西藏	0.39	0.30	0.06	0.01	0.00	0.01	0.00	0.00	0.00	0.00	0.00	0.00
陕西	42.42	25.89	8.05	2.29	0.18	0.80	0.07	0.03	0.73	0.13	0.00	0.30
甘肃	5.91	3.98	0.93	0.28	0.02	0.01	0.00	0.00	0.01	0.00	0.00	0.02
青海	1.83	0.94	0.30	0.20	0.00	0.00	0.00	0.00	0.05	0.01	0.00	0.03
宁夏	3.76	2.09	0.55	0.25	0.00	0.02	0.05	0.00	0.05	0.12	0.00	0.15
新疆	9.42	5.23	1.46	0.71	0.08	0.01	0.00	0.00	0.03	0.07	0.00	0.08
新疆兵团	0.38	0.20	0.10	0.02	0.00	0.00	0.00	0.00	0.00	0.00	0.00	0.00
行业归口	62.24	12.35	4.03	0.81	5.31	1.43	0.14	0.04	6.06	3.67	2.05	3.97

续表

企业归口管理的地区或行业	水利工程 专业 12	水运工程 专业 13	矿山工程 专业 14	冶金工程 专业 15	石油天然气工程 专业 16	石化工程 专业 17	化工医药工程 专业 18	农业工程 专业 19	林业工程 专业 20	电子通信工程 专业 21	广播影视电视工程 专业 22	其他 专业 23
合计	30.40	3.36	8.43	7.52	8.73	9.33	6.31	5.14	2.05	14.15	0.60	32.25
北京	3.28	0.52	1.92	1.02	1.96	0.97	1.21	0.78	0.49	4.08	0.17	3.48
天津	0.09	0.04	0.01	0.00	0.03	0.02	0.04	0.04	0.01	0.04	0.00	0.33
河北	0.50	0.01	0.07	0.25	0.09	0.08	0.19	0.33	0.04	0.16	0.01	0.75
山西	0.30	0.00	1.05	0.04	0.07	0.01	0.27	0.12	0.09	0.03	0.00	0.82
内蒙古	0.19	0.00	0.08	0.14	0.05	0.05	0.10	0.11	0.16	0.12	0.02	0.34
辽宁	0.20	0.07	0.02	0.01	0.17	0.24	0.05	0.13	0.01	0.21	0.01	0.58
吉林	0.22	0.00	0.02	0.00	0.02	0.01	0.03	0.06	0.00	0.32	0.00	0.20
黑龙江	0.32	0.00	0.01	0.00	0.10	0.02	0.02	0.10	0.00	0.02	0.00	0.21
上海	0.96	0.01	0.01	0.58	0.11	0.10	0.28	0.10	0.08	0.47	0.02	1.34
江苏	1.92	0.66	0.06	0.07	0.15	0.35	0.48	0.43	0.06	1.16	0.06	3.18
浙江	2.74	0.30	0.04	0.04	0.21	0.71	0.55	0.16	0.12	0.65	0.07	1.97
安徽	1.26	0.06	0.14	0.17	0.05	0.09	0.07	0.19	0.06	0.29	0.00	1.40
福建	0.52	0.13	0.11	0.01	0.00	0.04	0.00	0.03	0.01	0.14	0.01	0.35
江西	0.40	0.02	0.16	0.05	0.01	0.01	0.12	0.11	0.01	0.11	0.00	0.54
山东	2.09	0.17	0.16	0.27	0.62	1.81	0.73	0.48	0.21	0.32	0.01	1.30
河南	0.73	0.02	0.03	0.01	0.07	0.24	0.12	0.17	0.06	0.12	0.00	0.79
湖北	0.61	0.10	0.08	0.13	0.02	0.07	0.09	0.21	0.05	0.22	0.02	1.07

续表

企业归口管理的地区或行业	水利工程 专业12	水运工程 专业13	矿山工程 专业14	冶金工程 专业15	石油天然气工程 专业16	石化工程 专业17	化工医药工程 专业18	农业工程 专业19	林业工程 专业20	电子通信工程 专业21	广播影视电视工程 专业22	其他 专业23
湖南	0.46	0.10	0.05	0.04	0.09	0.20	0.11	0.11	0.02	0.44	0.04	0.85
广东	3.91	0.42	0.05	0.00	0.13	0.38	0.04	0.19	0.03	2.74	0.07	2.83
广西	0.32	0.05	0.01	0.00	0.00	0.03	0.01	0.06	0.06	0.06	0.01	0.49
海南	0.10	0.04	0.00	0.00	0.00	0.00	0.00	0.05	0.01	0.03	0.00	0.36
重庆	0.77	0.04	0.01	0.02	0.07	0.04	0.08	0.15	0.04	0.15	0.02	1.45
四川	2.19	0.04	0.05	0.04	0.76	0.10	0.30	0.43	0.09	0.90	0.01	1.51
贵州	0.30	0.00	0.02	0.01	0.01	0.03	0.05	0.03	0.01	0.05	0.03	0.36
云南	1.48	0.03	0.07	0.21	0.04	0.05	0.12	0.11	0.07	0.17	0.01	0.55
西藏	0.01	0.00	0.00	0.00	0.00	0.00	0.00	0.00	0.00	0.00	0.00	0.00
陕西	0.78	0.01	0.63	0.13	0.36	0.20	0.26	0.19	0.10	0.52	0.01	0.76
甘肃	0.30	0.00	0.00	0.00	0.03	0.01	0.02	0.05	0.02	0.02	0.00	0.21
青海	0.22	0.00	0.02	0.03	0.00	0.00	0.00	0.00	0.00	0.00	0.00	0.03
宁夏	0.21	0.00	0.09	0.00	0.00	0.02	0.01	0.03	0.06	0.01	0.00	0.10
新疆	0.84	0.00	0.04	0.00	0.04	0.03	0.07	0.13	0.02	0.04	0.00	0.49
新疆兵团	0.05	0.00	0.00	0.00	0.00	0.00	0.00	0.01	0.00	0.00	0.00	0.00
行业归口	2.13	0.52	3.42	4.25	3.47	3.42	0.89	0.05	0.06	0.56	0.00	3.61

2020-2022 年各专业工程造价咨询业务收入（单位：亿元）　表 1-3-8

专业分类	2020 年		2021 年			2022 年			平均增长（%）	平均占比（%）
	收入	占比（%）	收入	占比（%）	增长率（%）	收入	占比（%）	增长率（%）		
房屋建筑工程	597.85	59.62	677.53	59.28	13.33	670.50	58.56	-1.04	6.15	58.92
市政工程	170.13	16.97	197.92	17.32	16.33	196.34	17.15	-0.80	7.77	17.23
公路工程	50.19	5.01	56.12	4.91	11.82	55.67	4.86	-0.80	5.51	4.89
铁路工程	7.07	0.71	8.95	0.78	26.59	10.62	0.93	18.66	22.63	0.85
城市轨道交通	15.68	1.56	19.73	1.73	25.83	21.08	1.84	6.84	16.34	1.79
航空工程	2.25	0.22	2.79	0.24	24.00	2.46	0.21	-11.83	6.09	0.23
航天工程	0.33	0.03	0.33	0.03	0.00	0.23	0.02	-30.30	-15.15	0.03
火电工程	25.62	2.56	26.21	2.29	2.30	27.01	2.36	3.05	2.68	2.32
水电工程	14.85	1.48	17.4	1.52	17.17	18.02	1.57	3.56	10.37	1.55
核工业工程	2.33	0.23	1.68	0.15	-27.90	3.32	0.29	97.62	34.86	0.22
新能源工程	6.34	0.63	8.77	0.77	38.33	11.46	1.00	30.67	34.50	0.89
水利工程	24.61	2.45	28.34	2.48	15.16	30.40	2.66	7.27	11.21	2.57
水运工程	3.75	0.37	2.51	0.22	-33.07	3.36	0.29	33.86	0.40	0.26
矿山工程	6.11	0.61	8.11	0.71	32.73	8.43	0.74	3.95	18.34	0.72
冶金工程	4.82	0.48	6.21	0.54	28.84	7.52	0.66	21.10	24.97	0.60
石油天然气	8.3	0.83	7.77	0.68	-6.39	8.73	0.76	12.36	2.98	0.72
石化工程	6.49	0.65	7.95	0.70	22.50	9.33	0.81	17.36	19.93	0.76
化工医药工程	4.82	0.48	5.74	0.50	19.09	6.31	0.55	9.93	14.51	0.53
农业工程	4.73	0.47	5.34	0.47	12.90	5.14	0.45	-3.75	4.58	0.46
林业工程	2.22	0.22	5.37	0.47	141.89	2.05	0.18	-61.82	40.03	0.32
电子通信工程	11.68	1.16	12.64	1.11	8.22	14.15	1.24	11.95	10.08	1.17
广播影视电视	0.71	0.07	0.65	0.06	-8.45	0.60	0.05	-7.69	-8.07	0.06
其他	31.81	3.17	34.96	3.06	9.90	32.25	2.82	-7.75	1.08	2.94

从以上统计结果及图示信息可知：

1. 房屋建筑工程、市政工程、公路工程、水利工程、火电工程专业收入平均占比合计超八成

2020-2022 年，在划分的 23 个专业中，房屋建筑工程、市政工程、公路工

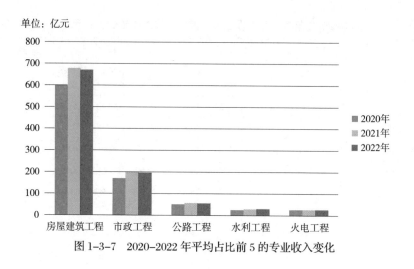

单位：亿元

图 1-3-7 2020-2022 年平均占比前 5 的专业收入变化

程、水利工程、火电工程专业收入平均占比分别为 58.92%、17.23%、4.89%、2.57%、2.32%，合计 85.93%，说明房屋建筑工程、市政工程、公路工程、水利工程、火电工程的专业收入已成为工程造价咨询业务收入的主要来源；核工业工程、广播影视电视、航天工程专业收入平均占比靠后，分别为 0.22%、0.06%、0.03%。

2. 林业工程、核工业工程、新能源工程收入平均增长率占据前三甲

从变化趋势维度分析，2020-2022 年按专业分类的工程造价咨询业务收入除航天工程、水运工程、广播影视电视工程专业平均增长率表现为负增长，其他专业平均增长率均表现为正增长。其中林业工程、核工业工程、新能源工程专业的工程造价咨询业务收入平均增长率排名前三，分别为 40.03%、34.86%、34.50%；核工业工程波动幅度最大，专业收入 2021 年下降 27.90%，2022 年增加 97.62%，变化幅度高达 125.52 个百分点。

二、结（决）算阶段、全过程工程造价咨询收入占据重要地位

2022 年，按工程建设阶段分类的工程造价咨询业务收入及占比统计如表 1-3-9 所示，变化情况如图 1-3-8 所示。

2022 年各类工程造价咨询业务收入（按工程建设阶段分类）（单位：亿元）

表 1-3-9

企业归口管理的地区或行业	合计	前期决策阶段咨询		实施阶段咨询		结（决）算阶段咨询		全过程工程造价咨询		工程造价鉴定和仲裁的咨询		其他	
		收入	占比(%)	收入	占比(%)	收入	占比(%)	收入	占比(%)	收入	占比(%)	收入	占比(%)
合计	1144.98	98.40	8.59	229.39	20.03	377.45	32.97	375.90	32.83	35.78	3.12	28.06	2.45
北京	169.32	10.43	6.16	23.89	14.11	51.96	30.69	74.87	44.22	3.87	2.29	4.30	2.54
天津	12.37	0.98	7.92	2.48	20.05	2.34	18.92	5.45	44.06	0.85	6.87	0.27	2.18
河北	20.80	1.83	8.80	4.82	23.17	8.11	38.99	4.18	20.10	1.17	5.63	0.69	3.32
山西	14.79	1.16	7.84	2.48	16.77	7.00	47.33	3.12	21.10	0.56	3.79	0.47	3.18
内蒙古	10.25	1.09	10.63	1.85	18.05	5.40	52.68	1.31	12.78	0.44	4.29	0.16	1.56
辽宁	15.45	1.21	7.83	2.21	14.30	5.98	38.71	4.45	28.80	0.95	6.15	0.65	4.21
吉林	7.55	0.80	10.60	1.87	24.77	3.22	42.65	1.15	15.23	0.22	2.91	0.29	3.84
黑龙江	9.00	1.38	15.33	1.87	20.78	3.40	37.78	1.59	17.67	0.40	4.44	0.36	4.00
上海	61.09	2.22	3.63	6.56	10.74	18.53	30.33	31.89	52.20	0.51	0.83	1.38	2.26
江苏	104.08	5.85	5.62	20.74	19.93	43.13	41.44	29.00	27.86	2.92	2.81	2.44	2.34
浙江	111.03	7.74	6.97	20.32	18.30	44.32	39.92	35.07	31.59	1.67	1.50	1.91	1.72
安徽	37.45	4.59	12.26	11.78	31.46	11.98	31.99	6.23	16.64	1.81	4.83	1.06	2.83
福建	16.92	2.35	13.89	6.43	38.00	5.07	29.96	2.28	13.48	0.51	3.01	0.28	1.65
江西	17.86	1.41	7.89	4.13	23.12	6.97	39.03	4.24	23.74	0.88	4.93	0.23	1.29
山东	82.02	5.17	6.30	12.06	14.70	29.58	36.06	30.93	37.71	3.39	4.13	0.89	1.09
河南	25.88	1.56	6.03	6.71	25.93	9.36	36.17	5.71	22.06	2.20	8.50	0.34	1.31

续表

企业归口管理的地区或行业	合计	前期决策阶段咨询		实施阶段咨询		结(决)算阶段咨询		全过程工程造价咨询		工程造价鉴定和仲裁的咨询		其他	
		收入	占比(%)	收入	占比(%)	收入	占比(%)	收入	占比(%)	收入	占比(%)	收入	占比(%)
湖北	32.67	3.95	12.09	5.61	17.17	11.65	35.66	9.94	30.43	0.92	2.82	0.60	1.84
湖南	25.86	2.95	11.41	5.53	21.38	9.68	37.43	6.41	24.79	0.70	2.71	0.59	2.28
广东	100.38	11.13	11.09	20.82	20.74	22.80	22.71	39.60	39.45	2.93	2.92	3.10	3.09
广西	10.97	1.05	9.57	2.59	23.61	4.41	40.20	1.68	15.31	0.46	4.19	0.78	7.11
海南	5.44	0.98	18.01	1.17	21.51	1.51	27.76	1.19	21.88	0.35	6.43	0.24	4.41
重庆	24.16	2.76	11.42	5.43	22.48	7.05	29.18	7.41	30.67	1.00	4.14	0.51	2.11
四川	73.30	6.74	9.20	19.07	26.02	20.25	27.63	23.07	31.47	2.46	3.36	1.71	2.33
贵州	9.06	0.55	6.07	1.72	18.98	3.15	34.77	2.03	22.41	1.32	14.57	0.29	3.20
云南	20.93	1.15	5.49	2.39	11.42	4.49	21.45	11.48	54.85	0.78	3.73	0.64	3.06
西藏	0.39	0.01	2.56	0.05	12.82	0.17	43.59	0.13	33.33	0.03	7.69	0.00	0.00
陕西	42.42	2.62	6.18	11.93	28.12	17.57	41.42	8.55	20.16	0.94	2.22	0.81	1.91
甘肃	5.91	0.94	15.91	1.56	26.40	2.09	35.36	0.86	14.55	0.40	6.77	0.06	1.02
青海	1.83	0.50	27.32	0.43	23.50	0.56	30.60	0.22	12.02	0.05	2.73	0.07	3.83
宁夏	3.76	0.20	5.32	1.23	32.71	1.33	35.37	0.71	18.88	0.23	6.12	0.06	1.60
新疆	9.42	0.90	9.55	1.81	19.21	3.34	35.46	2.86	30.36	0.30	3.18	0.21	2.23
新疆兵团	0.38	0.01	2.63	0.06	15.79	0.19	50.00	0.12	31.58	0.00	0.00	0.00	0.00
行业归口	62.24	12.19	19.59	17.79	28.58	10.86	17.45	18.17	29.19	0.56	0.90	2.67	4.29

单位：亿元

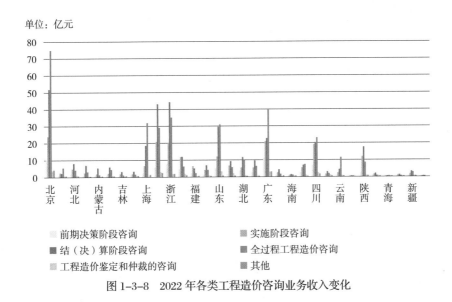

图 1-3-8　2022 年各类工程造价咨询业务收入变化

从以上统计结果及图示信息可知：

1. 结（决）算阶段咨询、全过程工程造价咨询业务收入占比较高

2022 年，在工程造价咨询业务收入中，前期决策阶段咨询业务收入为 98.4 亿元、实施阶段咨询业务收入为 229.39 亿元、结（决）算阶段咨询业务收入为 377.45 亿元、全过程工程造价咨询业务收入为 375.9 亿元、工程造价鉴定和仲裁的咨询业务收入为 35.78 亿元，各类业务收入占工程造价咨询业务总收入的比例分别为 8.59%、20.03%、32.97%、32.83% 和 3.12%。此外，其他工程造价咨询业务收入 28.06 亿元，占 2.45%。在各类业务收入中，结（决）算阶段咨询、全过程工程造价咨询业务收入占比较高。

2. 结（决）算阶段咨询及全过程工程造价咨询收入北京、广东位居前列

2022 年，在各类工程造价咨询业务收入中，前期决策阶段工程造价咨询业务收入前三的是广东、北京、浙江，分别为 11.13 亿元、10.43 亿元、7.74 亿元；实施阶段工程造价咨询业务收入排列在前的是北京、广东、江苏，分别为 23.89 亿元、20.82 亿元、20.74 亿元；结（决）算阶段工程造价咨询业务前三的是北京、浙江、江苏，分别为 51.96 亿元、44.32 亿元、43.13 亿元；全过程工程造价咨询业务收入排列在前的是北京、广东、浙江，分别为 74.87 亿元、39.6 亿元、35.07 亿元。

在工程造价咨询业务收入的六个类别中，结（决）算、全过程工程造价咨询收入占据重要地位。全过程咨询及结（决）算已经成为行业发展的趋势，在北京、天津、上海、山东、广东、重庆、四川、云南等地区，其全过程工程造价咨询收入占比均为最高，其余省、自治区、直辖市的结（决）算阶段咨询收入占比最高。2020-2022 年，各类工程造价咨询业务收入统计如表 1-3-10 所示，变化趋势分析详见图 1-3-9。

2020-2022 年各类工程造价咨询业务收入统计（单位：亿元）　表 1-3-10

阶段分类	2020 年		2021 年			2022 年			平均增长（%）	平均占比（%）
	收入	占比（%）	收入	占比（%）	增长（%）	收入	占比（%）	增长（%）		
前期决策阶段咨询	83.96	8.37	91.16	7.98	8.58	98.4	8.59	7.94	8.26	8.59
实施阶段咨询	199.56	19.90	224.59	19.65	12.54	229.39	20.03	2.14	7.34	20.03
结（决）算阶段咨询	361.35	36.04	398.34	34.85	10.24	377.45	32.97	-5.24	2.50	32.97
全过程工程造价咨询	308.47	30.76	371.10	32.47	20.30	375.9	32.83	1.29	10.80	32.83
工程造价鉴定和仲裁	26.68	2.66	33.46	2.93	25.41	35.78	3.12	6.93	16.17	3.12
其他	22.67	2.26	24.37	2.13	7.50	28.06	2.45	15.14	11.32	2.45

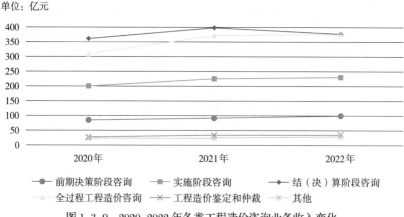

图 1-3-9　2020-2022 年各类工程造价咨询业务收入变化

从以上统计结果及图示信息可知：

1. 结（决）算阶段、全过程咨询、实施阶段收入占比连续三年稳居前三

2020-2022 年，各类收入占工程造价咨询业务的比例排列前三的均为结（决）算阶段、全过程咨询、实施阶段。其中，全过程工程造价咨询业务收入平均增长率为 10.80%，平均占比 32.83%，占据越来越重要的战略地位。工程造价鉴定和仲裁业务收入占比也逐渐增加，超过了其他咨询业务收入。上述收入高低关系表明，结（决）算阶段咨询的核减效益收入较高；全过程工程造价咨询是工程造价咨询行业的重要发展方向，占比也较高；工程造价鉴定和仲裁业务收入占比较低，主要原因是此类业务存在市场准入门槛，专业技术要求高，业务实施难度大。

2. 各类咨询收入增速放缓，结（决）算阶段咨询收入出现负增长

2020-2022 年，除结（决）算阶段咨询收入外，其他各类咨询收入均呈逐年增长态势。2022 年，结（决）算阶段咨询收入增长率为 -5.24%，与 2021 年同期相比减少 20.89 亿元，近三年来首次出现负增长；前期决策阶段、实施阶段、全过程工程造价咨询、工程造价鉴定和仲裁咨询业务收入增速均有所放缓，全过程工程造价咨询业务收入增幅明显下降，与 2021 年相比下降了 19.01 个百分点，其他咨询业务收入增速提升，与 2021 年同期相比增加了 7.64 个百分点。

三、地区发展仍不均衡

2020-2022 年，各类工程造价咨询业务收入的区域变化如表 1-3-11 所示。

2020-2022 年各类工程造价咨询业务收入

（平均占比排名前 4 的企业归口管理的地区或行业）（单位：亿元）表 1-3-11

企业归口管理的地区或行业	2020 年		2021 年			2022 年			平均占比（%）
	收入	占比（%）	收入	占比（%）	增长率（%）	收入	占比（%）	增长率（%）	
前期决策阶段咨询收入									
海南	0.99	21.85	0.72	16.00	-27.27	0.98	18.01	36.11	18.62

续表

企业归口管理的地区或行业	2020年		2021年			2022年			平均占比（%）
	收入	占比（%）	收入	占比（%）	增长率（%）	收入	占比（%）	增长率（%）	
青海	0.27	13.37	0.23	11.00	−14.81	0.50	27.32	117.39	17.23
黑龙江	1.30	13.27	1.58	15.66	21.54	1.38	15.33	−12.66	14.75
福建	1.66	11.34	2.10	12.40	26.51	2.35	13.89	11.90	12.54
实施阶段咨询收入									
福建	5.78	39.48	6.89	40.70	19.20	6.43	38.00	−6.68	39.39
宁夏	1.22	29.40	1.22	27.29	0.00	1.23	32.71	0.82	29.80
安徽	7.22	26.65	8.89	27.70	23.13	11.78	31.46	32.51	28.60
河南	7.52	29.44	8.15	27.29	8.38	6.71	25.93	−17.67	27.55
结（决）算阶段咨询收入									
江苏	39.19	43.93	42.40	42.23	8.19	43.13	41.44	1.72	42.53
浙江	36.46	41.84	42.29	40.03	15.99	44.32	39.92	4.80	40.60
北京	50.89	35.19	57.66	34.63	13.30	51.96	30.69	−9.89	33.50
山西	7.92	53.15	8.08	50.95	2.02	7.00	47.33	−13.37	50.48
全过程工程造价咨询收入									
云南	12.15	53.22	12.34	51.52	1.56	11.48	54.85	−6.97	53.20
上海	29.19	49.27	34.05	52.65	16.65	31.89	52.20	−6.34	51.37
天津	5.16	46.03	5.29	44.83	2.52	5.45	44.06	3.02	44.97
北京	57.53	39.79	69.03	41.45	19.99	74.87	44.22	8.46	41.82
工程造价鉴定和仲裁咨询收入									
贵州	0.76	7.31	0.95	9.85	25.00	1.32	14.57	38.95	10.58
海南	0.25	5.52	0.48	10.67	92.00	0.35	6.43	−27.08	7.54
宁夏	0.25	6.02	0.36	8.05	44.00	0.23	6.12	−36.11	6.73
河南	1.34	5.25	1.64	5.49	22.39	2.20	8.50	34.15	6.41
其他咨询收入									
西藏	0.01	12.50	0.01	1.61	0.00	0.00	0.00	−100.00	4.70
广西	0.13	1.24	0.56	4.90	330.77	0.78	7.11	39.29	4.42
海南	0.18	3.97	0.13	2.89	−27.78	0.24	4.41	84.62	3.76
青海	0.09	4.46	0.04	1.91	−55.56	0.07	3.83	75.00	3.40

从以上统计结果可知：

2020-2022 年，前期决策阶段咨询收入平均占比前四的为海南、青海、黑龙江、福建；实施阶段咨询收入平均占比前四的为福建、宁夏、安徽、河南；结（决）算阶段咨询收入平均占比前四的为江苏、浙江、北京、山西；全过程工程造价咨询收入平均占比前四的为云南、上海、天津、北京；工程造价鉴定和仲裁收入平均占比前四的为贵州、海南、宁夏、河南；其他咨询业务收入平均占比前四的为西藏、广西、海南、青海。

第三节　财务收入分析

2022 年工程造价咨询企业财务收入汇总如表 1-3-12 所示，营业利润变化如图 1-3-10 所示。

2022 年工程造价咨询企业财务收入（单位：亿元）　　表 1-3-12

企业归口管理的地区或行业	营业收入	工程造价咨询营业收入	其他收入	营业利润	所得税
合计	3389.39	1144.98	2244.41	500.14	103.24
北京	290.49	169.32	121.17	18.62	2.90
天津	45.70	12.37	33.33	2.44	1.30
河北	50.13	20.80	29.33	1.69	0.37
山西	31.26	14.79	16.47	1.97	1.28
内蒙古	19.68	10.25	9.43	1.05	0.08
辽宁	28.38	15.45	12.93	1.39	0.01
吉林	15.54	7.55	7.99	1.45	0.24
黑龙江	16.64	9.00	7.64	1.45	0.18
上海	219.14	61.09	158.05	10.25	2.81
江苏	269.45	104.08	165.37	77.09	3.89
浙江	294.65	111.03	183.62	80.52	1.45

续表

企业归口管理的地区或行业	营业收入	工程造价咨询营业收入	其他收入	营业利润	所得税
安徽	95.23	37.45	57.78	12.45	1.74
福建	44.26	16.92	27.34	2.89	0.61
江西	104.73	17.86	86.87	37.35	0.46
山东	161.63	82.02	79.61	35.50	4.50
河南	85.85	25.88	59.97	25.00	0.45
湖北	52.48	32.67	19.81	15.04	3.56
湖南	166.72	25.86	140.86	49.75	1.29
广东	341.98	100.38	241.60	103.76	4.13
广西	36.60	10.97	25.63	14.65	0.07
海南	10.12	5.44	4.68	0.20	0.05
重庆	50.15	24.16	25.99	3.10	1.23
四川	184.68	73.30	111.38	9.44	6.15
贵州	18.44	9.06	9.38	1.17	0.18
云南	27.63	20.93	6.70	12.89	0.08
西藏	0.40	0.39	0.01	−0.06	0.01
陕西	79.15	42.42	36.73	4.32	0.66
甘肃	20.85	5.91	14.94	1.58	0.25
青海	5.07	1.83	3.24	0.82	0.11
宁夏	10.05	3.76	6.29	3.38	0.13
新疆	19.74	9.42	10.32	2.09	0.46
新疆兵团	0.74	0.38	0.36	0.23	0.02
行业归口	591.83	62.24	529.59	31.99	35.23

注：表为除去勘察设计、会计审计、银行金融等非造价咨询行业主流业务后的财务数据。

单位：亿元

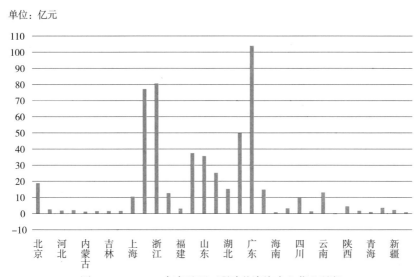

图1-3-10　2022年各地区工程造价咨询企业营业利润

（注：本章数据来源于2022年工程造价咨询统计资料汇编）

从以上统计结果及图示信息可知：

广东营业利润全国领先，工程造价咨询企业利润呈现区域性差异。2022年工程造价咨询企业营业利润为500.14亿元。其中：营业利润前三的省份是广东、浙江、江苏，分别为103.76亿元、80.52亿元、77.09亿元。

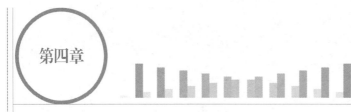

第四章

行业发展主要影响因素分析

第一节　政策环境

一、新型城镇化和城市更新拓展行业发展空间

中共中央办公厅、国务院办公厅、国家发展改革委等部门围绕新型城镇化和城市更新出台了一系列政策，拓展了行业发展空间，提升了行业发展活力。

2022年3月10日，国家发展改革委印发《2022年新型城镇化和城乡融合发展重点任务》（发改规划〔2022〕371号），明确提出要优化城市发展理念，建设宜居宜业城市，打造人民高品质生活的空间，在优化城镇化空间布局方面，提出依托城市群和都市圈促进大中小城市协调发展，缩小城乡发展差距和居民生活水平差距，促进城乡要素双向自由流动和公共资源合理配置。

2022年3月23日，中共中央办公厅、国务院办公厅印发了《关于构建更高水平的全民健身公共服务体系的意见》，指出老城区要结合城市更新行动，鼓励运用市场机制盘活存量低效用地，增加开敞式健身设施。

2022年5月6日，中共中央办公厅、国务院办公厅出台《关于推进以县城为重要载体的城镇化建设的意见》。坚持以人为核心推进新型城镇化，顺应县城人口流动变化趋势，防止人口流失县城盲目建设。明确提出到2025年，以县城为重要载体的城镇化建设取得重要进展，县城短板弱项进一步补齐补强，一批具有良好区位优势和产业基础、资源环境承载能力较强、集聚人口经济条件较好的县城建设取得明显成效，公共资源配置与常住人口规模基本匹配，特色优势产业发展壮大，市政设施基本完备，农民到县城就业安家规模不断扩大，县城居民生活品质明显改善。

2022 年 6 月 21 日，国家发展改革委发布《国家发展改革委关于印发"十四五"新型城镇化实施方案的通知》（发改规划〔2022〕960 号），在全面研判未来城镇化趋势特点的基础上，明确了"十四五"时期我国新型城镇化的目标任务和政策举措，为推动城镇化高质量发展提供了指引和遵循。坚持以人民为中心，继续把推进农业转移人口市民化作为新型城镇化的首要任务，以提高市民化质量为核心，存量优先、带动增量。城市群是新型城镇化的主体形态，强调各城市群要建立健全多层次常态化协调推进机制，打造高质量发展的动力源和增长极，推动我国现代化水平进一步提升。

2022 年 7 月 1 日，国务院办公厅印发《国务院办公厅关于进一步盘活存量资产扩大有效投资的意见》（国办发〔2022〕19 号）指出对城市老旧资产资源特别是老旧小区改造等项目，可通过精准定位提升品质、完善用途等丰富资产功能，吸引社会资本参与。

2022 年 12 月 15 日，中共中央、国务院印发《扩大内需战略规划纲要（2022–2035 年）》，推进城市设施规划建设和城市更新。加强市政水、电、气路、热、信等体系化建设，推进地下综合管廊等设施和海绵城市建设，加强城市内涝治理，加强城镇污水和垃圾收集处理体系建设，建设宜居、创新、智慧、绿色、人文、韧性城市。

新型城镇化是以城乡统筹、城乡一体、产城互动、节约集约、生态宜居、和谐发展为基本特征的城镇化，注重保护农民利益，与农业现代化相辅相成。加快新型城镇化建设，可以有效弥补城乡基础设施和公共服务短板，进一步提高县城的公共设施质量和管理水平。城市更新是一种将城市中已经不适应现代化城市社会生活的地区做必要的、有计划的改建活动。城市更新不是简单的拆建，其核心是产业结构的升级与城市的发展进化。当前城市更新的内涵已经扩展到城市结构、功能体系及产业结构的更新和升级等多方面的内容。实施城市更新行动可以加快城市生态修复、空间修补、功能完善，提升城市空间品质与发展活力。新型城镇化建设亦是我国经济发展的重要支撑，随着城市更新和新型城镇化的不断推进，将直接带动房屋建筑工程、市政工程、公路工程以及火电水利工程等的建设，能够积极促进工程造价咨询企业转型升级，为我国工程造价咨询行业提供了新的发展和广阔的空间。

二、标准化工作助推行业规范化发展

政府行业主管部门及行业协会出台了一系列相关政策推动标准化工作，以标准化工作为着力点助推行业规范化发展。

2022年2月14日，住房和城乡建设部标准定额司组织对《房屋建筑与装饰工程特征分类与描述标准》征求意见（建司局函标〔2022〕16号），其目的是为加快工程造价信息标准化体系建设，统一工程交易阶段造价信息数据交换标准。

2022年3月11日，中国工程建设标准化协会发布《建设项目全过程工程咨询标准》T/CECS 1030–2022。目的主要是为了规范建设项目全过程工程咨询的管理活动，界定建设项目全过程工程咨询的管理角色定位、管理层级、职能模块、专业界面、工作流程、成果文件、绩效评价等要素。

2022年3月25日，中共中央、国务院发布《关于加快建设全国统一大市场的意见》，从全局和战略高度提出加快建立全国统一的市场制度规则，打破地方保护和市场分割，打通制约经济循环的关键堵点，规范不当市场竞争和市场干预行为，促进商品要素资源在更大范围内畅通流动，加快建设高效规范、公平竞争、充分开放的全国统一大市场，全面推动我国市场由大到强转变，为建设高标准市场体系、构建高水平社会主义市场经济体制提供坚强支撑。

2022年8月1日，国家发展改革委联合13部门印发《国家发展改革委等部门关于严格执行招标投标法规制度进一步规范招标投标市场主体行为的若干意见》（发改法规规〔2022〕1117号），进一步压实招标投标活动各方主体责任，推进全流程电子化交易的发展，提升通信行业智慧监管水平。聚焦招标人、投标人、代理机构、评标专家、监管部门五方主体，进一步完善招标投标制度，推动招标投标市场更加公平公正。

2022年12月26日，中价协发布《建设项目工程总承包计价规范》（中价协〔2022〕53号），该规范主要包括总则、术语、基本规定、工程总承包费用项目、工程价款与工期约定、合同价款与工期调整、工程结算与支付、合同解除的结算与支付等技术内容，是中价协第一批团体标准，对目前国内工程总承包中相关计价活动进行了明确规定，对长期困扰总承包计价过程中的一些关键性问题作出了回应。

2023年2月6日，国家发展改革委等部门发布《国家发展改革委等部门关于完善招标投标交易担保制度进一步降低招标投标交易成本的通知》（发改法规

〔2023〕27号），指出要加快推动招标投标交易担保制度改革，降低招标投标市场主体特别是中小微企业交易成本，保障各方主体合法权益，优化招标投标领域营商环境，完善招标投标交易担保制度、进一步降低招标投标交易成本。

以上与工程造价咨询行业标准化相关政策的实施，有助于提高行业的规范性、统一性、科学性和可持续性，提升了工程造价咨询服务质量和市场竞争力，为行业规范化、专业化及高效化发展提供了有力政策支撑。

三、工程造价咨询企业信用评价营造行业公平竞争环境

近年来，中价协持续推动行业诚信体系建设和行业自律管理，致力于营造行业公平竞争环境。

在2019年《工程造价咨询企业信用评价管理办法》的基础上，中价协积极探索工程造价咨询企业信用管理办法新方法和新途径，对该办法进行了重新修订，并于2022年6月20日正式发布。旨在引导工程造价咨询企业诚信执业，营造"知信、用信、守信"的良好氛围，助推工程造价咨询行业信用体系建设。该办法的主要内容如表1-4-1所示。

《工程造价咨询企业信用评价管理办法》主要内容　　　　　　表1-4-1

信用评价	基本内容
信用评价的内容	（1）基本情况：人员结构、各类组织等； （2）经营管理：经营能力、管理能力、教育培训、信息化、成果质量、社会评价、文化建设与社会责任等； （3）良好行为和不良行为：良好行为加分、不良行为扣分
信用评价等级 （评分制）	AAA表示信用很好，履约能力很强（80~100分）； AA表示信用好，履约能力强（70~80分）； A表示信用较好，履约能力较强（60~70分）； B表示信用较好，履约能力一般（50~60分）； C表示信用一般，履约能力较弱（<50分）
信用等级管理	工程造价咨询企业信用等级实行动态评价动态管理，每评定周期末中价协向社会发布的信用等级记入历史信用记录； 中价协、省级造价管理协会应结合行业自律质量检查等制度加强监督检查，强化对工程造价咨询企业的动态管理，及时查处不良行为，进行行业惩戒，并及时归集企业不良行为信息，录入信用评价系统，调整信用评价分值及相应信用等级

《工程造价咨询企业信用评价管理办法》的发布符合我国对建设行业改革的思想，引入信用评价体系，基本与工程咨询企业取消资质的改革思路一致，即由管资质转为加强事中事后监管，强调对企业信用和业绩的评价。这意味着在未来的造价咨询企业发展中，会更加强化企业和造价工程师的信用和业绩；在未来的行业竞争中，将会以信誉、业绩为主。工程造价咨询行业将进入"拼人才、拼服务、拼实力、拼品牌"的新阶段，为造价咨询企业带来了重大机遇与挑战，全过程工程咨询也将迎来新的发展阶段。

四、节能降碳推动行业绿色可持续发展

建筑行业实现节能降碳是实现"双碳"目标关键一环，为更好实现建筑行业节能降碳，国家发展改革委、住房和城乡建设部、工业和信息化部、生态环境部等部门出台了一系列相关政策，推动建筑行业节能降碳，实现行业绿色可持续发展。

2022 年 2 月 11 日，国家发展改革委、工业和信息化部等部门联合印发《高耗能行业重点领域节能降碳改造升级实施指南（2022 年版）》（发改产业〔2022〕200 号），积极推动各有关方面科学做好重点领域节能降碳改造升级，引导骨干企业发挥资金、人才、技术等优势，通过上优汰劣、产能置换等方式自愿自主开展本领域兼并重组，集中规划建设规模化、一体化的生产基地，提升工艺装备水平和能源利用效率，构建结构合理、竞争有效、规范有序的发展格局，不得以兼并重组为名盲目扩张产能和低水平重复建设。依法依规淘汰不符合绿色低碳转型发展要求的落后工艺技术和生产装置，对能效在基准水平以下，且难以在规定时限通过改造升级达到基准水平以上的产能，通过市场化方式、法治化手段推动其加快退出。

2022 年 3 月 1 日，住房和城乡建设部印发《"十四五"建筑节能与绿色建筑发展规划》（建标〔2022〕24 号），要求提高新建建筑节能水平。引导制定更高水平节能标准，开展超低能耗建筑规模化建设，推动零碳建筑、零碳社区建设试点。在其他地区开展超低能耗建筑、近零能耗建筑、零碳建筑建设示范。推动农房和农村公共建筑执行有关标准，推广适宜节能技术，建成一批超低能耗农房试点示范项目，提升农村建筑能源利用效率，改善室内热舒适环境。

2022 年 3 月 2 日，国家发展改革委产业司发布《建筑、卫生陶瓷行业节能降碳改造升级实施指南》，提出到 2025 年，建筑、卫生陶瓷行业能效标杆水平以上的产能比例均达到 30%，能效基准水平以下产能基本清零，行业节能降碳效果显著，绿色低碳发展能力大幅增强的发展目标，促进建筑业提升能源利用效率，有效减少碳排放。

2022 年 5 月 13 日，中国银行保险监督管理委员会印发《关于银行业保险业支持城市建设和治理的指导意见》（银保监发〔2022〕10 号）。要求有序推进碳达峰、碳中和工作，推动城市绿色低碳循环发展。鼓励银行保险机构加大支持城市发展的节能、清洁能源、绿色交通、绿色商场、绿色建筑、超低能耗建筑、近零能耗建筑、零碳建筑、装配式建筑以及既有建筑绿色化改造、绿色建造示范工程、废旧物资循环利用体系建设等领域，大力支持气候韧性城市建设和气候投融资试点。

2022 年 7 月 13 日，住房和城乡建设部、国家发展改革委印发《城乡建设领域碳达峰实施方案》（建标〔2022〕53 号），提出 2030 年前，城乡建设领域碳排放达到峰值；力争到 2060 年前，城乡建设方式全面实现绿色低碳转型，系统性变革全面实现，美好人居环境全面建成，城乡建设领域碳排放治理现代化全面实现这一发展目标，将进一步推动行业可持续发展。

2022 年 8 月 18 日，科技部、国家发展改革委、工业和信息化部、住房和城乡建设部等九部门联合印发《科技支撑碳达峰碳中和实施方案（2022—2030 年）》，围绕城乡建设和交通领域绿色低碳转型目标，以脱碳减排和节能增效为重点，大力推进低碳零碳技术研发与示范应用。推进绿色低碳城镇、乡村、社区建设、运行等环节绿色低碳技术体系研究，加快突破建筑高效节能技术，建立新型建筑用能体系。

2023 年 2 月 25 日，国家发展改革委联合工业和信息化部、财政部、住房和城乡建设部、商务部、人民银行、国务院国资委、市场监管总局、国家能源局等部门印发《关于统筹节能降碳和回收利用　加快重点领域产品设备更新改造的指导意见》（发改环资〔2023〕178 号）。该意见指出产品设备广泛应用于生产生活各个领域，统筹节能降碳和回收利用，加快重点领域产品设备更新改造，对加快构建新发展格局、畅通国内大循环、扩大有效投资和消费、积极稳妥推进实现碳达峰、碳中和均具有重要意义。

2023 年 3 月 22 日，国家发展改革委、国家市场监管总局联合发布《国家发展改革委 市场监管总局关于进一步加强节能标准更新升级和应用实施的通知》（发改环资规〔2023〕269 号），提出在现有节能标准基础上，不断扩大节能标准覆盖范围，补齐重点领域节能标准短板。同时，完善节能标准配套体系建设。统筹开展节能标准和碳排放相关标准研究制定，从全生命周期角度衔接节能标准和碳排放相关标准指标，探索将碳排放相关指标纳入节能标准。

建筑领域是我国能源消耗和碳排放的重要领域，同时也是我国实现碳达峰、碳中和的重要力量。工程造价咨询企业通过提供专业的咨询服务，能够帮助建筑领域更好实现成本控制和项目管理的目标。与此同时，建筑领域节能降碳政策的推进和实施，为工程造价咨询行业带来了更多的项目需求和发展机会，推动了行业发展和创新。未来，工程造价咨询行业企业应努力寻求新的成本评估和经济分析方法，建立健全节能降碳在工程造价方面的管理体系，以期帮助建筑领域制定更加合理科学的节能措施和投资计划，助力行业绿色可持续发展的有效推进。

五、数字经济助力行业转型升级

数字化转型升级已成为行业发展趋势，政府行业主管部门及行业协会顺应时代发展出台了一系列政策，以数字经济为杠杆助推行业智慧转型升级。

2022 年 1 月 12 日，国务院印发《"十四五"数字经济发展规划》（国发〔2021〕29 号），明确了"十四五"时期推动数字经济健康发展的指导思想、基本原则、发展目标、重点任务和保障措施。从全局和战略高度，对健全完善数字经济治理体系做出了系统部署，这对于培育健康繁荣的发展生态，促进我国数字经济持续、高效、安全发展具有重要意义。这将对行业数字化转型发展产生重要影响。

2022 年 1 月 19 日，住房和城乡建设部印发《住房和城乡建设部关于印发"十四五"建筑业发展规划的通知》（建市〔2022〕11 号），提出建筑工业化、数字化、智能化水平大幅提升，建造方式绿色转型，加速建筑业由大向强转变，为形成强大国内市场、构建新发展格局提供有力支撑的发展目标。以完善智能建造政策和产业体系以及夯实标准化和数字化基础为抓手，加快智能建造与新型建筑工业化协同发展。

2022 年 12 月 19 日，中共中央、国务院发布《中共中央 国务院关于构建数据基础制度更好发挥数据要素作用的意见》，指出数据基础制度建设事关国家发展和安全大局，有助于充分发挥我国海量数据规模和丰富应用场景优势，进一步发挥数据要素潜在巨大作用，充分发展数字经济，为实现 2035 远景目标和构筑国家竞争新优势奠定重要基础。

在政府行业主管部门的引导下，为进一步提升工程造价服务质量，促进工程造价咨询行业数字化转型升级，中价协组织编制了《工程造价咨询 BIM 应用指南》。从工程建设全过程的角度，深入研究了 BIM 技术在工程造价咨询业务中的应用范围、应用深度、业务边界、业务标准和成果质量，对于利用 BIM 技术拓展传统工程造价咨询业务具有一定的指导性和创新性，为进一步推动工程造价信息化改革奠定了基础。

从政策措施可以看出数字化是建筑业转型升级发展的必然趋势，把握数字化、信息化、智能化融合发展的契机，以数字经济为杠杆培育新动能，带动行业转型升级。通过现代信息技术驱动，以工程全生命周期系统化集成设计、精益化生产施工为主要手段，达到高效益、高质量、低能耗、低排放的发展目标。数字经济与数字化建筑相辅相成，是一项带有全局性的工作，是对行业自身的新跨越。工程造价咨询行业积极贯彻传统产业的新业态转变与新技术落地，日趋完善信息化发展网格，充分利用 5G、大数据、云计算、物联网等信息技术与工程造价咨询行业进行深度融合。进而充分发挥海量数据和丰富应用场景优势，促进数字技术与实体经济深度融合，赋能传统产业转型升级，催生新产业新业态新模式，壮大经济发展引擎。

六、多层次政策体系保障行业高质量发展

行业主管部门及行业协会持续出台并完善行业相关政策，建立了多层次政策保障体系以推动工程造价咨询行业高质量发展。

2022 年 2 月 21 日，人力资源和社会保障部发布《人力资源社会保障部关于降低或取消部分准入类职业资格考试工作年限要求有关事项的通知》（人社部发〔2022〕8 号），进一步推动降低就业创业门槛，降低或取消《国家职业资格目录（2021 年版）》中 13 项准入类职业资格考试工作年限要求。

2022 年 3 月 1 日，住房和城乡建设部印发《"十四五"住房和城乡建设科技发展规划》（建标〔2022〕23 号）。提出到 2025 年，住房和城乡建设领域科技创新能力大幅提升，科技创新体系进一步完善，科技对推动城乡建设绿色发展、实现碳达峰目标任务、建筑业转型升级的支撑带动作用显著增强。

2022 年 4 月 18 日，为总结建设工程造价鉴定工作经验，加强行业自律管理，指导工程造价企业和注册造价工程师更好开展工程造价司法鉴定工作，中价协梳理了各地工程造价管理协会上报的工程造价司法鉴定典型案例，编制发布了《工程造价司法鉴定典型案例（2022 年版）》，为广大工程造价咨询企业和注册造价工程师开展造价鉴定业务提供技术指引。

2022 年 6 月 23 日，国务院印发《国务院关于加强数字政府建设的指导意见》（国发〔2022〕14 号），提出推进智慧城市建设，推动城市公共基础设施数字转型、智能升级、融合创新，构建城市数据资源体系，加快推进城市运行"一网统管"，探索城市信息模型、数字孪生等新技术运用，提升城市治理科学化、精细化、智能化水平。推进数字乡村建设，以数字化支撑现代乡村治理体系，加快补齐乡村信息基础设施短板，构建农业农村大数据体系，不断提高面向农业农村的综合信息服务水平。

2022 年 6 月 17 日，财政部、住房和城乡建设部发布《关于完善建设工程价款结算有关办法的通知》（财建〔2022〕183 号），有利于进一步完善建设工程价款结算有关办法，维护建设市场秩序，减轻建筑企业负担，保障进城务工人员权益。

第二节　经济环境

一、宏观经济环境稳中有进

1. 经济结构优化升级持续推进

2022 年国内生产总值 1210207 亿元，比上年增长 5.82%。其中，第一产业增加值 88345 亿元，比上年增长 4.1%；第二产业增加值 483164 亿元，增长 3.8%；第三产业增加值 638698 亿元，增长 2.3%。第一产业增加值占国内生产总值比重为 7.3%，第二产业增加值比重为 39.9%，第三产业增加值比重为 52.8%。全年最终消费支出拉动国内生产总值增长 1.0 个百分点，资本形成总额拉动国内生产总值增长 1.5 个百分点，货物和服务净出口拉动国内生产总值增长 0.5 个百分点。全年人均国内生产总值 85698 元，比上年增长 3.0%。国民总收入 1197215 亿元，比上年增长 2.8%。全员劳动生产率为 152977 元 / 人，比上年提高 4.2%。

2013-2022 年国内生产总值及其增长速度情况如图 1-4-1 所示，由图可知 2013 年到 2022 年国内生产总值逐年提高，国内生产总值增长速度于 2020 年前呈逐年降低趋势，2021 年增速明显上升，表明近两年来我国经济总体增长有所回升。

单位：亿元

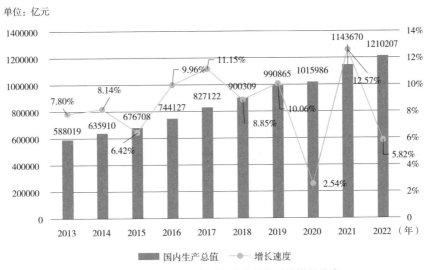

图 1-4-1　2013-2022 年国内生产总值及其增长速度

（数据来源：《中华人民共和国 2013—2022 年国民经济和社会发展统计公报》）

2. 固定资产投资平稳增长

2023 年全年全社会固定资产投资 579556 亿元，比上年增长 4.9%。其中，固定资产投资（不含农户）572138 亿元，增长 5.1%。在固定资产投资（不含农户）中，分区域看，东部地区投资增长 3.6%，中部地区投资增长 8.9%，西部地区投资增长 4.7%，东北地区投资增长 1.2%。

在固定资产投资（不含农户）中，分产业看，第一产业投资 14293 亿元，占全年固定资产投资（不含农户）2.5%，比上年增长 0.2%；第二产业投资 184004

亿元，占全年固定资产投资（不含农户）32.2%，增长10.3%；第三产业投资373842亿元，占全年固定资产投资（不含农户）65.3%，增长3.0%，三方面综合拉动全国固定资产投资平稳运行。民间固定资产投资310145亿元，增长0.9%。基础设施投资增长9.4%。社会领域投资增长10.9%。

　　在固定资产投资（不含农户）中，各行业增长速度如表1-4-2所示。其中公共管理、社会保障和社会组织行业增幅最大，相比于去年增长42.1%，卫生和社会工作行业增幅为26.1%，居民服务、修理和其他服务业增幅为21.8%，信息传输、软件和信息技术服务业增幅为21.8%，科学研究和技术服务业增幅为21.0%，电力、热力、燃气及水生产和供应业增幅为19.3%。各行业中仅有房地产业固定资产投资（不含农户）增长速度相较去年为负，降幅8.4%，房地产市场整体处于调整期。此外与造价行业相关度较大的建筑行业增幅为2.0%，处于稳步增长状态。

　　总之，2022年固定资产投资绝对数量在增长，且增长速度与2021年持平。

2022年分行业固定资产投资（不含农户）增长速度　　　　表1-4-2

行业	比上年增长（%）	行业	比上年增长（%）
农、林、牧、渔业	4.2	房地产业	−8.4
采矿业	4.5	租赁和商务服务业	14.5
制造业	9.1	科学研究和技术服务业	21.0
电力、热力、燃气及水生产和供应业	19.3	水利、环境和公共设施管理业	10.3
建筑业	2.0	居民服务、修理和其他服务业	21.8
批发和零售业	5.3	教育	5.4
交通运输、仓储和邮政业	9.1	卫生和社会工作	26.1
住宿和餐饮业	7.5	文化、体育和娱乐业	3.5
信息传输、软件和信息技术服务业	21.8	公共管理、社会保障和社会组织	42.1
金融业	10.5	总计	5.1

（数据来源：《中华人民共和国2022年国民经济和社会发展统计公报》）

二、建筑业产值整体保持稳中趋缓态势

　　2022年全国建筑业企业（指具有资质等级的总承包和专业承包建筑业，不

含劳务分包建筑业企业，下同）完成建筑业总产值 311979.84 亿元，同比 2021 年增长 6.45%。全国建筑业企业利润合计 8369 亿元，比上年下降 1.2%，其中国有控股企业 3922 亿元，增长 8.4%。

2013-2022 年建筑业总产值及其增速如图 1-4-2 所示，从图中可以看出建筑业总产值近十年来一直呈增长趋势，而 2013 年至 2015 年建筑业总产值增速呈减少趋势，从高位增长率 16.87% 跌至 2.29%，增速放缓，然后自 2015 年后建筑业总产值增速有所回升，总体来看，近五年建筑业总产值增速处于平稳波动状态。

单位：亿元

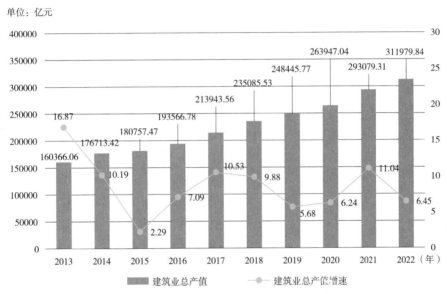

图 1-4-2　2013-2022 年建筑业总产值及其增速

（数据来源：中国建筑业协会《2022 年建筑业发展统计分析》）

三、房地产业进入深度调整期

2022 年房地产开发投资 132895 亿元，比上年下降 10.0%。其中住宅投资 100646 亿元，下降 9.5%；办公楼投资 5291 亿元，下降 11.4%；商业营业用房投资 10647 亿元，下降 14.4%。2013-2022 年房地产开发投资额和增长率如图 1-4-3 所示，从图中可知近十年来房地产开发投资额呈现增长趋势，但 2022 年首次出现负增长，开发投资额度降至与 2019 年相当，投资额增速跌至 -10.0%。

单位：亿元

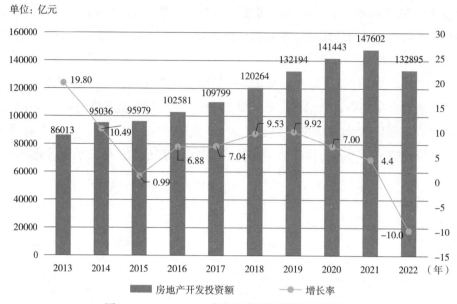

图 1-4-3 2013-2022 年房地产开发投资额和增长率

（数据来源：《中华人民共和国 2022 年国民经济和社会发展统计公报》）

2022 年，商品房销售面积 135837 万平方米，比上年下降 24.3%，其中住宅销售面积下降 26.8%；办公楼销售面积下降 3.3%；商业营业用房销售面积下降 8.9%。商品房销售额 133308 亿元，下降 26.7%，其中住宅销售额下降 28.3%；办公楼销售额下降 3.7%；商业营业用房销售额下降 16.1%。

2022 年，房地产开发企业房屋施工面积 904999 万平方米，比上年下降 7.2%，其中住宅施工面积 639696 万平方米，下降 7.3%。房屋新开工面积 120587 万平方米，下降 39.4%，其中住宅新开工面积 88135 万平方米，下降 39.8%。房屋竣工面积 86222 万平方米，下降 15.0%，其中住宅竣工面积 62539 万平方米，下降 14.3%。

2022 年，房地产开发企业土地购置面积 10052 万平方米，比上年下降 53.4%；土地成交价款 9166 亿元，比去年下降 48.4%。

2022 年，房地产开发企业到位资金 148979 亿元，比上年下降 25.9%，其中国内贷款 17388 亿元，下降 25.4%；利用外资 78 亿元，下降 27.4%；自筹资金 52940 亿元，下降 19.1%；定金及预收款 49289 亿元，下降 33.3%；个人按揭贷款 23815 亿元，下降 26.5%。

2022 年 1-12 月房地产开发景气指数如图 1-4-4 所示。

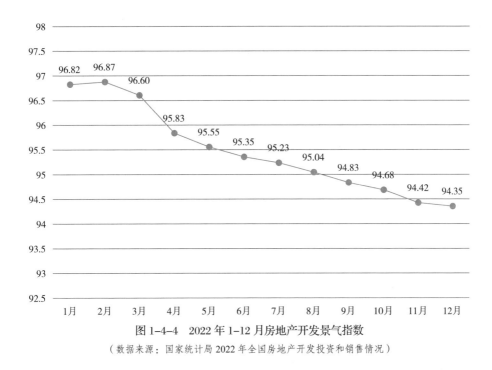

图 1-4-4　2022 年 1-12 月房地产开发景气指数

（数据来源：国家统计局 2022 年全国房地产开发投资和销售情况）

从房地产投资、房地产销售、开工面积、土地成交、房地产开发企业到位资金、房地产开发景气指数等房地产领域指标综合来看，2022 年受市场持续低迷等因素影响，全年房地产业景气指数呈下降趋势，由适度景气转入较低景气水平。

第三节　技术环境

2022 年，住房和城乡建设部印发《住房和城乡建设部关于印发"十四五"建筑业发展规划的通知》（建市〔2022〕11 号），明确指出要推动新一代信息技术与建筑业深度融合，实现更高质量、更有效率、更加公平、更可持续的发展。站在"十四五"新征程上，在数字中国战略愿景牵引下，面对科技进步之变、市场模式之变、竞争格局之变，如何抓住数字化转型机遇，推动工程造价行业全面数字化转型，实现造价高质量发展，成为工程造价行业和企业必须面对的新课题。在市场化和数字化的双化背景下，工程造价咨询行业数字化转型的本质是利用市场化数据驱动造价精细化管理，应紧密围绕建设领域深化改革系列政策规划和要求，立足国家信息化发展战略，依托 BIM、大数据、云计算、人工智能等新一代信息技术，进一步挖掘造价资源的巨大潜能，确保其为建设监管和项目管理提供更加有力的支撑，在建设项目实施进程中发挥更为重要的作用。

一、BIM 技术赋能工程造价咨询行业精细化管理

工程造价精细化管理是现代化发展的必然趋势，是在对管理资源进行整合的基础上，通过各种方法对工程造价进行管理。由于 BIM 技术能够充分利用计算机数字技术中的可视化功能，在完成 3D 模型建立的同时，可以针对建筑项目建立数据库，为项目建设提供全面细致的资料信息，因此可以将 BIM 技术与精细化管理相互结合，以促进工程造价管理工作的高效开展。将 BIM 技术与工程造价精细化管理工作结合，能够对其中各项资源进行有效的整合分配，促进管理工作的有序实施，具体包括以下内容：

第一，提高计算准确性。BIM 技术能够实现数据信息的存储和加工，根据项目造价实际情况建立模型，存储数据信息。其中包括材料市场中价格变化情况以及施工方案调整信息等，保证最终工程量计算结果的准确性。并且在完成数据信息存储之后，相关人员可以随时对数据库中的信息进行更新，保证数据的准确性，降低工程造价管理人员工作压力。另外，BIM 技术还可以对数据资料完成预处理，为接下来建筑工程造价管理工作提供条件。

第二，提高沟通效率。对于工程造价精细化管理来说，需要工作人员之间实现高效数据沟通，及时掌握各个细节的变动情况，及时调整管理方案等。BIM 技术是我国当前较为先进的技术，既能够对数据信息进行完整存储，还可以将 BIM 技术作为载体，将数据信息及时传递到指定部门中，将 BIM 技术作为载体，提高各个部门沟通协作效率。确保信息能够在短时间之内完成整合汇总工作，保证工程造价工作可以得到顺利开展。由此能够看出，BIM 技术可以实现各项环节数据的衔接，保证数据精确性的同时，提高安全性，而项目管理中的各个部门，都可以利用 BIM 技术得到需要的数据信息，实现更加全面深入的合作。

第三，提高数据信息直观性。BIM 技术在工程造价精细化管理运用过程中，

通过建立 3D 模型的方式，将工程造价管理中的内容通过模型展现出来，提高数据信息的直观性，工作人员能够更加准确地掌握相关数据变化情况。加上 BIM 技术具有可视化的特点，因此能够为建筑工人直接展出具体情况。利用 BIM 技术建立模型，还可以提前呈现出最终的施工效果，反映出其中可能存在的问题以及潜在危险因素，控制项目工程造价管理影响因素产生的负面影响，保证工程造价精细化管理工作的顺利开展。

二、人工智能技术助力工程造价咨询行业智慧化升级

人工智能是研究、开发用于模拟、延伸和扩展人的智能的理论、方法、技术及应用系统的一门新技术科学，是 21 世纪三大尖端技术之一，当前主要以知识表示与推理、机器学习、图像识别、自然语言处理等技术为研究热点，与各个学科交叉结合形成了多种算法。随着科技和信息化技术的快速发展，计算机技术和人工智能的应用逐渐渗透到生活的各个方面，工程造价领域也不例外。工程造价是建筑领域中至关重要的一个环节，涉及整个工程的投资和预算，进而会影响工程的建设进程和质量。如何准确预测投资成本和管理工程造价一直是工程领域中的难题，而人工智能技术的应用可以为工程造价领域提供更加准确、高效、智能的解决方案。

首先，人工智能可以通过大量的数据处理和分析，实现较为准确的预测和估算。传统方法中，预算往往需要人为设置各种参数，但这样所得到数据的准确性并不高。而人工智能技术可以根据工程的各个参数和历史数据进行匹配分析，以得出一个相对可靠的结果。例如，工程所需要的物资类别、数量和价格等参数，可以通过人工智能技术的方法进行自动分析、对比、加权得出一个平均数的范围，从而精细化设定预算的基础数据，实现更加准确的成本预测。

其次，人工智能可以优化工程项目的管理和运营。在大型工程项目中，成本是一个很重要的关键因素，但成本的计算、追踪和分析都涉及大量数据的管理和处理，这在传统管理方法中效率和精准度往往低下。而人工智能技术可以通过自动化数据处理、数据挖掘等手段，实时监控和管理成本数据，及时掌握工程成本的运营情况，发现成本风险，从而采取相应的应对措施，在工程建设过程中保证成本的高效控制和管理。

最后，人工智能技术还可以提高工程建设的效率和质量。在大型工程建设过程中，智能化的工程管理系统可以自动分析项目建设进度和资源配置情况，根据数据特征和周期，提高预警能力，以便及时调整项目进度和成本控制方案。同时，通过在前期建模阶段使用人工智能技术进行风险评估和优化，可以十分准确、快速地识别工程项目中存在的风险因素和潜在问题，并制定相应的应对措施，保障工程的质量和进度。

2022 年，人工智能领域的新突破 ChatGPT 以高科技姿态横空问世，赢得了业界青睐及全球热议。ChatGPT 是人工智能技术驱动的自然语言处理工具，能够通过理解和学习人类的语言来进行对话，甚至能完成撰写邮件、视频脚本、文案、翻译、代码、论文等任务。在工程造价咨询领域，ChatGPT 的影响主要有两点，一是可以辅助工程造价师进行文本处理和分析工作，提高造价工程师的工作效率。在日常工作中，造价工程师需要对工程项目的合同、设计文件以及招标文件进行大量的文本处理和分析工作，通常会涉及大量的技术和法律术语，需要造价工程师具备一定的专业知识和语言能力，而 ChatGPT 可以通过学习和模拟人类语言的方式，快速准确地理解和分析这些文本内容，并提供相应的处理和分析结果，大大减轻了造价工程师的工作负担，提高了工作效率。二是可以帮助造价工程师进行成本控制和风险管理。在工程项目的实施过程中，成本控制和风险管理是非常重要的工作内容，ChatGPT 可以通过对历史数据的学习和分析，提供对工程项目成本和风险的预测和分析，为造价工程师提供决策支持。

ChatGPT 对工程造价咨询领域的影响是深远的，它可以帮助工程造价咨询企业更好地预测和管理项目成本，提供更好的客户服务，并提高整个行业的效率和竞争力。人工智能技术在工程造价领域中具有巨大的潜力和优势，可以为工程建设提供更有效、高效、智能的解决方案，为建筑行业的管理和运营带来更大的改变和升级。

三、云计算＋大数据技术推动工程造价咨询行业数字化转型

云计算和大数据技术对各行各业均有较大影响，其中对工程造价咨询行业的影响主要体现在以下几个方面：一是数据处理能力的提升，通过云计算＋大

数据技术，工程造价咨询企业可以更快速、更准确地处理大量的数据，从而提高数据分析的质量和效率。二是降低成本，云计算＋大数据技术可以帮助工程造价咨询企业降低 IT 基础设施的成本，同时也可以降低数据存储和处理的成本。三是提高决策效率，通过云计算＋大数据技术，工程造价咨询企业可以更好地了解市场需求和趋势，从而更好地制定商业决策。四是增强客户体验，通过云计算＋大数据技术，工程造价咨询企业可以更好地与客户沟通，提供更加个性化的服务，从而提高客户满意度。总的来说，云计算＋大数据技术可以帮助工程造价咨询企业更好地管理和分析数据，提高决策效率和客户体验，同时也可以降低成本。

互联网数据中心将大数据定义为：为更经济地从高频率的、大容量的、不同结构和类型的数据中获取价值而设计的新一代架构和技术。大数据具有"4V"特征，就是容量大、速度快、种类多、价值密度低，大数据对数据的使用和分析带来新的挑战和机遇。其处理的一般流程可以归纳为：数据抽取与集成、数据分析以及数据解释三个阶段。

1. 数据抽取与集成阶段

在数据抽取与集成阶段，数据采集是建设造价数据库的主要任务，是分析造价数据的基础。在应用大数据技术采集数据的过程中，需要按照国家或者行业的统一标准采集数据，数据的抽取和集成是一个非常复杂且困难的工作，需要政府、相关主管部门、各参与共同努力。国家层面，政府作为造价信息资源的最大拥有方和发布方，应当充分挖掘处理造价数据并及时分项，以起到指导作用。而项目各参与方可以聚焦于 BIM 数据的标准性和可交换性等特点，以大数据思维为导向。以模型为载体，将 BIM 模型作为中间介质存储及提取信息，实现 BIM 模型信息传递和收集，以满足实际应用的需求。

2. 数据分析阶段

在数据分析阶段，数据的挖掘和储存是重点问题。云计算作为大数据分析处理技术的核心技术，也是大数据分析应用的基础平台，在工程造价管理中的应用可以归纳为支持云存储与数据挖掘、供应以互联网络为基础的造价软件应用平台、提供先进的网络开发技术三个方面。经过各种技术手段处理分析的海量数据，可以构建数据统计测算模型，进行工程造价的预测，也可以基于云模型 – 模糊 Petri 网将目标工程与工程实例进行智能匹配，实现通过目标工程的特征准确迅速确定控制策略。

3.数据解释阶段

数据解释阶段，是对大数据分析结果的解释与展示，以大数据技术为核心构建工程造价数据库、工程造价信息资源共享平台和工程造价数据信息服务体系并将分析结果传递给用户是解释大数据最有效的方法之一，能够让造价信息管理人员明白整个数据分析的过程，理解数据挖掘得出的结论，从而更好地指导生产应用。

第五章

行业存在的主要问题、对策及展望

第一节　行业存在的主要问题

目前，工程造价咨询行业正处于整体转型发展期，工程造价咨询企业综合服务能力不足、低价恶性竞争日趋严重、企业造价数据积累不足等问题依然存在。

一、工程造价咨询企业综合服务能力不足

我国工程造价咨询企业现阶段的综合服务能力不足，通常局限于编制或审核工程量清单和最高投标限价、施工全过程造价跟踪服务、结算编制或审核，很少能与设计方案优化和投资控制等相关业务进行整合，咨询产业链偏窄。由于综合服务能力不足，当前我国工程造价咨询企业中的大多数仍以传统工程量清单编审和预结算编审为主营业务，长期从事单一、重复的阶段性工程造价咨询服务，导致部分企业服务理念落后，降低了工程造价咨询服务的专业价值，工程造价咨询行业的专业优势难以得到充分发挥。

此外，由于大多数企业难以从全咨视角审视项目全过程，缺乏统筹管理意识，致使工程造价咨询企业综合服务能力不足，难以满足建设项目业主方不断增长的对优质工程造价咨询综合服务的需求。

二、低价恶性竞争日趋严重

工程造价咨询企业资质取消后，涌入市场的企业不断增加，导致市场竞争加

剧，咨询服务质量参差不齐，部分企业由于低价中标，咨询服务质量不高，导致客户满意度下降，造成社会对行业认可度降低。

此外，政策方面工程造价咨询企业资质取消后，行业主管部门尚未发布对行业企业的监管办法，企业的权、责、利不明，恶性低价竞争等不良行为未被纳入监管范围，使得一些不规范的行为未能得到及时发现和处理。

三、行业数字化推进难度大

工程造价咨询行业数字化发展能够打破各地区、各部门资源和信息的条块分割，提升行业信息汇集度，减少数字化平台建设中存在的信息缺失或冗余现象，有效促进工程信息资源的高效利用。

一是缺乏有效的工程造价咨询数字信息资源集成。目前，我国工程造价咨询数字信息数据缺乏统一的采集标准，各省独立管理工程造价，管理系统的数据存储格式不一致，缺少行业约定的交换协议与接口，给工程造价咨询相关数字信息的互联互通、共享以及交换造成了较大困难。

二是工程造价咨询数字化平台缺乏持续改进。目前，行业中大部分工程造价咨询企业所采用的工程造价咨询管理系统或平台功能尚需进一步完善，仍然存在造价数字信息准确度不足、信息发布更新不及时、未充分利用已建工程的造价咨询成果和项目资料等问题，并且缺少成熟的数字化管理技术以及专业的数字化人才队伍，工程造价咨询数字化平台仍需要持续改进以适应未来市场的变化。

第二节　行业应对策略

针对行业存在的主要问题，需要加强工程造价咨询企业延链强链补链工作，加强行业监管体系建设和行业自律工作，加大工程造价市场化改革步伐。

一、加强工程造价咨询企业延链强链补链工作

首先应将工程造价咨询企业的产业链向全过程工程咨询延伸，全过程工程咨

询既包括了工程前期决策咨询，也包括了建设期、运营期的造价咨询服务。工程造价咨询企业应积极加入全过程工程咨询产业链中，在政策引领下促进企业延链强链补链。同时，应加大政府相关主管部门和行业协会对工程造价咨询企业的支持力度，制定优惠政策，鼓励企业之间的合作与联合重组。另外，工程造价咨询企业可以通过战略联盟的方式加强合作，在政府和行业协会的指导下实现资源共享，提高企业核心竞争力。

在项目前期决策阶段以及项目设计阶段，工程造价咨询企业应主动发挥专业指导作用，为投资方案的可行性提供合理化建议，不断提升投资估算精度，控制投资，为业主合理地节约成本，以降低投资风险。在项目建设阶段，工程造价咨询企业应主动融入建设项目交易价格的确定、合同价谈判、建设工程过程结算及竣工结算、建设项目固定资产价值的确定等工程造价服务过程，积极拓展企业生存空间，不断提升工程造价咨询企业核心竞争力。

工程造价咨询企业应加强内部控制，优化工程造价咨询服务业务流程，提高管理和服务质量，同时加大研发投入，加强新技术、新工具的开发应用，为客户提供更高质量的服务。此外，工程造价咨询企业应加快专业化和精细化发展，围绕客户和市场需求开展特色化服务，形成差异化竞争优势，如开展 PPP 项目估算、EPC 项目成本管控、工程索赔与仲裁、BIM 应用等专业化服务。

工程造价咨询企业应注重提升造价管控体系设计能力、项目管理能力、筹划能力及沟通能力，加强人才队伍建设。企业应进一步强化人才队伍管理，将管理核心集中在管控体系设计、项目管理能力提升、关键人才引育等领域。同时，企业要加强咨询人员技术、管理及法律等方面的理论业务培训，通过开展业务知识、项目实践技能竞赛等活动，针对性加强专业人才的沟通、筹划及资源集成能力，以"内部竞争、优中选优"的方式培养复合型咨询人才，为开展工程造价咨询业务提供人才支撑。

二、加强行业监管体系建设和行业自律工作

第一，应依法加大对工程造价咨询企业的行政监管力度，对违法违规行为给予相应的行政处罚，以维护工程造价咨询市场秩序。但监管工作应适度，避免过度监管，阻碍行业发展。

　　第二，应设立综合监管平台。建立综合监管平台，整合各类监管信息和数据，并提供在线监测和风险评估功能。该平台可用于监管机构对行业从业者的注册和资格审核、执业信用评价、违规行为举报和处理等方面的工作。通过建立健全执法和处罚机制，严厉打击违规行为和不当竞争行为，对违规企业和个人实施相应的行政处罚和纪律处理，维护市场秩序和公平竞争环境。

　　第三，应加强对工程造价咨询人员的管理。强化执业资格考试和注册制度建设，加强从业人员继续教育工作，提高从业人员专业素质和职业道德水平。对长期处于非正常经营状态的工程造价咨询企业，应通过相关程序实施市场退出机制，维持行业的良性发展。

　　第四，应加强行业自律组织建设和信息共享合作。鼓励工程造价行业自律组织发挥更大作用，通过制定行业准则和规范，组织培训和交流活动，推动行业内部的自律和规范化发展。促进监管机构、从业者和行业协会之间的信息共享和合作，建立健全沟通渠道，加强行业监测和风险预警，及时发现和解决行业存在的突出问题。

　　第五，应加强定期监督检查。工程造价管理部门应加强对工程造价咨询企业的定期监督检查，深入企业了解其经营和服务情况，纠正不规范市场行为，提升工程造价咨询服务质量。

三、强化工程造价咨询行业数字化转型顶层设计

　　行业应结合工程造价市场化改革，强化工程造价咨询行业数字化转型顶层设计，重点做好以下工作：

　　第一，应开展工程造价咨询行业数字化转型发展战略再调整和再部署，根据建筑业数字化转型发展路径及市场需求，确定工程造价咨询服务数字化转型发展的战略定位、战略目标、实现路径及实施步骤。

　　第二，优化现有工程造价咨询数字化标准体系。在行业数字化标准体系总体建设目标指导下，鼓励各级行业协会和地方政府编制各类数字化团体标准及地方标准，引导行业头部企业编制数字化企业标准，通过数字化标准建设，助推工程造价咨询行业数字化转型。

　　第三，加强行业共享计量计价软件开发的组织领导。通过共享计量计价软件

开发，帮助行业企业降低运行成本，保护行业企业造价信息知识产权，鼓励行业企业开发造价信息资源，建立企业造价数据库。

第四，进一步开展工程造价指数指标体系深化研究，做好工程造价指数指标体系与各类工程标准化设计及标准化施工的对接，扩大工程造价指数指标应用场景和应用范围。目前，建筑市场的一些工程造价指数指标由于缺乏与设计端和施工端的有效融合，导致一些机构和企业发布的各类造价指数指标缺乏现实应用价值，无法指导行业企业开展项目前期造价咨询服务，如以项目立项批复为招标起点的EPC（或DB）项目以及以项目初步设计批复为招标起点的EPC（或DB）项目，由于缺乏同类工程相同设计阶段造价指数指标，工程造价咨询企业难以准确编制相应最高投标限价，投标企业也难以准确编制相应投标报价，不利于工程造价咨询企业开发EPC（或DB）项目招标阶段造价咨询服务市场。

第三节　行业发展展望

一、实施工程造价咨询行业双通道发展战略

所谓工程造价咨询行业双通道发展战略是指工程造价咨询类企业，通过结合自身资源禀赋，致力于打造以投资控制为核心的项目管理承包商或以工程造价咨询服务为核心竞争力的全过程工程咨询服务主承包商的发展战略。

实施以投资控制为核心的项目管理承包商发展战略，要求工程造价咨询企业在向业主提供综合项目管理服务过程中，凸显全过程投资控制优势，通过CM模式或MC模式，为业主提供一流的以投资控制为核心的项目管理咨询服务或项目管理承包服务，充分体现以投资控制为核心，兼顾建设项目进度控制、质量控制、HSE管理以及价值创造等管理活动的综合性项目管理服务价值。

实施以工程造价咨询服务为核心竞争力的全过程工程咨询服务主承包商发展战略，要求工程造价咨询企业主动融入全过程工程咨询服务市场，在承担传统工程造价咨询业务基础上，以投资控制为核心，通过"造价＋监理""造价＋设计""造价＋BIM""造价＋大数据"等方式兼并重组，不断拓展工程造价咨询服务产业链，最终成长为全过程工程咨询服务主承包商。努力打造具有较高市场集

中度的以投资控制为核心的项目管理承包商企业集群和以工程造价咨询服务为核心竞争力的全过程工程咨询服务主承包商企业集群，推动我国建筑业转型发展和高质量发展。

二、构建工程造价市场化改革要素体系

工程造价市场化改革涉及众多市场要素的支撑，包括构建多层级的工程构件市场价格体系、人工工日市场价格体系、施工机械台班市场价格体系、以建筑功能为核心的造价指数指标体系、以工程所处阶段为特征的造价指数指标体系等。

构建工程造价市场化改革要素体系，应充分尊重市场主体的首创意识，保护市场主体的首创行为，积极借鉴工程造价市场化程度较高的大型民营开发企业的成功经验，革新传统的以定额为中心的惯性思维，积极探索多样化的工程造价市场化要素体系，引导工程造价咨询企业及相关社会力量积累、分析和发布各类工程造价市场化要素指数指标，服务于建设项目全过程投资估算、工程招标交易价格测算、合同定价、工程结算定价及建设工程固定资产价值的核定，实现工程价格要素形态的多样化，不断提升各类市场化要素价格的精度，持续优化各类市场化要素结构，满足各类市场主体对造价信息服务的需求。

三、主动融入国家"双碳"战略新蓝海

国家"双碳"战略主要包括碳达峰战略和碳中和战略。碳达峰是指温室气体排放量达到峰值后开始下降的过程，即达到碳排放峰值后开始减少。碳达峰并不意味着零碳排放，而是指达到峰值后逐步减少。对于全球气候变化来说，实现碳达峰意味着尽快停止排放温室气体，尽可能地减少对气候变化的贡献。我国预计碳达峰时间为 2030 年。碳中和是指国家、企业、产品、活动或个人在一定时间内直接或间接产生的二氧化碳或温室气体排放总量，通过植树造林、节能减排等形式，以抵消自身产生的二氧化碳或温室气体排放量，实现正负抵消，达到相对"零排放"。我国碳中和的预计时间为 2060 年。作为现代工程咨询业的工程造价咨询行业，应顺应国家发展战略，主动融入国家"双碳"战略新蓝海，积极开拓以"双碳"战略为特色的工程咨询服务新业态。

融入国家"双碳"战略新蓝海，应充分发挥工程造价咨询行业传统优势，在建设工程工料机消耗量精准算量的基础上，为建筑低碳化开展碳计量，服务绿色建筑和低碳建筑设计方案优化和星级评价。

四、打造数字经济时代现代咨询业人才高地

数字经济时代，作为现代咨询业重要组成部分的工程造价咨询业任重道远，前景光明。传统工程造价咨询企业融入数字经济时代，需要建设一支高素质的兼备工程造价和数字经济双领域核心竞争力的专业人才队伍。为此，行业优秀头部企业要率先探索数字经济时代工程造价专业人才素质结构和能力结构，加强工程造价咨询企业与现代数字技术企业的联合或重组，提升工程造价咨询服务数智化水平和执业能力。

打造数字经济时代现代咨询业人才高地，高等院校工程管理和工程造价类专业大有可为。设置工程管理和工程造价类专业的高等院校应加强与行业主管部门、行业协会和行业企业的联系，共同探索传统工程造价专业人才培养方案的改革方向和改革路径，充分运用现代数智化手段和知识改造传统专业课程体系和实践教学体系，共同打造数字经济时代现代咨询业人才高地。

五、实现工程造价管理四化同步

实现工程定价市场化、执业工具数智化、主营业务高端化、市场监管法治化四化同步，要求工程造价咨询行业在四化过程中，坚持顶层设计同步谋划，实施方案相互融合，实施过程相互贯通，技术及管理标准相互衔接。此外，要实现全行业四化同步，还要着力构建四化同步协同机制，建设造价咨询业务服务方、造价咨询业务供应方及造价咨询市场监管方责任共同体，消除信息孤岛，形成市场监管闭环，提升行业监管效能。

在工程造价咨询行业四化同步实施过程中，应以工程定价市场化为前提，执业工具数智化为手段，主营业务高端化为目标，市场监管法制化为保障，实现我国工程造价咨询产业的提档升级。

六、探索工程造价咨询企业组织结构新范式

取消工程造价咨询企业资质是工程造价市场化改革的重要组成部分，作为为社会提供知识和智力服务的专业机构，如何在新的市场环境下实现行业的永续发展和高质量发展，是摆在工程造价咨询行业面前的一个严峻课题。

对标注册会计师行业和律师行业，工程造价咨询行业应充分重视注册造价工程师在推动行业发展中的主体作用，行业发展既需要资本的进入，更需要造价工程师行业主体地位的确立。应鼓励工程造价咨询行业大力发展造价师事务所；同时，在有限责任公司体系下，应明确企业注册造价工程师人数的最低占比，秉持"专业人做专业事"的初心，使工程造价咨询行业逐步成长为注册造价工程师的创业沃土、行业优秀人才的聚集高地、为社会提供高价值服务的智慧产业；使广大注册造价工程师逐步成长为国家固定资产投资的守门员、社会资本投资的大管家、全过程咨询产业的领导者。

第二部分

地方及专业
工程篇

第一章

北京市工程造价咨询发展报告

第一节　发展现状

2022 年，为促进北京市造价咨询企业高质量发展，借助搭建的六大服务平台，主要开展了如下工作：一是借助企业及个人信用平台，开展企业信用和招标代理、投标企业资信评价工作，开展先进单位会员和优秀个人会员评选工作。二是借助培训教育平台，修编二级造价工程师考试教材，开展 2022 年度一级、二级造价工程师继续教育工作，完成 2023 年继续教育课程录制，与相关部门开展行业新规范、新技术培训。三是借助国际咨询服务平台，组织会员单位参与 2022 年度中国国际服务贸易交易会及其他国际交流会议，开展专家证人及国际信息服务相关培训和国际平台国际信息数据建设等。四是借助经济纠纷调解平台，继续开展案件调解工作，完善调解中心管理制度和案例收集整理发行工作，开展调解员培训，提高调解员综合实力。五是借助信息化建设平台，完成《北京建设工程造价信息》《北京工程招标投标与造价》《大事记》等编辑发行，完成标价数据云平台七大模块的开发运营，完成 2022 年度 1–4 季度《造价咨询会员单位经营状况调研报告》。六是借助专家智库平台，开展京标价协专家委员会换届和优秀专家评选，举办招标投标和造价行业"第一届科技创新大会"，编纂科技与创新优秀案例集；继续完善《装配式装修计价（合同）和招标规范》《招标投标监管模式》《工程造价鉴定规范指引》《工程全过程咨询服务项目、质量标准、质量考核、服务收费计价依据》《全过程造价咨询服务合同文本》等课题及行业研究工作。

第二节　发展环境

一、政策及监管环境

为提升企业获得感、实现各类市场主体更好更快发展，北京市以公平竞争、市场准入、产权保护、信用监管等方面体制机制改革为重点，持续深化"放管服"改革，巩固和扩大行政审批制度改革成果，着力破除一体化综合监管体制机制障碍，加快建设智慧便利高效的现代政务服务体系，以更大力度打通政策落地"最后一公里"，统筹推动更多助企利民优惠政策精准直达，从而构造开放包容的政策环境、严谨秩序的监管环境。

为保障监管环境的严格有序、政策的落地有效，2022-2023年，北京市政府提出了多种改革措施及各行业发展的指导方案，包括着力推进一体化综合监管、健全跨部门综合监管制度、实施精准有效监管、严格规范公正文明执法、健全跨部门综合监管等政策，2022年8月，房修定额站加强计价活动监管工作，持续优化最高投标限价、合同价、结算价监管体系，近期重点加强了对最高投标限价的监管。

二、营商环境

近年来，北京市的营商环境持续向好，多措并举，持续优化营商环境。北京市住房和城乡建设委员会畅通服务渠道，通过探索采用"互联网＋政务服务"工作模式，依托造价服务平台、咨询大厅窗口、公开电话和微信公众号，为市场主体提供更优质咨询服务。五年来，共计咨询日接待单位6239家，接待人员8115人次，解答问题41815个，为市场主体提供便民、高效的咨询服务，指导发承包双方推进工程结算，从源头保障进城务工人员工资支付，维护了建筑市场秩序和社会稳定。

2022年8月以来，北京市启动新一轮优化营商环境研究工作。通过市人大、市政协、市工商联等渠道召开400余场企业座谈会听取意见，梳理汇总了12345

企业热线等反映的千余条问题，整理形成 300 多条意见建议。2023 年 4 月 6 日，北京市人民政府办公厅发布《北京市全面优化营商环境助力企业高质量发展实施方案》，为营造公平竞争的良性市场、良法善治的法治环境、开放包容的投资贸易环境、高效便捷的政务环境和一流营商环境提供了进一步的指导方针，这一方案致力于全方位打造与首都功能相适应的企业发展生态，实现营商环境全面优化提升，始终保持营商环境首善之区的地位。

具体到工程建设方面，北京市不断提高投资和建设项目审批效率，探索建立部门集中联合办公、手续并联办理机制，推动一批重大项目实现早开工、早建设、早落地、早见效。主要采取以下措施：

一是北京市专注于推广"区域评估 + 标准地 + 承诺制 + 政府配套"改革，提高以承诺制方式落地开工项目比例；简化项目前期办理手续，继续推行环评、水评、规划许可等事项承诺制、容缺办理；优化项目建设管理，推行"分段施工"制，对施工现场具备条件的，企业可先期开展土方、护坡、降水等作业，平均压减建设工期 60 日以上。

二是提升市政公用设施审批效率。北京市将对市政接入工程涉及的工程规划许可、绿化许可、占掘路和占道施工许可等事项，分类实行非禁免批、并联审批；实施报装、勘查、施工、接入等事项联合服务，实行水、电、气、热、通信、有线电视、网络等全部服务事项"一口受理、一次踏勘、一站办理"。

三是加强政策落地效果的监督。启动实施"营商环境改革推广落实年"计划，全面评估《北京市优化营商环境条例》落实情况，开展"十四五"营商环境专项规划中期评估，加强《清理隐性壁垒优化消费营商环境实施方案》任务督导落实。要求各区、各部门全面评估此前出台的优化营商环境政策措施落实情况和实施效果，总结一批典型案例，推广一批经验做法，确保各项改革举措切实发挥引导市场预期、提振发展信心的作用，从而更好地保障方案的落地效果，优化提升北京含工程造价咨询在内的各行业的营商环境。

三、技术发展环境

近年来，随着互联网、大数据等信息技术与工程咨询服务业的融合，未来工程咨询服务欣欣向荣，并将逐步迎来产业升级。北京市住房和城乡建设委员会致

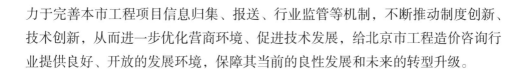

力于完善本市工程项目信息归集、报送、行业监管等机制，不断推动制度创新、技术创新，从而进一步优化营商环境、促进技术发展，给北京市工程造价咨询行业提供良好、开放的发展环境，保障其当前的良性发展和未来的转型升级。

第三节　主要问题及对策

一、主要问题

1. 市场门槛及市场集中度较低

从行业及市场集中度来看，目前北京市工程造价咨询行业企业数量众多，没有知名度高的龙头企业，行业集中度较低。这主要是因为该行业门槛较低，加之近年取消工程造价咨询资质，技术壁垒不强，缺乏核心竞争力，同时兼营造价咨询的企业远多于专营企业，工程造价咨询行业还有待进一步洗牌，需要形成几家具有较大知名度的龙头企业带领行业发展。

2. "十四五"投资结构分化带来的挑战

北京市顺应"十四五"发展规划的要求，着力于构建基础设施体系化建设和智慧城市发展，作为稳增长的重要手段，未来基建投资增速有望温和增长，但结构上会有调整——新型基建投资占比将更高、传统基建项目投资比例将下降，区域和细分行业也将出现明显分化，如北京市依据"十四五"规划提出的规划建议中指出的建设投资重大项目、城市群交通及新型城镇化民生服务三个主要维度。

3. 对业主的不规范行为缺乏约束机制

当前，北京市尚未形成系统完备的投资体制，责任机制也存在一定改善空间，没有形成直接利益约束机制，没有对工程承包和工程资金控制的业主和工程建设的利益之间进行合理管控，特别是由于市场供需不平衡，致使建筑市场的支配权归于业主，业主的决定会直接对建设项目的进度、质量和成本产生影响。建筑市场是否稳步运行也直接受制于业主行为的恰当与否。部分业主的管理人员缺乏必要的业务素质，在建设工程中不遵守有关规章制度，不严格履行合同，随意压缩施工工期，降低成本，将自己的意志强加于人，干扰建筑市场的正常运行。

4. 新技术带来的新挑战

目前，北京市工程造价咨询行业粗放型的增长方式没有根本转变，消耗高、效能低是行业可持续发展面临的一大问题。BIM、GIS、5G、大数据等新型技术的出现，不断推动工程造价咨询行业的转型升级，也客观上要求北京市建筑行业企业根据变化，主动应对，利用新型技术赋能现有业务。但出于当前现状，企业要推广应用这些技术还面临许多现实问题，以 BIM 技术应用为例，常会面临原作业习惯、责任义务风险分配、人才短板等问题，这些现实问题对北京市工程造价咨询行业未来可持续发展也带来了一定的挑战。

二、发展机遇

1. 新老基建、新型城镇化的推进带来增长空间

北京市贯彻国家"十四五"发展规划，于 2022 年 2 月发布《北京市国土空间近期规划（2021-2025 年）》，该规划指出：推进智慧城市建设，加强城市信息模型平台和运行管理服务平台建设，探索形成国际领先的智慧城市标准体系。加强新型基础设施建设，提高市政基础设施体系化、网络化、智能化水平，2022 年 3 月发布《北京市"十四五"时期重大基础设施发展规划》，主要提出在"十四五"时期的主要目标包括：基础设施网络布局更加完善、绿色集约、智慧精细水平不断提高，以首都为核心的世界级城市群主干架构基本形成，国际一流的和谐宜居之都建设取得重大进展。到 2035 年，基础设施发展方式实现根本性转变，率先建成具有全球竞争力的现代化基础设施体系，推动京津冀世界级城市群构架基本形成，安全、韧性基础设施体系建设取得重大进展。

2. 数字化转型推动产业升级、提升企业竞争力

在产业发展任务中，"十四五"规划建议提出"加快数字化发展"。推进数字产业化和产业数字化，推动数字经济和实体经济深度融合。2022 年，随着市场化改革试点工作的推进，北京市多层级、结构化的工程造价指数指标体系已初步建成，作为北京市造价服务平台主要功能模块之一的指标指数信息化形成机制即

将上线，指标指数将逐渐摆脱人工综合测算形成的模式，转变为造价市场数据依托平台指标指数模块转化处理形成的模式，并将进一步为北京市工程造价咨询行业转型升级提供数字化信息化的助力。

3. 加快转变政府职能深化行业改革

在全面深化改革任务中，"十四五"规划建议提出"加快转变政府职能"。近年来，北京市严格贯彻落实国家相关政策，行业企业将由原先重点关注行业资质，逐步回归正常的市场竞争优胜劣汰，以市场竞争力作为企业生存制胜的根本，把创造良好的市场信誉作为企业的目标之一，有利于行业健康、可持续发展。另外，行业的资质壁垒和区域壁垒的打破，有利于促进大型企业做优做强，形成一批以开发建设一体化、全过程工程咨询服务、工程总承包为业务主体、技术管理领先的龙头企业。

三、发展前景

1. 工程造价咨询行业总体规模将保持稳步增长

根据行业统计分析，北京市工程造价咨询行业从业人员逐渐增多、业内公司数量增加、营业额稳定上升，总体规模增长趋势明显，为固定资产投资提供专业服务的工程造价咨询行业仍将拥有广阔的市场空间，并将获得有力的政策支持，北京市工程造价咨询行业总体规模将较快增长。

2. 工程造价咨询行业将呈现大而强与小而专发展并行不悖的局面

目前，北京市工程造价咨询企业数量众多，普遍规模偏小，市场集中度较低，同质化、碎片化咨询现象较为严重，不利于行业整体的转型升级。未来行业发展将会呈现大而强与小而专发展并行不悖的局面。随着产业链的拉长和社会分工的细化，综合型咨询企业与专业型咨询企业将产生大量的业务合作，以实现资源共享和优势互补。

3. 科技赋能将推动工程造价咨询行业转型升级

目前，北京市的工程咨询产业科技化水平仍有发展空间，为寻求更好的发展，北京市工程造价咨询行业对科技方面有了更多要求，科技化敏感程度高、成长空间巨大。随着 BIM、大数据、云计算、人工智能、物联网等先进科技与传统业务不断融合，很多繁冗、耗时、简单重复的落后工作方式将被取代，工程造价咨询行业的生产效率和服务品质将得到显著提升，行业面临的人力成本上升压力也将有效缓解。在作为工具提升咨询产品效能的基础上，科技融合还将深度改变工程咨询行业的业务形态，推进产业互联网和数字化进程，并衍生出全新的工程管理科技服务产品，帮助行业向产业链新兴领域延伸。

4. 工程造价咨询行业国际融合趋势加速

工程造价咨询行业的国际化进程分为两个维度，一是服务形态和模式将继续吸收借鉴国外的成熟体系，二是在地理区域上服务境外项目的数量、投资规模将不断增长。北京市工程造价咨询企业普遍以实施本土业务为主，这主要是因为国内市场空间较大，但近年来承揽的国际咨询项目不断增加。随着我国对"一带一路"国家基础设施投资和产业开发向纵深推进和北京市工程造价咨询企业综合实力的持续增强，北京市工程造价咨询行业的国际化进程将逐步加快，发展空间将进一步扩大，并初步形成技术、管理和规则的输出。

5. 资本助力工程造价咨询行业全方位提升

传统工程造价咨询行业主要以人合为主，资本渗透度较低。随着工程造价咨询企业在发展全过程工程造价咨询业务、加速科技赋能、进行市场扩张或兼并重组以及进军海外市场的过程中，需要有雄厚的资本实力作保障。近年来，由于北京市工程造价咨询行业政策利好、相关资本支持，北京市多家优质工程造价咨询企业将积极进行上市融资。北京市工程造价咨询上市企业的增加，将带动行业的转型升级，并且增加行业的透明度和社会影响力，从而帮助行业实现全方位提升。

四、发展建议

1. 聚焦需求补短板，着眼长远促转型

为把握"十四五"时期的发展机遇，北京市工程造价咨询行业企业应立足我

国基础设施发展实际、北京市基础设施发展要求，在由政府投资的基础设施领域，大力推广工程总承包、全过程咨询等实施方式，以提升工程效率、降低工程成本，补齐业务板块，提升企业综合竞争力。

此外，在"绿色建造"方面也应进一步发力。2022年，北京市住房和城乡建设委系统工作会上提出了"推广应用清洁能源、可再生能源和绿色建材"的要求，造价处按"质重、量大、价高、绿色"原则，在《北京工程造价信息》发布版面开辟"绿色建材推广专栏"，助力市场主体拓宽绿色建材采购渠道和提高询价精准度，充分发挥《北京工程造价信息》在合理确定和控制工程造价方面的参谋和助手作用。未来应进一步顺应"绿色建造""建筑工业化"和"建筑信息化"政策，不断吸纳优秀人才，利用BIM、5G、大数据、物联网等新技术提升企业技术水平、提高工程质量、缩短施工工期、降低工程成本，推动企业转型升级。

2. 强化能力塑品牌，细分领域抢市场

北京市工程造价咨询行业市场巨大，可能会导致出现"大而不强"的窘境，因而，建立细分领域的产业链优势、建立竞争壁垒、占领细分市场份额，将是最匹配北京市工程造价行业中小企业、民营企业的竞争策略。对民营企业而言，国企在资源、人才方面优势明显的情况下，民企要想抢占更多市场份额，唯有聚焦优势市场，强化自身能力，同时延伸产业链，提升业务综合竞争力。

具体而言，企业可根据自身的资源、人才等优势聚焦特定的细分领域强化自身能力建设、努力塑造专业品牌，通过自身专业能力的塑造，增强核心竞争力，率先抢占细分市场份额。

3. 实行差异化策略，提升产品竞争力

北京市工程造价咨询行业应实行差异化策略，在某一领域做精做细，逐步形成特色鲜明的产品品牌和核心竞争力，如EPC管理咨询、超高层建筑、机场、医院、地铁、军工等。

北京市工程造价咨询行业应着手思考企业数字化将如何布局，建立企业数字化办公平台，包括项目立项、合同管理、变更管理、进度款管理、三级审核等功能，实现成果文件标准化，审批流程制度化。未来应积极响应行业发展要求，建立自己的企业数据库，包括材料库、清单库、指标库等，积累近期相关的项目数据，节省时间、提升工作效率，利用现代科技手段，为准确合理确定工程造价提供坚实的基础。

4. 主动拥抱新技术，开拓业务新空间

站在"十四五"的新起点上，以《北京市"十四五"时期重大基础设施发展规划》为契机，北京市工程咨询行业企业想要把握新科技和产业变革的机遇，需要将数字化转型融入企业自身战略、业务、组织与管理中，优化商业模式、业务模式和工作流程，借助数字化转型发展的契机，将"合同链条""资金链条"和"数据链条"紧密衔接，加速提升企业创新能力和综合竞争力，积极扩展智慧城市、智慧交通等新业务。如把智慧建造作为新突破口，把人工智能和 BIM 技术深度融合，实现建筑产业现代化的弯道超车。

除此之外，应针对不同类型的业务采取不同的策略，通过做深现有业务、开拓新业务，开发并积极开展更具针对性的项目全过程咨询，从而提升工作效率、促进北京市工程造价咨询行业的优化升级，保证行业高质量的长远发展。

（本章供稿：张超、王渊博、梁宏蕾、秦凤华）

第二章

天津市工程造价咨询发展报告

第一节　发展现状

一、工作情况

根据市高级人民法院对七类鉴定评估机构的管理要求，组织企业利用"人民法院诉讼资产网"协助市高级人民法院做好动态管理。按照市住房和城乡建设委员会《关于做好天津市 2022-2025 年防范非法集资宣传教育有关工作的通知》的要求，组织会员单位开展投标保证金专项自查。继续开展 2022 年"点赞最美女造价工程师"活动，评选出十名行业巾帼典型。按照中价协《关于继续征集全过程工程咨询案例的通知》的工作部署，组织各会员单位积极投稿，共有 13 个典型案例入选。依据国家发展改革委《重要商品和服务价格指数行为管理办法（试行）》文件精神，针对《天津工程造价信息》主材价格指数测算发布工作协会委托专家咨询委员会完成了《天津市建设工程主材价格指数测算发布流程》课题研究。参与了市住房和城乡建设委员会组织编写的《天津市建筑材料行业调研报告（2020-2021 年）》其中"建设工程材料市场价格分析"部分的起草工作，对2020-2021 年度天津市建设工程市场的建材价格情况作了深入分析。启动天津市建设工程造价人员系列专业培训公益讲座。

二、重点项目

一是 2022 年 2 月，天津市发展和改革委员会印发了《天津市 2022 年重点建

设、重点储备项目安排意见的通知》，其中安排重点建设项目 452 个，安排重点
储备项目 224 个。造价咨询企业积极参与各类重点项目建设，为固定资产投资活
动提供造价服务保障。二是造价咨询企业，大力推进全过程工程咨询业务，积
极参与 EPC 项目；PPP、EOD、城市更新、乡村振兴、产城融合、REITS 项目；
BIM 项目；运用新技术项目；环保项目，不断开拓造价咨询新业态。三是为协
助人民法院更好、更专业地审理工程经济纠纷案件，各工程造价鉴定评估机构提
供专业化服务，保障司法鉴定项目、诉讼活动顺利进行。

三、学术研发

一是多家造价咨询企业充分发挥专业优势，参与了相关政策研究、行业标
准与规范编写、学术研究等。包括《建设工程招标采购法律法规》《建设工程
招标采购合同管理》《建设工程招标采购项目管理》《建设工程招标采购专业实
务》辅导教材；《滨海新区房屋建筑和市政基础设施工程施工招标"评定分离"
导则》《关于在房屋建筑和市政工程领域加快推行全过程工程咨询服务的指导意
见》行业标准与规范及《乡村振兴和产城融合项目投融资课题》课题研究；《工
程造价控制在市政工程设计阶段的策略研究》基础教育科研"十三五"规划重
点课题；《振动试验装置基础工程技术规程》T/CECS 1129–2022 团体标准等。二
是为推动工程造价咨询行业信息化发展进程，提高内控管理运营效率，企业独
立研发《一种工程造价用激光测距仪固定装置》《一种工程造价用图纸固定装
置》专利，多家造价咨询企业自主研发各类专业系统，并已取得计算机软件著
作权。

第二节　发展环境

一、政策环境

一是优化营商环境。为全面贯彻落实党中央、国务院关于深化"放管服"

改革、优化营商环境的决策部署和市委部署要求，近几年天津市人民政府先后颁布《天津市人民政府关于印发天津市优化营商环境三年行动计划》《关于进一步优化营商环境更好服务市场主体的若干措施》《天津市深化工程建设项目审批制度改革优化营商环境若干措施》《天津市对标国务院营商环境创新试点工作持续优化营商环境若干措施》，均对提高项目开工建设效率、扩大快速审批机制应用范围、深化工程建设项目审批制度改革，持续优化本市建设领域营商环境，全面提升审批服务便捷度和企业满意度，提高审批效率、全面提高工程建设项目整体审批效率。

二是深入推进"碳达峰、碳中和"，加快推动绿色低碳建筑业发展。2022年9月，天津市人民政府印发了《天津市人民政府关于印发天津市碳达峰实施方案的通知》（津政发〔2022〕18号），深入贯彻落实党中央、国务院关于碳达峰、碳中和的重大战略决策，稳妥有序推进本市碳达峰行动，围绕《天津市国民经济和社会发展第十四个五年规划和二〇三五年远景目标纲要》，推进城乡建设碳达峰行动，持续深化建筑领域节能，加快推进新型建筑工业化，大力发展装配式建筑，积极推广钢结构住宅，强化绿色设计和绿色施工管理。加快编制本市居住建筑五步节能设计标准，更新市政基础设施等标准，提高节能降碳要求。

三是京津冀一体化协同发展。天津在推进京津冀协同发展战略中的发展坐标为我国先进制造研发基地、北方国际航运核心区、金融创新运营示范区、改革开放先行区。同时深度融入京津冀协同发展，围绕"一基地三区"功能定位，近年来天津市积极承接北京非首都功能疏解，武清区紧紧抓住承接北京非首都功能疏解"牛鼻子"、宝坻区加快构建"轨道上的京津冀"。天津市静海区充分发挥装配式建筑产业创新联盟作用，加强与雄安新区的产业互动合作。

四是工程造价司法鉴定评估机构情况。天津市高级人民法院关于印发《天津法院房地产估价、建设工程造价、建设工程质量等七类鉴定评估机构名录（2021年版）》（津高法函〔2022〕1号），动态化管理天津市司法鉴定评估机构，充分满足天津市各级法院审判执行工作的需要，为天津市造价纠纷鉴定提供了规范的法律后盾。

二、经济环境

2022 年度天津地区经济总量、结构：2022 年全市实现生产总值 16311.34 亿元，不变价格计算，比上年增长 1.0%。第一产业增加值 273.15 亿元，比上年增长 2.9%；第二产业增加值 6038.93 亿元，下降 0.5%；第三产业增加值 9999.26 亿元，增长 1.7%。三次产业结构为 1.7：37.0：61.3。

建筑业健康发展：年末全市总承包和专业承包资质建筑业企业 2719 家，全年建筑业总产值 4751.30 亿元，比上年增长 2.1%。全年签订建筑合同额 16550.48 亿元，增长 17.2%。建筑业企业房屋施工面积 18808.39 万平方米，其中新开工面积 3491.85 万平方米。建筑业企业劳动生产率 58.16 万元 / 人，比上年增长 10.6%。

固定资产投资：房地产市场下行影响固定资产投资下降。全年固定资产投资（不含农户）比上年下降 9.9%。分产业看，第一产业投资下降 1.1%，第二产业投资增长 1.7%，第三产业投资下降 13.9%。分领域看，工业投资增长 1.4%，占全市投资比重为 27.8%，比上年提高 3.1 个百分点；基础设施投资增长 6.8%，占全市投资比重为 24.5%，比上年提高 3.8 个百分点，其中水利、生态环境和公共设施管理投资增长 45.8%，城市轨道交通投资增长 9.5%；房地产开发投资下降 23.2%，下拉全市投资 11.0 个百分点。全市新建商品房销售面积下降 32.2%，其中住宅销售面积下降 32.9%；商品房销售额下降 34.7%，其中住宅销售额下降 34.9%。新开工建设项目增长较快。全年全市新开工建设项目 1359 个，比上年增长 12.6%，投资增长 10.0%。其中，新开工 10 亿元以上大项目个数和投资额分别增长 11.1% 和 10.6%。

京津冀协同发展：积极承接北京非首都功能疏解。全年全市引进北京投资项目 1180 个，到位资金 1853.06 亿元，占全市吸纳内资的比重超过一半，达到 50.1%。北京企业在天津新设机构 1406 家，新落地重大项目 318 个，总投资 1721 亿元。全市吸纳北京技术合同 2256 项。滨海—中关村科技园、宝坻京津中关村科技城建设进展顺利。

三、监管环境

动态监控造价企业信用评价。根据《天津市房屋建筑和市政基础设施建设工程企业信用评价管理办法》（津住建发〔2021〕11号）相关规定，天津市住房和城乡建设部分期对部分在本市行政区域内从事房屋建筑和市政基础设施工程建设的工程造价咨询企业进行了信用评价工作，实时监管、动态监控造价企业的信用情况，加强行业诚信建设。

完善新型计价标准。进一步推动工程造价市场改革，天津市住房和城乡建设委员会编制了《2020装配式建筑构件预算基价项目》《天津市预制装配式构件参考价格》，使绿色低碳建筑业更好地与工程计价融合，完善计价标准。

规范工程计价市场行为。为落实财政部、住房和城乡建设部《关于完善建设工程价款结算有关办法的通知》（财建〔2022〕183号），规范本行业工程计价市场行为，维护建设市场秩序，减轻企业负担，规范了结算行为，减少结算纠纷，天津市财政局、市住房和城乡建设委员会颁发了《关于进一步贯彻落实工程价款结算有关意见的通知》（津财基〔2022〕67号）。

落实《工程造价改革工作方案》统一信息发布标准和规则。组织完成《建设工程主材价格指数测算发布流程》课题研究，使《天津工程造价信息》的发布工作更加规范，并逐步带动其他建筑材料的测算发布工作。使《天津工程造价信息》主材价格指数发布做到有依据、有流程、有遵循、可完善，在行业管理工作中发挥作用。

四、技术环境

第六届世界智能大会——"智能新时代：数字赋能、智赢未来"。由天津市政府与国家发展改革委、科技部、工业和信息化部、广电总局、网信办、中国科学院、中国工程院、中国科协共同主办的第六届世界智能大会将以云上办会方式在2022年6月24日至25日举办，展示智能领域高、精、尖产品及技术"云"上聚首，共话未来，激荡思想火花；"云"端发布，引领趋势，展现前瞻成果；还有"云"中展示、"云"播场景、"云"腾赛事，并采用"云洽谈""云对接""云协调"等途径吸引全球优质资源落户天津。积极应用BIM、大数据等信息技术，增强全过程工程咨询能力，提高咨询服务价值。

京津冀计价体系一体化工作。落实《推进京津冀工程计价体系一体化实施方案》，京津冀三地建设主管部门联合编制完成《京津冀城市综合管廊消耗量定额》，实现了三地管廊定额消耗量、说明解释、管理使用的共建共享；运用互联网技术和信息化手段，上线运行"京津冀工程造价信息共享·天津"服务平台，实现了京津冀工程造价信息同版面同载体同步发布。

第三节　主要问题及对策

一、发展趋势

一是城市更新建设持续进阶。根据《天津津城城市更新规划指引（2021—2035年）》，"海河两岸功能提升，中心商业区、传统商圈的改造提升，历史文化街区活力提升，公共服务设施、基础设施和公共空间人居环境提升，老工业片区改造提升，老旧房屋更新和老旧小区改造"是天津市城市更新的六张名片。立足新的发展阶段，天津城市更新迎来了全新的发展机遇。城市更新显著不同于一般城建项目和综合开发项目，对咨询企业的要求比传统城建项目更加全面，因此咨询企业应抓住机会充分提高和展现企业实力，形成与城更项目相适应的能力。

二是行业内驱专业化，成为司法类业务发展的风口。近年来，随着司法辅助系统的不断完善，继司法鉴定外，仲裁、司法辅助、争议评审、专家辅助人等业务类型逐渐进入行业视野，司法鉴定及司法相关辅助业务量逐年提升。行业和企业内驱专业化，愿意选择专业的单位，进行风险分辨或纠纷调解。司法类业务成为咨询企业发展的一片蓝海。

三是绿色建筑与可持续发展受到更多关注。基于"十四五"时期天津经济社会发展目标，绿色建筑和可持续发展大力推广。未来，越来越多的绿色建筑项目兴起，建筑行业在不断推动绿色建筑和节能减排。在这个大背景下，造价行业将承担更多的责任，通过评估可持续建筑材料和技术的经济性，推动绿色建筑的普及。同时，建筑物的能源效率评估和成本优化也将成为造价行业的重要工作内容。这将对造价行业提出更高的要求。造价人需要更加关注可持续性和环保性，需要不断学习和更新知识，以适应这一新的发展趋势。

四是智慧城市、智慧建造。过去，中国互联网产业、应用、技术不断惊艳世界。未来，城市智慧化将与时代同频共振，持续惊艳世界。"加快智慧天津建设，打造全国智慧低碳的新型智慧城市标杆，以数字化、智能化全面赋能城市发展"是天津市智慧城市建设"十四五"规划重点举措。在民生领域，以智慧交通、智慧社区、智慧乡镇、智慧养老、智慧政务等举措提升城乡治理水平，便捷居民生活。在工业领域，以智能制造为主攻方向，加快产业数字化与转型升级。弱电智能化建设在智慧城市建设中脱颖而出，应受到重点关注，咨询企业应当重点培养相关业务人才，适应行业发展。

五是响应"退林还耕"，天津打造高标准农田。为保障粮食安全，响应中央"退林还耕"政策，2023年天津市将集中开展粮食生产提质增效行动，并将其列入"十四五"规划重大举措。重点在蓟州、宝坻、武清等区打造百万亩"吨粮田"，通过高标准农田建设，大幅提高耕地生产能力。100万亩"吨粮田"是一项全面推进现代农业发展的重要举措，可以有效提高农业生产效率和质量，促进农村经济发展和农民增收，也有利于优化天津市的农业结构和产业布局。受退林还耕、乡村振兴重大发展变革影响，高标准农田建设咨询将成为咨询企业未来5年持续增长的业务线。

六是天津发力"一基地三区"建设。"一基地三区"是天津市在京津冀协同发展中的定位。天津加快实现全国先进制造研发基地，北方国际航运核心区、金融创新运营示范区、改革开放先行区的"一基地三区"功能定位，扎实实施京津冀协同发展走深走实行动、制造业高质量发展行动、港产城融合发展行动等"十项行动"，奋力开创天津全面建设。"一基地三区"的建设给咨询企业带来了增量发展的机遇。

二、主要问题及对策

1. 城市更新缺少地方针对性的指导文件

住房和城乡建设部组织开展城市更新试点工作，第一批城市更新已初见成效，形成《实施城市更新行动可复制经验做法清单（第一批）》，分别给出了北京、上海、重庆、苏州等城市更新试点城市可借鉴参考的经验做法。但目前天津市还未出台城市更新的纲领性政策文件，仍处于摸索阶段。建议通过与各地方对照、完善并形成一套针对天津的权责明确、运转高效、推进有力的工作机制。

2. 市场竞争激烈

天津市有较为成熟的咨询业市场，随着资质放开，咨询企业面对激烈的市场竞争环境，应形成以"品质"为导向的市场竞争模式，为政府和企业提供更为优质的服务，保证本土企业的发展空间。

（**本章供稿：沈萍、陈锦华、李军、邓颖、田莹、张晖**）

第三章

河北省工程造价咨询发展报告

第一节　发展现状

　　一是配合中价协做好工程造价咨询企业信用评价组织与初评工作，2022年参评企业35家，其中AAA级30家，AA级2家，A级3家。二是开展河北省工程造价咨询企业信用评价工作，评价企业122家，其中AAA级87家，AAA-级16家，AA级11家，AA-级6家，A级2家。三是根据河北省高级人民法院《鉴定、评估专业机构推荐函》和《关于印发〈鉴定、评估机构备案、监督管理办法（试行）〉的通知》要求，组织编制《河北省建设工程造价鉴定机构推荐办法（试行）》，完成工程造价鉴定机构推荐工作，成功推荐104家会员单位入围法院工程造价鉴定机构名单。

第二节　发展环境

一、政策环境

　　为贯彻落实国家稳经济系列政策措施，努力实现全年经济社会发展预期目标，河北省人民政府办公厅于2022年9月29日和11月24日分别印发了《关于进一步巩固全省经济回升向好势头的十八条措施的通知》和《关于进一步优化营商环境降低市场主体制度性交易成本若干措施的通知》以切实减轻市场主体负担，更好激发市场活力，打造市场化法治化国际化一流营商环境。

河北省住房和城乡建设厅积极推进"放管服"改革，取消行政许可事项 1 项、备案事项 2 项，下放行政许可 11 项，告知承诺事项增至 9 项。住建领域电子证照种类达到 24 项、28 个，居全国首位。河北省核发的各类企业资质和人员资格证书有效期自动延续到 2023 年底，为 714 家企业办理缓缴住房公积金 3.85 亿元。实行"慎罚款""慎停工"执法，1 万余个市场主体在完成整改基础上免于处罚。

河北省住房和城乡建设厅联合七部门印发《关于支持建筑业高质量发展的三条政策措施的通知》（冀建建市〔2022〕2 号），通过发展建筑业总部经济、支持优势企业提质升级和支持省外企业与省内企业组成联合体在河北省承揽项目三条政策措施，2022 年吸纳 21 家央企子公司成功落户河北，特级施工总承包企业增加到 26 家。

河北省住房和城乡建设厅、河北省发展改革委联合印发《河北省房屋建筑和市政基础设施项目工程总承包管理办法》（冀建建市〔2021〕3 号），规定行政区域内新建、改建、扩建的房屋建筑和市政基础设施项目，建设单位应根据项目情况和自身管理能力等，合理选择工程建设组织实施方式。

二、经济环境

2022 年，河北省生产总值实现 42370.4 亿元，比上年增长 3.8%。其中，第一产业增加值 4410.3 亿元，增长 4.2%；第二产业增加值 17050.1 亿元，增长 4.6%；第三产业增加值 20910.0 亿元，增长 3.2%。三次产业比例为 10.4：40.2：49.4。全省人均生产总值为 56995 元，比上年增长 4.1%。

建筑业增加值 2413.6 亿元，比上年增长 6.2%。具有总承包或专业承包资质建筑业企业房屋施工面积 35918.4 万平方米，增长 1.0%；房屋竣工面积 7099.0 万平方米，下降 13.6%。具有总承包或专业承包资质建筑业企业利润 103.9 亿元，比上年增长 5.3%，其中国有控股企业 47.6 亿元，增长 54.6%。

固定资产投资比上年增长 7.6%。其中，固定资产投资（不含农户）增长 7.9%。在固定资产投资（不含农户）中，第一产业投资比上年增长 13.0%；第二产业投资增长 13.0%；第三产业投资增长 4.4%。工业技改投资增长 23.0%，占工业投资的比重为 62.2%。基础设施投资增长 1.6%，占固定资产投资（不含农户）的比重为 21.8%。生态保护和环境治理业、水利管理业投资分别下降 9.1%和 40.1%；市政设施管理业投资增长 12.0%；教育业、娱乐业、社会保障业等社会领域投资合计下降 14.4%。民间固定资产投资增长 5.9%，占全省固定资产投资（不含农户）的比重为 65.0%。

房地产开发投资比上年下降 0.8%。其中，住宅投资增长 0.6%，办公楼投资下降 17.1%，商业营业用房投资下降 14.8%。

三、市场环境

2022 年 1 月河北省住房和城乡建设厅、河北省财政厅等十六部门联合印发《关于进一步加强建筑市场规范管理的若干措施》（冀建建市〔2022〕1 号），开展建筑市场规范管理集中整治行动，进一步规范建筑市场秩序，营造公平公正、健康有序的市场环境。

河北省住房和城乡建设厅、中国人民银行石家庄中心支行、中国银行保险监督管理委员会河北监管局和河北省地方金融监督管理局联合《关于有序做好绿色金融支持绿色建筑发展工作的通知》（冀建节科〔2022〕2 号）通过对绿色建筑的融资保障、减费让利，降低综合融资成本，提高绿色金融服务的供给能力和水平，推动城乡建设绿色转型和高质量发展。

第三节　主要问题及对策

一、存在的主要问题

一是随着造价咨询企业资质审批的取消，造价咨询类公司注册便捷，市场准入度的降低，致使工程造价咨询企业数量激增，企业实力良莠不齐。在需求不足、供给过剩的市场背景下，部分企业为了承接业务，漠视行业规则、缺乏诚信意识，超低价服务现象凸显。

二是近年国有投资项目增资降速，房地产、城市基础设施投资放缓，但人工费的提升以及造价软件市场的垄断致使造价咨询企业经营成本提高，让企业运营压力剧增。

二、应对措施

积极营造优良市场环境，加强行业诚信体系建设。一是继续推动行业信用评价工作，扩大信用结果的应用范围，不断提高信用评价工作的社会公信力；调动企业参与信用评级的积极性，提高企业诚信经营意识。二是加强行业自律建设和从业人员职业道德规范建设研究，建立行业自律规则，完善行业自律管理机制，加大对行业自律管理的投入力度，通过信用信息与行业自律信息的互通共享，实现行业信用、自律双结合。

面对工程造价咨询的深入改革，建筑市场的进一步开放，企业要及时转变经营观念，抓住转型发展新机遇，通过增强信息技术应用、数字化转型、企业联合等方式增强企业核心竞争力，通过推行全过程工程咨询服务，扩展业务范围，优化业务结构。

（本章供稿：李静文、谢雅雯）

第四章

山西省工程造价咨询发展报告

第一节　发展现状

一是为鼓励和培育在行业改革发展中做出突出贡献，自觉维护行业社会形象、注重诚信建设、具有开拓创新实践的会员企业，开展 2022 年度"工程造价咨询业务骨干企业"和"应用创新领先企业"征集活动，经全面审核选出两类企业各 31 家，在山西日报、协会网站、微信公众号、《山西工程造价》会刊等媒介向社会推广介绍。二是组织举办了第四届工程造价专业技能竞赛。分土建、安装、装饰、市政四个专业，经过激烈角逐最终产生团体一、二、三等奖和组织奖共 60 个，土建、安装两个专业的个人前 10 名荣获"山西省工程造价行业十佳技能标兵能手"称号，市政、装饰两个专业的个人前 3 名荣获"山西省工程造价行业专业技能标兵能手"称号。三是深入调研会员企业，了解经营情况及团队建设，并通过"一网（网站）一刊（会刊）一公众号（微信公众号）"信息窗口实时宣传展现会员风采、介绍行业优秀企业和先进人物。四是如期举办了以"为热爱，不止步"为主题的 2022 年"山西造价人节"线上直播活动，通过线上造价数字化案例分享及同仁们交流行业发展和个人执业的心路历程，提振了从业信心。

第二节　发展环境

一、政策环境

山西省第十四届人民代表大会第一次会议上所作的 2023 年山西省政府工作

报告指出：在过去的 5 年，省委省政府积极构建"一群两区三圈"城乡区域发展新布局，推进中部城市群一体化高质量发展，统筹推进太忻一体化经济区建设和转型综改示范区提质。基础设施建设实现重大突破，全省高速铁路营业里程达到 1150 公里，高速公路通车里程达到 5857 公里，95.7% 的县实现高速公路覆盖，客运航线达到 304 条，大水网骨干工程取得突破性进展，全省 GDP 从 2017 年的 1.45 万亿元接连突破 2 万亿元、2.5 万亿元大关，年均增长约 6%，总量在全国的位次上升到第 20 位，人均 GDP 迈上 7 万元新台阶，山西在全国经济版图的地位更加凸显。

未来五年，将进一步完善城乡区域发展布局，全面推进乡村振兴，推动中部城市群高质量发展，高质量推进太忻一体化经济区和转型综改示范区建设，统筹推进晋北、晋南、晋东南城镇圈建设。推进以县城为重要载体的城镇化建设，完善城乡融合发展体制机制。

二、经济环境

2022 年，山西省地区生产总值达 2.56 万亿元，快于全国（3.0%）1.4 个百分点，增长 4.4%，位于全国第 20 位。一产、二产、三产增加值分别增长 5.1%、6.2%、2.7%。

全年山西省固定资产投资（不含跨省、农户）增长 5.9%。从构成看，建筑安装工程投资增长 2.4%，设备工器具购置投资增长 26.3%，其他投资增长 9.4%。全年在建固定资产投资项目（不含房地产开发项目）14535 个。其中，亿元以上项目 4070 个，亿元以上项目完成投资增长 8.9%。一般公共预算收入增长 21.8%，城乡居民人均可支配收入分别增长 5.6%、6.6%，人均地区生产总值 73675 元，同比增长 13.66%。

三、市场环境

一是受各方面因素影响，2022 年房地产企业规模进一步萎缩，项目推进持续放缓，致使许多以服务房地产企业为主要业务来源的咨询单位受到严重影响，业务拓展和企业转型升级需求迫切。

二是随着造价咨询企业资质取消，企业数量迅速增长，市场竞争愈加激烈，导致服务收费持续走低；同时，以人力资源为主要经营成本的咨询企业人工成本不断增加，致使咨询市场"高成本、低收费"形势愈演愈烈，多数企业长期处于微利经营状态，发展动能和信心不足。

三是随着市场对工程造价咨询服务形式、服务质量提出新的更高要求，以及全过程工程咨询的大力推行，造价咨询企业业务不断向建设项目的前期和后期延伸，全过程造价咨询、全过程工程咨询的需求量同步增加。

四、技术环境

近年来，山西省通过组织 BIM 技术推进会、BIM 算量技术路线研究专题讲座，通过推选应用优秀案例宣传等措施，有效推进造价咨询企业向数字应用转型方向发展。目前，虽然已有多家企业陆续投入使用了行业数据管理平台，但由于企业通常缺乏数据积累、总结习惯，难以形成有价值的数据，信息化水平偏低，致使企业人力、资金投入不少但获益甚微，持续应用动力不足，企业数字化转型面临瓶颈。

第三节　主要问题及对策

一、主要问题

随着国家"放管服"改革的不断深入，政府出台了全面推行工程全过程咨询、工程造价改革等一系列重大改革举措，使得造价咨询行业面临新的挑战。

随着国家取消对造价咨询企业的资质审批，更多的竞争者涌入造价咨询行业，竞争日益加剧，承接项目愈发困难，收费越压越低，市场低价恶性竞争更加明显。现有的信用评价活动仅是对企业的基本情况、经营管理和从业行为进行评价，并未对咨询成果质量进行有效的监督和评价，咨询质量问题频频出现，未得到应有的惩戒，行业监管有待加强。

造价咨询行业正处于转型升级阶段，造价咨询企业现有的造价专业人员缺乏全寿命周期投资管控及项目管理经验，业务结构单一、技能单一，远远不足以匹配市场实际需求。

一是 2020 年住房和城乡建设部办公厅印发《工程造价改革工作方案》提出，工程造价管理部门不再发布新的预算定额。各地造价管理部门已全面改制重组，但市场定价机制并没有实质进展，市场价格信息发布平台尚未建立，信息发布标准和规则不统一，概算定额、估算指标没有及时修订和颁布，造价咨询服务仍以定额计价为主，市场竞争不充分，未能激发和体现行业的技术水平。

二是企业数字转型困难，数据库及标准体系不成熟。市场现有行业工具性软件、大数据服务垄断严重，收费过高，咨询企业收效不明显，企业成本居高不下，数字化工作进展缓慢；即便是数据库初具规模也因数据交换标准不统一，存在信息孤岛和信息断层，不利于行业数据共享及转型发展。

三是山西省工程造价咨询企业信用评价存在双头管理问题，社会采信不统一。目前，全省开展造价咨询企业信用评价工作的机构除行业协会外，还有行政管理部门，二者在评价的内容方面有很多相似之处，但评价形式、等级等差异较大，孰强孰弱、孰高孰低，社会看法不一，采信混乱，其结果不仅使信用评价的公信力受到影响，更造成企业无所适从，负担加重。

二、应对措施

1. 加强行业监管力度，提升企业品牌价值

为适应"放管服"改革，工程造价行业应在现有的信用评价和行业自律基础上，研究构建行业信用管理新模式，将造价信用信息同信用中国信息平台实施共享联通，构建协同、联合惩戒的监管局面，加大对服务质量的评价力度和造价工程师的执业行为约束力度，增强行业从业人员的契约精神，对优秀案例、优秀企业和优秀从业人员给予一定的表扬和宣传，提升企业品牌影响力，营造诚信健康的市场环境，引导行业良性发展。

2. 构建人才培养战略

重视工程造价咨询从业人员学历、能力提升，构建和完善学历教育为基础、执业教育为核心、高端人才为引领的人才培养体系，建立符合工程造价专业特点

的继续教育和培训体系，提升继续教育质量，加强对新技术、新工艺、新规范的宣贯力度，培养规模适度、结构合理、素质优良的应用型、复合型工程造价专业人才队伍。

3. 加快制定工程造价改革市场化信息标准

为适应工程造价改革市场化发展的要求，顺利衔接由定额计价到市场定价的模式转变，有必要制定一套适用于建设单位、施工企业、咨询企业和行业主管部门管理的统一市场化计价标准和信息发布标准，可有效发挥市场竞争优势。

4. 鼓励造价咨询企业挖掘数据服务潜力

行业主管部门、协会应发挥协调、组织作用，鼓励规模以上企业进行信息管理平台建设，注重数据积累、总结和分析，推进数据库建立及数据利用进度。

5. 加快推进全过程工程咨询服务模式

随着 EPC、PPP、投建营一体化等项目实施模式的逐步推行，建设单位对贯穿项目全寿命周期的"五算"管控更加重视，尤其是政府投资项目的投资管控已经纳入政府重点审计事项，造价咨询企业完全有能力利用自身优势，牵头开展以投资管控为核心的全过程工程咨询或项目管理服务，作为企业转型发展的战略方向，联合监理企业、项目管理企业、设计咨询企业共同为建设项目提供综合咨询服务。

三、未来发展方向

1. 行业监管体系进一步完善

各级行业主管部门应强化工程造价市场监管和公共服务意识，依法依规建立信用信息平台，完善信用评价体系建设，健全造价咨询企业和个人的执业责任制度和信息公示机制，推动行业协会和社会力量参与行业自律和社会监督，助力行业有序健康发展。

2. 工程造价市场化改革进一步加快

自 2020 年，住房和城乡建设部办公厅发布《工程造价改革工作方案》并选取试点推行工程造价改革工作以来，全国其他省市也在不断探索改革路径，取得了一定的可复制、可推广的有效经验，将有助于全行业造价改革的快速推进。

3. 建筑业数字化建设进一步提速

数字经济已上升为国家战略，是产业转型升级的重要途径和突破口。加速数字造价和信息化技术的推广将为政府部门和企业进行合理的资源管理和投资决策提供新思路，未来大数据技术、云计算与传统建筑行业的融合将增强建筑业信息化、数字化发展的能力，助力造价全行业构建一个技术水平更高、管理能力更强、服务水平更优的健康新生态。

4. 企业转型升级进一步推进

随着工程造价咨询企业资质取消，上下游企业和其他社会资本快速进入工程造价咨询市场，对传统工程造价咨询市场造成了强烈的冲击，面对激烈的行业竞争，造价咨询企业应该打破传统模式，积极探索企业转型发展之路。一是通过多专业整合，搭建全过程工程咨询服务平台，探索向全过程工程咨询转型升级；二是聚焦于专业领域，回归本源，通过持续深耕，做精做专，形成企业发展核心竞争力；三是借助信息化技术，将数字技术与工程造价深度融合，探索"造价+"服务模式，通过"造价+BIM"提升成本控制水平，"造价+大数据"形式充分挖掘工程造价信息数据价值，以此优化造价咨询服务内容。通过有效提高服务品质并提供差异化服务，用更高附加值的服务赢得发展商机。

（本章供稿：李莉、郭明清、黄峰、徐美丽）

第五章

内蒙古自治区工程造价咨询发展报告

第一节　发展现状

完成 2022 年第一批工程造价咨询企业信用评价评选工作、内蒙古自治区优秀工程造价咨询企业、第六届优秀工程造价论文评选工作，组织开展行政审批事项专题培训，"适应新形势、探索新模式、谋求新发展""国际工程咨询专题"的工程造价公益讲座，"市场化新时期企业数字化转型分享论坛"线上研讨会，"在一起，向未来"数字新成本解决方案线上专题讲座，数字驱动新变革、企业赋能新发展—2022 年内蒙古地区第一期 GEC 会议论坛，举办"2022 年国家组合式税费优惠政策与当前金税四期进展解读"线上专题培训会议，"规范市场行为、促进行业发展"—聚焦建设工程招标投标领域系列公益直播，《关于严格执行招标投标法规制度进一步规范招标投标主体行为的若干意见》宣贯培训会等，开展了内蒙古自治区一级、二级注册造价工程师继续教育工作，全年累计开通并参加网络继续教育的一级注册造价工程师 4006 人、二级造价工程师 487 人。

第二节　发展环境

一、政策环境

2022 年，自治区先后制定稳经济 40 条配套政策、21 条接续政策，推出优化营商环境 181 条、产业高质量发展 130 条、公路投资 6 条。坚持抓改革、扩开放，在全区推开"12345"热线，对响应率、办结率、满意率进行月排名，重点盯督排名靠后者。深化行政审批、工程项目审批和"证照分离"改革，进一步精简工程建设项目审批事项，规范审批环节，推进全事项全流程网上办理，消除"体外循环"和"隐性审批"。打破区域市场准入壁垒，建立全区统一的建设领域网上中介服务超市，实行零门槛入驻。开展"两优"专项行动，向呼包鄂乌下放 38 项行政权力事项，自治区级权力事项取消 72 项、下放 679 项，压减办事时限 49.4%、环节 20.8%、材料 26.5%。印发《内蒙古自治区促进建筑业高质量发展的若干措施》，从优化建筑业发展环境、提升建筑业企业市场竞争力、推进建筑业转型升级、确保惠企政策落地落实等 6 个方面提出了具体措施。

二、经济环境

2022 年，内蒙古自治区坚决贯彻党中央重要要求，稳中求进、难中求成，地区生产总值增长 4% 以上，规上工业增加值增长 8% 以上，居全国第三，固定资产投资增长 17% 以上，居全国第一，一般公共预算收入增长 20.2%，居全国第二。实施重大项目 3343 个，完成建设投资突破 6000 亿元，改造城镇老旧小区 1571 个、老旧管网 2170 公里，建成农村牧区公路 6261 公里、改造户厕 10 万多个，完成农村牧区危房改造任务 5507 户。累计解决房地产历史遗留问题项目 2970 个、140.06 万套，其中"入住难"项目 321 个、12.65 万套，"回迁难"项目 304 个、5.42 万套，"办证难"项目 2345 个、121.99 万套。坚持保基层、保主体，下达财力性转移支付 1484 亿元，一年实现扭亏为盈。新增减税降费、留抵退税、缓缴税费超过 600 亿元，新增市场主体 36.84 万户，完成保交楼 1.05 万套，实现预售资金监管全覆盖。扎实开展"五个大起底"行动，激活项目近万个、资金 64 亿多元、土地 13 万多亩。

以重大项目为抓手，积极加快项目建设，固定资产投资保持良好增势，分区域看，东部地区投资比上年增长 12.7%，中部地区投资增长 19.1%，西部地区投资增长 26.2%，但全年房地产开发投资 978.3 亿元，比上年下降 20.7%。其中，住宅投资 771.0 亿元，下降 20.6%；办公楼投资 7.4 亿元，下降 6.3%；商业营业用房投资 80.0 亿元，下降 26.1%。商品房销售面积 1380.5 万平方米，下

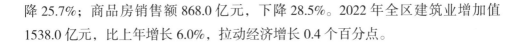

降 25.7%；商品房销售额 868.0 亿元，下降 28.5%。2022 年全区建筑业增加值 1538.0 亿元，比上年增长 6.0%，拉动经济增长 0.4 个百分点。

三、技术环境

内蒙古自治区住房和城乡建设厅持续完善地方标准体系，分两批将建筑节能、BIM 应用、海绵城市、城市生活垃圾分类、建筑消防等 41 项标准列入 2022 年自治区工程建设标准制修订计划，为历年之最，共发布地方标准 8 项，优化"内蒙古自治区工程建设标准管理系统"，新立项的地方标准全部网上办理，助力标准化工作提质增效，《绿色建筑评价标准》DB 15/T 2817-2022 荣获 2022 年度全国标准科技创新奖，填补了该项空白，标志着区标准科研工作取得新突破。组织编制发布自治区《房屋修缮工程预算定额》《房屋建筑加固工程预算定额》《市政维修养护工程预算定额》三本 9 册，编制城镇老旧小区改造工程预算定额，进一步满足工程计价市场需求。大力推进 BIM 技术应用，加强对辖区内 BIM 技术应用试点项目的指导、管理、服务，保障试点项目顺利实施。积极组织对示范效果显著的项目以及试点单位进行观摩学习，开展 BIM 技术经验交流和推广活动。

四、监管环境

对工程造价咨询企业实行常态化监管，开展工程造价咨询企业监督检查，印发《关于开展 2022 年度全区工程造价咨询企业"双随机、一公开"监管抽查工作的通知》，共抽查造价咨询企业 20 家，检查工程造价咨询成果文件 42 个，核实受检企业注册造价师信息 120 人。指导监督各工程造价咨询企业建立完整的质量管理体系、内部操控规程和档案管理制度，确保成果文件质量。积极培育具有全过程咨询能力的工程造价咨询企业，创新服务方式，提高服务水平和市场竞争能力。探索建立企业信用与执业人员信用挂钩机制，强化个人执业资格管理，落实工程造价咨询成果文件质量终身责任制，推广职业保险制度，增强企业和从业人员的风险抵御能力。鼓励工程造价咨询企业运用现代化信息手段，建立内部成果文件数据库，加强工程造价数据积累，履行企业责任，主动向行业管理部门上传相关数据，实现全区工程造价数据共享。

第三节　主要问题及对策

一、面临的问题

1. 造价咨询竞争激烈、企业经营面临困难

随着"放管服"深化改革，"证照分离"落地实施，造价资质取消，对行业的发展模式产生了巨大影响，同质化竞争更加激烈，工程造价咨询企业凸显出很多发展问题，诸如无良好的社会资源、现金流短缺、存活艰难而苦苦支撑，创新能力不足，资源整合能力匮乏，区域扩张受阻而倍感无助，综合型专业技术咨询人才短缺及人才流失，无力涉足工程全过程咨询等综合性业务，企业如何长期发展定位不清，导致造价咨询企业转型升级非常艰难，企业经营面临诸多困难。

2. 综合性专业技术咨询人才短缺

面对建筑行业全过程咨询新发展态势，目前造价咨询行业存在两方面矛盾，一是市场发展需求综合性高水平专业技术人才与造价专业技术人员咨询能力较低的矛盾；二是全过程、全阶段的综合性咨询与造价咨询企业业务单一之间的矛盾。大部分造价从业人员只懂造价不懂造价管理，只会单一算量计价，不会全阶段全过程造价咨询，只会核算分析不会目标控制及策划增值咨询，导致企业没有核心竞争力，市场规律是价值，没有价值的咨询永远不受市场的青睐，其核心是企业缺乏综合性专业技术咨询人才。

3. 造价咨询市场环境有待进一步提升

造价资质取消市场准入，门槛降低，市场更加开放，招标代理、监理、工程咨询、设计等上下游企业都可进入造价咨询市场，因此，只要有业务拓展意愿就可以进入，不需要申请资质便可承担造价咨询业务，加剧了市场竞争，造价咨询行业内卷严重，市场环境仍然鱼龙混杂，造价行业从业者深感身份迷茫、定位迷惑、价值迷失，造价咨询个人执业资格有待加强，市场监管要逐步规范，行业自律诚信体系建设要加强，造价咨询市场环境有待进一步提升。

二、发展建议

1. 造价咨询企业亟待转型升级

面对建筑市场逐步开放，市场准入壁垒逐步取消，造价咨询企业应明晰市场，急需新的战略定位，以保证企业的长期发展及生命力。

（1）注重综合性专业人才培养。工程咨询的核心和关键还是要发挥人才的作用，咨询工作的价值也是通过人的经验和专业人员的各个阶段能力的融合体现咨询的价值，造价咨询企业需要积极开展对人的培养，帮助从业人员拓展知识，培养兼有经济、法律、管理等方面的综合性咨询人才。

（2）提升企业核心竞争力。工程造价咨询企业的核心竞争力可以从企业管理、技术创新、社会资源和企业文化四个方面来培育。在当前激烈的市场竞争环境下，企业必须不断进行升级，培育自身无可替代的核心竞争力来提高自身优势。必须注重"专业制胜"的发展战略，持续专注地将咨询做专做精做强，成为专家型咨询公司。

（3）基于市场业务咨询管理模式的创新。建设类资质的改革取消，打通了工程咨询产业链，站在同一起跑线，在符合法律法规及相关政策规定前提下，根据自身的需要兼并重组或者采取整合外包的形式以弥补自身专业资质、专业技术人员的不足，利用各自专业优势组成联合体承接业务，采取联合经营、并购重组等方式，开拓新的咨询业务领域。

（4）基于"IT+BIM+精益管控"的技术创新。信息化、智能化作为建筑行业发展的必经之路，造价咨询企业可以凭借云计算、大数据、BIM等信息技术，充分发挥协调管理优势，以信息技术为平台、BIM技术为手段，增强全过程咨询核心竞争力；可以给企业转变新战略，发展新业务提供信息技术支撑。

2. 行业监管和个人执业资格加强

（1）行业监管逐步规范。造价资质的取消，将会变成"资格＋信用"的管理，促使监管部门加快完善全国建筑市场监管公共服务平台，加强信用监管，完善工程造价咨询企业信用体系，依法向社会公布企业信用状况，依法依规开展失信惩戒；监管思路将从"管主体"向"管行为"转变，监管重点将从"管企业"向"管项目"转变。依法依规全面公开企业和个人信用记录，人证相符，持证上岗，加大对个人挂证等现象的处罚力度，严厉打击出租出借证书行为，推动完善行政监管和社会监督相结合的诚信激励和失信惩戒机制。

（2）个人执业资格加强。《国务院办公厅关于促进建筑业持续健康发展的意见》（国办发〔2017〕19号）中提到，强化个人执业资格管理，明晰注册执业人员的权利、义务和责任，加大执业责任追究力度，有序发展个人执业事务所，推动建立个人执业保险制度。资质的取消，一定会加强个人执业资格，更加全面和客观考核个人执业能力，考核会更注重造价工程师的学习经历、专业知识水平、业务技能、咨询业绩、行业贡献等。

（本章供稿：杨金光、梁杰、刘宇珍、徐波、张心爱、陈杰）

第六章

辽宁省工程造价咨询发展报告

第一节　发展现状

　　一是成立第二届专家委员会，同时组建新的辽宁省建设工程造价专家库，邀请入库专家开展有关课题研究，为引领行业发展、处理和解决与建设工程造价有关的重要事项和疑难问题提供智力支持。二是开展信用评价工作，全省有59家工程造价咨询企业获得中价协信用评价等级，其中评价为AAA的有57家，评价为AA的有2家。全省共有170家工程造价咨询企业获得辽宁省信用评价等级。评价为AAA的企业有98家，评价为AA的企业有55家，评价为A的企业有17家。三是积极解决咨询收费问题，召开多次会议研讨服务成本课题，制定了科学、合理具有可操作性的服务成本测算实施方案，统一测算全省造价咨询服务成本平均水平。四是承接造价师继续教育任务，全力提升造价师执业水平。五是举办辽宁省第二届造价职业技能大赛，打造优秀技术人才。六是搭建辽宁省造价咨询行业人才供需交流平台，平台完全电子化、系统化和网络化，人才供需双方在足不出户的情况下完成大部分的人才招聘和应聘工作。平台不仅面对广大造价咨询企业和造价从业人员，还将积极引入辽宁省高校造价专业或相关专业毕业生资源，扩大企业选才范围，扩大造价专业学生就业范围。

第二节　发展环境

一、政策环境

1. 出台《辽宁省推进"一圈一带两区"区域协调发展三年行动方案》

为深入贯彻落实辽宁省第十三次党代会精神，立足新发展阶段，贯彻新发展理念，构建新发展格局，发挥沈阳、大连"双核"牵动辐射作用，坚持陆海统筹、内外联动，发挥各地比较优势，合理分工、优化发展，形成各展所长、协同共进的"一圈一带两区"区域发展格局，推动辽宁全面振兴全方位振兴实现新突破，辽宁省政府出台了《辽宁省推进"一圈一带两区"区域协调发展三年行动方案》。

2. 出台《开发性金融支持辽宁城市更新先导区建设专项工作实施方案》

认真落实习近平总书记关于东北、辽宁振兴发展的重要讲话和指示精神，立足新发展阶段，完整准确全面贯彻新发展理念，服务和融入新发展格局，融资融智支持城市更新行动，为建设城市更新先导区，打造高品质生活空间贡献金融力量，辽宁省住房和城乡建设厅出台了《开发性金融支持辽宁城市更新先导区建设专项工作实施方案》。

3. 发布《2017〈辽宁省建设工程计价依据〉补充定额（二）》

为进一步完善建设工程计价依据体系，满足建设市场各方主体计价需要，推广新工艺、新技术，推动先进工艺在建筑市场应用，辽宁省住房和城乡建设厅对辽宁省2017计价依据《通用安装工程定额》与《市政工程定额》中缺项部分进行补充，发布了《2017〈辽宁省建设工程计价依据〉补充定额（二）》。

4. 发布《辽宁省装配式建筑装配率计算细则2022版（试行）》

为进一步推动辽宁省装配式建筑产业健康有序发展，落实住房和城乡建设部有关工作要求，辽宁省住房和城乡建设厅对《辽宁省装配式建筑装配率计算细则（试行）》做出修改，发布了《辽宁省装配式建筑装配率计算细则2022版（试行）》。

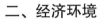

二、经济环境

1. 宏观经济环境

全年地区生产总值28975.1亿元，比上年增长2.1%。其中，第一产业增加值2597.6亿元，增长2.8%；第二产业增加值11755.8亿元，下降0.1%；第三产业增加值14621.7亿元，增长3.4%。

2022年辽宁省固定资产投资（不含农户）比上年增长3.6%。分产业看，全年第一产业投资比上年增长1.4%；第二产业投资增长6.1%，其中工业投资增长6.1%；第三产业投资增长2.4%。分建设性质看，全年新建投资比上年增长18.1%，扩建投资增长0.2%，改建和技术改造投资增长33.3%。全年基础设施投资比上年增长38.8%。其中，公共设施管理业投资增长67.7%，道路运输业投资增长52.1%，电力、热力生产和供应业投资增长23.9%，电信、广播电视和卫星传输服务投资增长13.6%，水的生产和供应业投资下降31.4%。

全年建设项目1.3万个，比上年增加1448个，完成投资增长19.1%。其中，亿元以上建设项目3839个，增加463个，完成投资增长23.3%；10亿元以上建设项目414个，增加49个，完成投资增长27.5%。全年新开工建设项目5877个，比上年增加913个，完成投资增长51.7%。其中，亿元以上新开工建设项目1106个，增加256个，完成投资增长84.7%；10亿元以上新开工建设项目108个，增加63个，完成投资增长1.8倍。重点项目中的沈阳中德园基础及公共设施建设项目，大连海力士非易失性储存器一期项目，北京至哈尔滨高速公路绥中至盘锦段改扩建工程，徐大堡核电厂3、4号机组项目，本溪至集安高速公路项目，赤峰至绥中高速公路凌源至绥中段项目，辽河干流防洪提升工程，锦州港航道改扩建工程项目，辽宁清原抽水蓄能电站项目等建设进展顺利。

2. 建筑业经济形势

2022年，辽宁省具有建筑业资质等级的总承包和专业承包建筑企业共签订工程合同额7979.9亿元，比上年下降3.1%。其中，本年新签订工程合同额4658.2亿元，下降6.3%。

3. 房地产经济形式

2022 年，辽宁全年房地产开发投资比上年下降 18.6%。全年商品房销售面积 2182.5 万平方米，比上年下降 36.4%。其中，住宅销售面积 1983.2 万平方米，下降 37.0%。全年商品房销售额 1814.7 亿元，比上年下降 40.8%。其中，住宅销售额 1659.7 亿元，下降 41.8%。

第三节 主要问题及对策

一、存在问题

辽宁省造价咨询营收总体规模偏小，长期处于全国低位；企业规模偏小，企业平均营业收入低于全国平均水平；开展造价业务类型仍然较为集中，恶性竞争持续加剧；多种经营企业数量较少，全过程咨询基础薄弱、发展缓慢。

二、发展建议

一是鼓励引导企业开展多种经营，增强竞争力。积极鼓励引导企业拓展全过程咨询、项目管理、BIM 等业务，扩大经营范围，双向延伸产业链，拓宽营收渠道，提高盈利能力。造价咨询企业不仅要吃计价算量等这些"羊下水"低营养部位，还要吃"全过程咨询""BIM 技术咨询"等这些高营养部位，眼光更要放在"吃全羊"上。同时还可适当引导综合能力强、信誉高的企业进行并购联合，打造行业"领头羊"企业，树立辽宁造价咨询行业"能力强、信用好"良好形象，形成一定产业规模效应，增强竞争力。

二是进一步完善信用评价体系，打造诚实守信新氛围。当前，国家已经取消工程造价咨询企业资质要求，造价咨询行业发展已经进入新阶段，造价咨询业务委托单位面对"后资质时代"如何科学正确选择造价咨询单位是个棘手的难题，而企业的信用评价恰逢其时地给解决这一难题提供了重要参考，这就要求造价咨询信用评价体系要有新动作，要符合新阶段的新要求。要继续完善信用评价体系，扎实开展信用评价工作，打造诚实守信新氛围，进一步发挥信用对提高资源配置效率、防范化解风险的重要作用，全力打造诚实守信的造价咨询市场优良环境。

三是加快推进信息化建设，提升现代化管理水平。统一搭建免费使用的ERP系统，持续引导企业推进工程咨询服务的科学性和规范性，提升全过程造价咨询管理能力，提高企业管理效率。加强与其他先进地区交流合作，邀请造价行业知名专家、学者、先进企业开展新技术、新方法、新领域等有关方面的讲座，积极引导企业转变传统思想，积极接触、吸收和应用新技术，加快推进信息化建设，提升企业现代化管理水平。

四是完成服务成本课题，促进行业健康发展。形成服务清单成本参考标准予以发布，有效摆脱全省自取消造价咨询服务政府指导价后，造价咨询企业面临造价咨询服务收费逐年下降，企业间恶性竞争加剧的困境。促进全省造价咨询市场稳定健康发展，提高利润率，吸引高端人才，实现全省造价咨询行业高质量发展。

（本章供稿：梁祥玲、赵振宇）

第七章

吉林省工程造价咨询发展报告

第一节　发展现状

一是推动企业转型。通过专题讲座、主题论坛、技术交流、名企参观等多种方式，探讨企业转型面临的实际问题与瓶颈，探索企业转型方向。二是助推行业发展。印发《吉林省建设工程造价咨询服务收费指导意见》，供建筑市场各方主体参考。开展提升企业知名度签约活动，帮助企业开拓新的业务资源。三是加强人才培养。举办 2021 年智慧建设大赛颁奖典礼、2022 年吉林省第三届工程造价技能大赛、吉林省第二届技术开放日活动等，提高行业人才素质。举办 2022 年吉林省第一届数字新成本技能大赛，共计 374 人参加，最终评选出单位团体奖 20 家、"2022 年吉林省数字新成本技能大赛成本之星" 10 名。四是树立模范典型。开展 "2021 年度优秀造价企业、优秀造价师" 评选活动，最终评定出 2021 年度优秀造价企业 67 家，2021 年度优秀造价师 170 人。

第二节　发展环境

一、经济环境

1. 经济总量、结构

吉林省经济总量较往年有所下降，第一产业、第二产业呈现上涨趋势，占比最大的第三产业小幅下降。吉林省在 2022 年实现地区生产总值 13070.24 亿元，按可比价格计算，比上年下降1.9%。其中，第一产业增加值1689.10亿元，同比增长4.0%；第二产业增加值4628.30亿元，同比下降5.1%；第三产业增加值6752.84亿元，同比下降1.2%。第一产业增加值占地区生产总值的比重为12.9%，第二产业增加值比重为35.4%，第三产业增加值比重为51.7%。

2. 建筑业健康发展

全省建筑业持续增长，增长速率较往年有所减缓。全年全省建筑业增加值927.17亿元，比上年下降2.3%。

3. 固定资产投资

全省固定资产投资集中主要在第一产业投资，第二产业、第三产业投资额较往年均呈现不同程度的下降，其中房地产开发投资降速明显。全年全省固定资产投资（不含农户）比上年下降2.4%。其中，第一产业投资增长63.0%，第二产业投资增长14.1%，第三产业投资下降9.6%。基础设施投资增长18.8%，民间投资下降22.1%，六大高耗能行业投资增长30.2%。高技术产业投资下降39.2%。全年全省房地产开发投资比上年下降34.1%，其中住宅投资下降26.5%，办公楼投资下降55.4%，商业营业用房投资下降56.1%。

二、政策环境

为促进全省建设工程造价咨询业健康、有序发展，确保工程造价咨询成果文件质量，满足建设工程总承包、全过程造价咨询、BIM咨询等新业态发展的需求，将试行后的收费标准综合各方反馈意见进行修改、完善、专家论证且表决通过后的《吉林省建设工程造价咨询服务收费标准》（试行）修订为《吉林省建设工程造价咨询服务收费指导意见》正式印发，供建筑市场各方主体参考。

为了加强建筑工程质量安全监督管理，规范建筑市场行为，保证建筑工程质量安全，吉林省住房和城乡建设厅按照《吉林省建筑工程质量安全成本管理暂行办法》，对各地市建筑材料市场价格以及为完成建筑安装工程实体而投入的直接费、间接费（含规费）和税金进行动态监测，发布吉林省建筑工程质量安全成本指标，为质量安全成本造价提供了参考依据。

三、监管环境

为提高全省建设工程质量监管水平，增强工程造价咨询企业诚信意识，构建诚实守信的市场环境，促进造价咨询行业健康发展，依据《吉林省建设工程造价咨询企业信用评价管理规定》，对在省内市场监督管理部门注册登记，取得法人营业执照，并从事建设工程造价咨询业务的企业开展全省工程造价咨询企业信用评价工作，旨在进一步发挥政府监管作用，优化工程造价行业内部环境，促进吉林省工程造价咨询企业的良好发展。

为进一步开放省内建筑市场，强化工程造价咨询企业的信用体系，吉林省住房和城乡建设厅依据住房和城乡建设部《关于推动建筑市场统一开放的若干规定》《吉林省建筑市场管理条例》《吉林省建设工程质量管理办法》，在吉林省建筑市场监管公共服务平台建立了"入吉建筑企业信息登记"功能，建立外省造价咨询企业承接业务备案制度，加强对省外工程造价咨询企业信用监管。

第三节 主要问题及对策

一、主要问题

1. 企业间竞争加剧

受多种因素影响，企业间的竞争加剧，特别是在全过程造价管理大趋势下，单一业务的建筑企业开始拓展造价业务市场，这对体量较小、业务范围狭窄、整体综合实力较弱、企业转型升级较慢的小微型造价咨询企业造成了较大的冲击，其生存发展空间被进一步挤压，整体效益堪忧，容易造成企业间的恶性竞争，不利于行业的良性发展。

2. 信息化程度较低

行业内部竞争十分激烈，各企业为盈利而降低服务成本所提供的工程造价咨询服务日趋同质化，由于技术的更新换代较快，投资较大且短期内信息化所带来的效益增长并不明显，造成企业内部信息化投入和应用水平不高，信息化

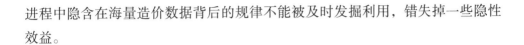

进程中隐含在海量造价数据背后的规律不能被及时发掘利用，错失掉一些隐性效益。

3. 复合型人才匮乏

传统造价从业者接受的业务知识较为单一，面对从项目策划直至竣工的全过程造价咨询管理稍显乏力，缺乏对项目前期造价概算、估算的掌控能力，受制于传统成本控制思路影响，主动控制成本的能力不足，且传统方式对从业者的管理协调能力要求不高，暴露出了传统从业者在全过程造价咨询管理中对项目管控能力不足的问题，复合型人才储备不足。

二、应对措施

1. 净化行业市场环境

政府加强对造价市场的监管和扶持，净化行业内部环境，促使行业内部更新换代，促进企业间正常的兼并活动，抵制恶性竞争与兼并活动，扶持有特色、有竞争力的小微型企业良性发展，加强企业内部的交流合作，推广应用新型高效的企业运作管理模式，根据自身特点不断发展和扩大自身优势，面对不同的市场结构层次有序承揽业务，良性竞争。

2. 改良行业信息化土壤

推进造价行业的信息化发展进程，建立相应的激励政策或措施，针对不同的地域特色和环境特点，立足于不同类型的工程项目本身，基于信息化数据所显现出的共性特点，构建具有企业内部特色的专业化、系统化指标体系，充分利用信息化的发展带动企业服务成本的降低，谋求在提升企业服务品质的同时促进企业朝着服务差异化方向发展，从而提升企业的核心竞争力，使企业获得远超过传统技术服务范畴的附加效益，指导造价行业的积极向上发展。

3. 培育行业高层次人才

面对市场需求改变，企业应结合行业特点和本地区的实际情况加强内部培训，及时调整内部人员结构和知识技能储备，不断引进更高层次、不同类型人才，提升企业内部从业人员技能和水平，以求在革新之际掌握行业先机；同时加强与高校的合作，有针对性培养和"定制"符合企业要求的人才，以企业发展促进教育模式进步和人才培育模式的向前发展，以新型人才的培养模式的进步持续为企业注入新鲜血液，实现人才培养和发展的良性循环，从而带动整个行业向上发展。

三、发展趋势

1. BIM 协同造价管理

建设工程信息化、数字化是大势所趋，造价管理可依托于 BIM 技术建立集造价信息采集、处理以及发布系统于一体，建设各方共管的信息平台，实现对工程造价管理当中相关信息的动态收集、传输以及处理，为工程造价的计算提供详细信息资料，提高造价预算的准确性，并且能够达成与各参建方信息共享的目标，可增加沟通的有效性，能够更加及时地更新造价信息，提高建设项目造价管理精细化和集成化程度，加快造价管理的速度以及进程，实现在项目的全过程进行有效的管理控制。

2. 造价数字化转型

通过将造价进行数字化处理，对工程数据、信息按照一定规则加以识别、编排，并记载各种信息之间的联系，进而保存、添加、检索、共享和利用，将分散、无序、庞杂的数据全部整合起来。建立更加科学合理符合市场变化规律的计量和计价规则，制订造价数据分类、采集、存储和交换标准，统一信息发布规则，利用大数据、云计算、人工智能等信息技术，研发建设工程造价全过程指标指数系统，建立具有国家标准和地方特色工程造价数据库，综合运用造价指标指数和市场价格信息，控制设计限额、建造标准、合同价格，建立市场价格监测和预警机制，及时反映造价变化规律、预测投资趋势，为工程建设各方主体科学决策、快速报价、纠纷调解等提供支持，确保工程投资效益得到有效发挥。

3. 碳排放协同管理

工程造价贯穿于项目寿命周期的前半程，通过对造价数据的掌控可以实现对建材生产、运输和建造阶段碳排放的定量分析，可实现根据碳排放数据及时调整高碳排材料用量、施工工艺等，以寻求更加低碳节能的建造方式，从而推动新材料、新技术、新工艺的进步，促使建筑行业朝着低碳节能方向发展。

（本章供稿：龚春杰、柳雨含、苗泽惠、韩光伟）

第八章

黑龙江省工程造价咨询发展报告

第一节　发展现状

一是征集《黑龙江省建筑市场管理条例（征求意见稿）》修改意见和建议，积极组织企业的骨干力量对征求意见稿进行深入研究，提出修改意见和建议，使得条例内容更加完善。二是举办黑龙江省建筑企业赋能讲座，加速提升企业领导层成本管控意识和企业内部人员能力水平。三是邀请省内所属造价咨询企业和工程造价专业人士积极参与应用"中国造价"数字平台。四是组织黑龙江省工程造价咨询企业开展中价协信用评价申报及初审工作，评价结果得到广泛认可。五是帮助黑龙江省住房和城乡建设厅建立"黑龙江省建设工程造价专家库"，陆续收到相关单位推荐的符合条件的专家人选。六是征集全过程工程咨询案例，部分会员单位提供相关案例。七是黑龙江省住房和城乡建设厅、黑龙江省交通运输厅、黑龙江省水利厅、黑龙江省人力资源和社会保障厅联合印发《黑龙江省二级造价工程师职业资格考试暂行规定》，自 2022 年 11 月 1 日起施行。

第二节　发展环境

一、专业政策环境

以习近平新时代中国特色社会主义思想为指导，深入贯彻落实党的二十大精神以及国家和黑龙江省关于推进建筑业高质量发展的决策部署，充分发挥工程造价管理在工程建设活动中的基础性作用，坚持先立后破、不立不破原则，逐步推进工程造价管理改革，通过完善工程造价计价依据体系、加强价格信息发布管理、加强造价数据积累和应用、加强工程造价咨询行业监管、加强工程造价行业队伍建设、加强施工合同履约监管，进一步优化工程造价市场形成机制，为提高项目投资效益、保障工程质量安全、维护建筑市场秩序、促进建筑业高质量发展提供更有力支撑。

二、经济环境

黑龙江省委省政府将龙江发展置身于全国大格局、大背景、大战略考量，聚焦企盼民忧，高起点谋划、高站位推动，明确目标。以前所未有的决心和力度组织开展全省优化营商环境专项行动，强化顶层设计、统筹部署，制发了《黑龙江省营商环境评价体系》《黑龙江省 2022 年优化营商环境专项行动方案》。以良好的营商环境服务和融入构建新发展格局，推动黑龙江高质量发展。

三、技术环境

进一步完善工程造价计价依据体系，以黑龙江省 2019 年建设工程计价依据为基础，加快补齐各专业预算定额，做好新工艺、新材料、新设备的动态补充，以及与市场发展不适应项目的动态调整，以土建、安装、市政等主要专业为重点，探索编制全省概算定额，为编制设计概算提供依据。

进一步加强价格信息发布管理，提升价格信息服务水平，增加发布数量，加强动态监测。开展人工价格信息发布，全面开展人工市场价格信息发布，供市场主体参考。探索租赁价格信息发布，开展施工机具和周转性材料租赁价格信息发布，作为定额的补充。

进一步加强造价数据积累和应用。建立工程造价数据库，完善工程造价监测机制，探索造价数据反向利用，以造价大数据为依托，探索、编制、发布不同类别工程造价指标指数。

四、监管环境

一是健全工程造价咨询企业信息管理制度，工程造价咨询企业名录定期进行统计。二是强化市场公平竞争意识，健全政府主导、行业自律、社会监督的协同治理格局。三是加强咨询服务质量监管，着重检查造价咨询企业是否按规定登记注册和完善信息、工程量清单编制是否符合国家强制性要求、造价成果文件编制是否符合政策法规和计价依据要求等方面。四是大力加强施工合同履约监管，提高市场主体签约水平，提高双方签约和履约意识，加强合同履约监管；积极探索工程造价纠纷多元化解决途径和方法，做好争议纠纷化解。

第三节　主要问题及对策

一、主要问题

造价咨询"门槛"降低，行业竞争加剧。从事造价咨询上下游业务的企业进入造价咨询市场，甚至其他行业也会跨界进入，企业数量增加，行业竞争加剧，造价咨询企业数量井喷式发展，监管难度加大。

企业之间以价格竞争为主，大多数造价咨询企业在规模、管理、品牌、人员以及服务质量等方面大同小异，不可避免地陷入低价恶性竞争困境，行业整体水平较低且活力不足。

造价从业人员专业能力参差不齐，全过程造价管理模式对造价从业人员的业务能力要求越来越高，真正具有专业背景与能力的高素质造价管理人才仍将呈现稀缺态势。

中小造价咨询企业由于自身限制，业务面比较窄。实力较强的造价咨询企业依据自身实力因素逐步开展全过程工程咨询业务，对于中小造价咨询企业，本身就在造价行业中生存艰难且行业竞争激烈日益激烈，致使中小造价咨询企业通过降低收费来获取造价业务后，缩减单个项目人员配备数量，造成人员工作量增加，不利于增加企业人员的工作积极性并造成人才流失。全过程工程咨询业务更强调人才重要性，而中小造价咨询企业人才的缺失，成为限制其转型发展的重要因素。

传统思维难以转变，全能型人才匮乏。全过程工程咨询要求对项目全过程进行管控协调，无疑对造价咨询人员提出更高的要求，某些多年从事造价咨询业务的人员更多侧重于技术层面，对于管理协调等缺少经验，且因循守旧，缺乏探索精神，不利于造价咨询企业为发展全过程工程咨询业务培养全能型人才。

二、发展建议

1. 企业强化自身优势

老牌企业依靠自身经验和业务的优势，形成适合自身发展战略且科学合理的造价管理与人才培养体系；对于造价新企业来说，不断地积累具有创新思维的高素质人才对冲从业经验的不足，新企业更要用新思路、新技术、新方法，掌握行业最新发展动态。

2. 营造公平市场环境

倡导造价咨询委托方尽量采用择优录取的办法选择造价咨询单位，尽量避免采用低价中标的办法选择造价咨询单位。

3. 加强人才的引进和培育

加强注册造价师执业管理，加强对造价从业人员基础教育，提高继续教育质量；加强对新技术、新工艺、新规范、新定额宣贯培训力度；加强复合型工程造价管理专业人才培养。

4. 加强造价行业数字化与信息化建设

鼓励造价咨询企业参与行业数据库和信息化平台建设，加大造价信息采集和处理手段，加快造价信息标准化体系建设。

5. 完善工程造价监测机制

对造价过低或过高的项目，加强造价成果文件质量检查，并及时提醒相关部门注意；对造价咨询企业和注册人员业绩进行统计分析，分类开展监管，逐步消除企业挂靠、证书挂靠等现象。

（本章供稿：陈光侠、杨雪梅、俎志利、邓振涛、孙晓茹、韩云霞、刘国艳、高欣伦）

第九章

上海市工程造价咨询发展报告

第一节　发展现状

一是持续推进工程造价管理改革。依据《上海市深化工程造价管理改革实施方案》要求，推进规费改革相关工作，取消建设工程规费项目单独设置，将原规费中施工现场作业人员养老保险、医疗保险（含生育保险）、失业保险和住房公积金列入人工单价，其余部分列入企业管理费，进一步推进工程造价市场化改革。同时，完成了建设工程概算费用计算顺序表修改及测算相关企业管理费率、施工措施费率测算；安全文明施工措施费费率的测算；建设工程工程量清单相关表式的修改等一系列工作。

二是进一步推动上海市建设工程定额评估和编制工作。根据《上海市建设工程定额管理实施细则》要求，对实施满 5 年的建筑、安装、市政等 8 部工程预算定额开展适用性、科学性、合理性评估工作，形成了评估报告，为定额的动态管理提供了依据。同时，根据《2022 年度上海市工程建设及城市基础设施养护维修定额编制计划》，积极推进《上海市燃气管道养护维修工程估算指标》等 23 项定额编制进度，2022 年共发布了《上海市轨道交通工程概算定额》等 9 本定额，进一步满足建设工程全寿命周期造价管理需求。

三是开展工程造价咨询企业咨询业务活动专项检查。开展 2022 年度工程造价咨询企业咨询业务活动专项检查工作，检查对象为所有在沪工程造价咨询企业，检查范围为企业于 2021 年 8 月 1 日至 2022 年 7 月 31 日期间完成的上海地区工程造价咨询成果文件，总共涉及 20967 个项目。检查采用线上专家打分和线下专项检查相结合的方式进行，共抽取项目 222 个，涉及企业 215 家，对于检查项目评分低于 65 分的企业，管理部门将对其进行线下检查，且负责该项目的注册造价工程师还需参加相关行业协会组织的法律、合同类全部课程的继续教育学习。

四是印发《上海市建设工程竣工结算文件备案管理办法》。为进一步加强上海市建筑市场监督管理，营造公平、公正、公开的建筑市场环境，上海市住房和城乡建设管理委员会对《上海市建设工程竣工结算文件备案管理办法》（沪建标定〔2017〕877 号）实施情况进行了评估，并根据国家新颁布的文件精神对原办法进行了修改。

第二节　发展环境

一、政策环境

1. 2022 年上海市重大建设项目清单公布

上海市发展和改革委员会公布 2022 年上海市重大建设项目清单，清单计划安排正式项目 173 项，计划完成投资 2000 亿元以上，其中科技产业类 67 项，社会民生类 24 项，生态文明建设类 17 项，城市基础设施类 56 项，城乡融合与乡村振兴类 9 项；另计划安排预备项目 43 项。

2. 全面加快建筑业恢复和重振

根据上海市人民政府印发的《上海市加快经济恢复和重振行动方案》要求，上海市住房和城乡建设管理委员会制定出台了《关于加快本市建筑业恢复和重振的实施意见》，内容包括工作原则、主要举措、保障措施、适用时间四个方面，15 条主要举措，激发建筑市场主体活力，加快推动各类建筑工程复工复产，积极助推建筑业经济恢复和健康发展。

3. 推动城市基础设施维护高质量发展

为实现城市维护高质量发展的总目标，上海市住房和城乡建设管理委员会会同多部门，通过深入调研重点行业和区域，形成了《关于推动本市城市基础设施维护高质量发展的实施方案》，主要内容共有 6 个章节、18 项具体任务、4 项保障措施。同时将依托系统平台，打通各行业管理部门的数据共享壁垒，把握城市基础设施的生命体、有机体特征，构建城市维护数字化治理体系，使城市基础设施维护管理精化保持在较高水平。

4. 制定《上海市城市更新行动方案（2023—2025 年）》

为推动城市高质量发展，创造高品质生活，实现高效能治理，上海市政府制定《上海市城市更新行动方案（2023—2025 年）》，开展综合区域整体焕新行动、人居环境品质提升行动、公共空间设施优化行动等六大行动，力争到 2025 年，适应高质量发展的城市更新体制机制和政策体系健全完善，有机更新理念深入人心，城市更新工作迈上新台阶，为建设具有世界影响力的社会主义现代化国际大都市奠定坚实基础。

5. 持续推进旧区改造、旧住房成套改造和"城中村"改造

持续推进旧区改造、旧住房成套改造和"城中村"改造，上海完成中心城区成片二级旧里以下房屋改造后，开展"两旧一村"改造是又一标志性重大民生工程，对于完善城市功能、提升城市面貌、满足人民群众对美好生活的向往意义重大。同时，在"两旧一村"改造攻坚战的过程中，上海将坚持区域更新和成片改造理念，将城中村改造与新城建设、历史文化名镇名村保护、撤制镇改造、乡村振兴等紧密结合，通过全方位的综合改造，实现居住环境、空间形态、功能开发、社会管理、产业发展和历史文化传承的综合提升效应。

二、监管环境

1. 进一步做好工程建设领域信用信息修复工作

为进一步优化本市工程建设领域营商环境，完善上海建设工程企业的信用修复标准和程序，根据有关政策文件的规定，开展上海地区工程建设领域信用信息修复工作，由上海市住房和城乡建设管理委员会负责工程建设领域信用修复的综合协调和监督管理，以及涉及工程建设领域行政处罚的信用信息修复工作。

2. 进一步规范上海市工程建设项目工程款结算和支付

为有效整治建筑行业乱象，加强上海工程建设项目拖欠工程款和进城务工人员工资问题源头治理，切实维护建筑企业的合法权益和社会稳定，上海市住房和城乡建设管理委员会会同中国人民银行上海分行、上海银保监局、上海市人社局、上海市交通委、上海市水务局、上海市绿化市容局等部门出台了《关于进一步规范本市工程建设项目工程款结算和支付工作的通知》，自 2023 年 1月 1 日起在全市施行。

3. 建设工程招标投标领域营商环境改革持续升级

上海市建筑建材业市场管理总站以"互联网 + 招标投标"的思维，一手抓优化营商环境，一手抓规范招标投标市场，做实、做强、做细建设工程招标投标领域营商环境改革工作。出台优化招标投标营商环境制度 4 件，推出改革举措 40 余项，着力扩大建设工程市场开放度，保障建筑市场健康有序发展。同时，建设上海市建设工程招标投标大数据智慧监管平台，将建设工程招标投标从电子化向数字化、智能化、场景化监管转型，提升监管工作精准性，营造公平、公正、守信的交易环境。

4. 推动"一江一河"沿岸滨水公共空间立法工作再上台阶

上海市住房和城乡建设管理委员会等部门会同市人大城建环保委及"一江一河"沿岸各区，进一步明确立法路径，细化完善《上海市黄浦江苏州河滨水公共空间条例》（简称《条例》）。上海市住房和城乡建设管理委员会等部门将有序推进《条例》实施和沿岸公共空间开发建设，依法保障黄浦江、苏州河滨水公共空间的高起点规划、高标准建设、高品质开放和高水平管理，更好推动人民城市建设工作再上新台阶。

三、技术环境

1. 上海开展"双碳"领域科技创新工作

近年来，上海市住房和城乡建设管理委员会紧紧围绕碳达峰、碳中和重大战略部署，立足实际、多措并举推进城市建设和管理模式向绿色低碳转型，充分发挥科技创新对碳达峰、碳中和工作的引领作用，扎实有效开展"双碳"领域科技创新工作，取得了良好效果。同时，多项举措及做法被列入住房和城乡建设部《智能建造与新型建筑工业化协同发展可复制经验做法清单（第一批）》，涉及发展数字设计、推广智能生产、推动智能施工、建设建筑产业互联网平台、研发应用建筑机器人等智能建造设备、加强统筹协作和政策支持等方面。

2. 推进"五个新城"建筑信息模型技术高质量应用

为推进建筑信息模型技术在"五个新城"工程建设和区域管理中更高水平、更高质量的应用，促进新城建设数字化转型，上海市城市管理精细化工作推进领导小组办公室发布《关于深化新城区域建筑信息模型技术应用的通知》，对标国际最高标准、最高水平，通过持续深化应用推进，使"五个新城"BIM技术应用取得重大突破，应用水平和创新能力得到大幅提升，同时与建筑业和城区管理的融合进一步深化，在工程规划、设计、施工、运维阶段形成以 BIM 设计和数字化表达为主、二维设计为辅的新业态。

第三节　主要问题及对策

一、主要问题

一是建筑业增速放缓，工程造价咨询企业造价咨询业务总体呈现下降趋势，部分中、大型企业业务下滑较为明显；二是工程造价咨询企业信息化管理手段仍有所欠缺，无法很好地做到数据整理与挖掘，难以实现精细化管理，不利于企业的发展和提升；三是工程造价咨询企业人才发展出现断层现象，缺乏可协助一级造价工程师开展工作，或独立开展编制工作的造价专业人员，也是现在所指的取得二级造价工程师职业资格的造价人员。

二、主要对策

一是需要政府出台相应的扶持政策，以及促进行业发展的举措，同时，企业也要提高自身服务质量，提升核心竞争力，积极应对困难和挑战；二是造价咨询企业应该重视信息化管理，尽快建立自己的数据库，通过数据挖掘、提炼，实现其价值；三是相关管理部门应加强二级造价工程师职业资格考试的宣传力度，适当提高合格率，帮助工程造价咨询行业尽快建立起一支中间层次的专业人员队伍。

（本章供稿：徐逢治、施小芹）

第十章

江苏省工程造价咨询发展报告

第一节 发展现状

一是组织开展评选表彰活动，最终有 60 家造价企业获得"江苏省造价咨询行业优秀企业"，23 家造价企业获得"江苏省造价咨询行业创新型企业"，44 名企业家获得"江苏省造价咨询行业优秀企业家"，90 名造价师获得"江苏省造价咨询行业优秀造价工程师"。二是开展造价师继续教育，投放了 36 个学时的继续教育新课件，入网接受继续教育的一级造价师人数比上年增长 21%，入网接受继续教育的二级造价工程师人数比上年增长 452%。三是深化校企合作，联合建立 7 个学生校外实习基地，对部分学生进行助学金资助。四是组织工程造价优秀论文、典型案例评选活动，最终有 45 篇获优秀论文奖，39 篇案例获优秀典型案例奖。五是举行教育分会年会，围绕人才培养模式创新、课堂改革典型、课程思政示范专业建设等进行经验交流。六是完成两次中价协会员企业信用评价，对 3 月 27 家、9 月 9 家企业进行初评，截至 2022 年末，江苏累计有 179 家造价企业取得中价协信用评价等级证书，占江苏 2022 年末造价企业总数的 12.8%。七是发布《江苏省工程造价咨询服务收费指导意见》，就建设工程造价咨询服务费用的组成和收费标准作出规定，引导工程造价咨询行业健康稳定发展。八是"速得"材价查询系统服务能力和水平大幅提高，可供在线公开免费查询的价格数据和供应商信息总量 2711 万条，可供有偿查询数据库的价格信息 17.83 万条。九是江苏省高级人民法院与江苏省工程造价管理协会联合印发了《关于建立建设工程价款纠纷联动解纷机制的意见》，全省以"诉调结合""分调裁审""非诉挺前"的模式建立了建设工程价款纠纷诉前调解机制。十是成功举办工程造价职业技能竞赛，经江苏省住房和城乡建设厅、总工会、教育厅联合表彰，参赛获得优异成绩的选手个人和代表队分别获得了"江苏省五一创新能手""江苏省住房城乡建设系统技能标兵"荣誉称号。

第二节　发展环境

一、政策环境

1. 推动行业高质量发展

为贯彻落实《国务院关于加快建立健全绿色低碳循环发展经济体系的指导意见》（国发〔2021〕4号），建立健全江苏省绿色低碳循环发展的经济体系，促进经济社会发展全面绿色转型，江苏省政府发布了《省政府关于加快建立健全绿色低碳循环发展经济体系的实施意见》（苏政发〔2022〕8号），就健全绿色低碳循环发展经济体系，分别从生产、流通、消费、基础设施、能源、技术创新和法规政策七个方面进行了政策部署。

江苏省住房和城乡建设厅发布的《2022年全省建筑业工作要点》（苏建建管〔2022〕83号），要求积极推动智能建造等新型建造方式发展、坚定不移加大"走出去"发展力度、推动监理企业参与全过程工程咨询服务等，致力于探索建筑业新业务和新技术。

2. 优化计价依据体系

为贯彻落实住房和城乡建设部《城市地下综合管廊工程投资估算指标》ZYA1-12（11）-2018，满足城市地下综合管廊工程前期投资估算的需要，江苏省住房和城乡建设厅组织编制了《江苏省城市地下综合管廊工程投资估算指标》，并于2022年10月8日发布。

由江苏省建设工程造价管理总站牵头，制定发布了《江苏省工程造价指标分析标准》，并构建了"江苏省工程造价指标指数平台"，供全省范围内造价指标指数采集、处理、分析和发布之用。

3. 开展计价依据动态管理课题研究

从造价市场化改革的要求出发，江苏省建设工程造价管理总站牵头研究，通过信息化手段加强业务管理，在贯彻实施本省现行计价依据过程中，结合相关政策和建设市场发展情况，对计价依据实现实时调整、补充、解释等管理，对计价依据进行常态化的动态调整，使之更贴合新工艺、新技术发展现状和市场对计价依据的使用情况，促进了计价依据的市场化形成机制的建立，为计价依据的进一步深化改进做好了先期准备。

二、经济环境

1. 生产总值（GDP）超过 12 亿元，经济总量再上新台阶

经江苏省统计局核算，2022 年全年地区生产总值 122875.6 亿元，迈上 12 万亿元新台阶，比上年增长 2.8%。其中，第一产业增加值 4959.4 亿元，增长 3.1%；第二产业增加值 55888.7 亿元，增长 3.7%；第三产业增加值 62027.5 亿元，增长 1.9%。全年三次产业结构比例为 4：45.5：50.5。全省人均地区生产总值 144390 元，比上年增长 2.5%。

2. 经济活力持续增强

全年非公有制经济增加值 92402.5 亿元，占 GDP 比重为 75.2%；民营经济增加值占 GDP 比重为 57.7%，私营个体经济增加值占 GDP 比重为 54.7%。2022 年末工商部门登记的私营企业 372.0 万户，全年新登记私营企业 51.0 万户；个体经营户 988.8 万户，全年新登记个体经营户 115.2 万户。扬子江城市群、沿海经济带对全省经济增长的贡献率分别为 72.0%、18.4%。

3. 固定资产投资增势平稳

2022 年，全省全社会固定资产投资完成额比上年增长 3.8%。其中，第一产业投资完成额比上年下降 19.6%；第二产业投资完成额比上年增长 9.0%（其中工业投资增长 9.0%）；第三产业投资与上年持平。分投资领域看，基础设施投资完成额比上年增长 8.2%；制造业投资完成额比上年增长 8.8%；民间投资完成额

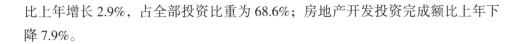

比上年增长 2.9%，占全部投资比重为 68.6%；房地产开发投资完成额比上年下降 7.9%。

4. 建筑业稳定健康发展

2022 年，全省建筑业总产值完成 40660.0 亿元，比上年增长 6.3%；竣工产值 26773.7 亿元，竣工率为 65.8%。全年签订建筑合同额 61858.8 亿元，比上年增长 0.7%。建筑业劳动生产率 38.9 万元 / 人，比上年增长 5.3%。

三、市场监管环境

1. 组织 2022 年"双随机"抽查

在江苏省工程造价专家库的基础上，建立"双随机"执法检查人员及辅助人员库。修订更新了《江苏省工程造价咨询企业执业质量双随机检查评分表》，制定双随机抽查工作方案，随机抽取造价咨询企业、项目、检查人员。市级造价管理机构组织开展本地区的"双随机"检查和专项检查，通过检查，规范企业和造价从业人员的执业行为，提高造价咨询成果质量。

2. 构建 1+2+6+N 数智化平台

江苏省市场监督管理局全面梳理《省政府关于加快统筹推进数字政府高质量建设的实施意见》和国家市场监督管理总局《2022 年智慧监管工作要点》提出的建设任务，统筹市场监管职能和业务监管需求，构建以"1+2+6+N"为技术框架的江苏省市场监管数智化平台，将于 2023 年建成投用。

（本章供稿：王如三、任刚、范艳华）

第十一章

浙江省工程造价咨询发展报告

第一节 发展现状

一是举办各类宣贯、培训、调研活动，及时收集归纳企业对于行业新政策、新办法的建议和意见；开展关于 BIM 技术、企业数字化与信息化建设等方面的课题研究，进一步推动行业技术创新；开展工程造价咨询成果案例征集活动，从416 个项目中评出优质案例 105 个。二是多方携手成立全过程工程咨询产业学院，加强建设造价联合学院；选聘企业中高层管理、技术人员为"双师培训基地工匠培训师"，为全省高校的预备人才举办十余期"校企协同育人系列讲座"；举办毕业生双选会上，联合学院 40 余家成员单位提供 120 余个岗位，招聘 800 余人。三是举办一级、二级造价工程师考前线上培训班；开发浙江省造价师继续教育平台，构建"菜单式"网络教育课程库；创新打造业务知识系列讲堂，抖音及视频号双平台同步直播，超万人线上学习，并推出两次造价嘉年华线上活动，开启造价首档微综艺；举办浙江省工程总承包计价规则（2018 版）宣贯会等活动；联合主办浙江省第三届工程造价技能竞赛，最终选拔出 31 位金牌造价师，30 位优秀造价从业者。四是每季度开展信用评价工作；赴企业交流走访，对如何进一步建设健全造价咨询行业信用体系进行探讨；发布《关于工程造价咨询企业诚信执业的倡议》，引导行业严格遵守执业规范。

第二节 主要问题及对策

一、发展趋势

1. 市场化发展

目前，工程造价市场化改革已经进入破冰阶段，工程造价管理体系和制度将打破种种弊端，由市场做出选择和决定。双 60% 的取消、资质取消，也是放开各方资本进入造价咨询市场的最强信号，是国家继续加快推进工程造价咨询一体化的重要举措。当前现有格局改变，行业生态重组，要进一步稳定市场、提升效率，造价行业更要顺势而为，多方位调动积极性，加强协作，突出强项，紧跟市场机制、市场导向，才能共占改革先机，共乘改革东风，推动高质量综合性发展。

2. 标准化发展

为服务建设发展大局，工程造价标准体系需要更加健全，进一步落实支撑引领，进一步夯实基础保障，进一步优化营商环境，充分发挥工程造价标准全局性、系统性、前瞻性的引领作用，保障质量安全、提高投资效益、维护市场秩序。

进入新时代，造价行业加强标准化建设的同时，也要注重体系优化、机制完善、改革深化、转型发展等，努力实现与科技创新、产业升级、低碳节能融合发展，加快构建市场决定价格的工程造价形成机制，引领助推工程造价咨询行业高质量发展。

3. 数字化发展

新时代的工程造价行业发展需要探索和实践精神，要以数字孪生等技术为支撑，利用 BIM、云、大数据、人工智能、VR、AR、区块链等技术，逐步形成过程信息化、管理集约化、成果社会化的核心发展方向。

数字化转型，对工程造价行业来讲是"箭在弦上，不得不发"。做好战略规划是数字化转型成功的关键，不是设立遥不可及的高远目标，更不是罗列望而却步的巨大投入，而更多的应该将重点放在改变使用数据的方式、策略和环境上，让数字和信息技术真正服务于业务，创造最大价值。工程造价也必然需要融入数字化应用中，才有充分的发展机遇。

4. 专业化发展

面对当前形势和政策，造价行业要做到稳定、持续发展，需要回归专业本质，秉持创新精神，立足专业，练好内功、脚踏实地提升造价业务做专做精，发挥优势，持续改善，与时俱进。

目前，经济发展进入新常态，结构优化升级，固定资产投资放缓，经济下行压力持续加大，建筑业紧缩风险加大，工程造价行业竞争也愈演愈烈。因此，更要找准站位，立足专业，最终实现跨越发展、基业长青。

二、主要问题

1. 恶性竞争现象仍旧存在

随着"放管服"的不断深化和相关行政许可制度的实施，工程造价咨询企业数量日益增多。但造价咨询业务总量增幅有限，包含政府审计、财政评审等造价咨询业务承接逐步向招标投标竞价趋势发展，竞标价格上限无既定标准，企业以极端低价中标承接业务的行为屡见不鲜。

并且，企业运营成本也在不断增加，工程造价咨询行业普遍存在人才难引进、培养人才难留住、企业难发展、行业难规范的现象。同时，市场竞争的加剧导致了对项目实施时间也在极力压缩，长此以往，企业往往会对项目的质量造成影响，也将影响整个行业的业务质量水平。

工程造价市场化改革在不断深入，行业也需要营造公平、公正的市场竞争环境，才能迈上健康有序的高质量发展之路。

2. 市场价格机制仍未形成

从长远发展来看，优质优价中标是工程量清单招标的发展趋势。但目前客观存在的串标、围标、恶意低价中标以及游离于监管主体之外的专职报价机构，以量化评分为主导的评标标准等，导致企业投标报价缺乏理性。

工程造价改革的核心是在推行清单计量、市场询价、自主报价、竞争定价的工程计价方式，进一步完善工程造价市场形成机制和发挥市场在资源配置中的决定性作用。目前来看，形成各方认可的市场询价定价机制仍需要一定的时间和实践的积累。

3. 造价业务深度仍待提高

随着建设工程项目越来越复杂，以往碎片化或是阶段性咨询服务逐渐已不能满足市场需求，在时间效率以及整体管控方面也容易出现较多的问题。在工程咨询的理论研究与实践经验的基础上，要保证工程取得优良的经济与社会效益，还要遵从可持续发展观，运用现代科学技术以及工程技术等覆盖工程全生命周期的变化，为工程立项、施工以及成本等提供辅助决策、加强管理等优质的咨询服务，这需要进一步推进全过程工程咨询。

4. 行业信息化水平仍要加强

目前多数造价咨询企业都已经采用了信息化的管理方式，例如，目前企业使用最多的 OA 办公系统、指标库系统等，也都在不同程度地使用信息化技术解决企业的管理和实际工作问题，并逐渐开始尝试通过信息化建立企业自身的工程造价指标数据库，但依旧存在信息准确度不足、信息发布更新不及时、缺乏信息标准、信息全面性不足、信息深加工程度较低、没有充分利用已完工程的造价咨询成果和项目资料等问题。

5. 高端人才体系仍需完善

工程造价咨询行业投入以人力资本为主，虽然行业从业人员数量逐年增加，但行业整体人员水平分布与行业发展对人才的需求不对等。工程造价企业的从业人员基本来自于工程造价专业或工程类相关专业的应届毕业生，以及曾从事建设、施工和监理等行业的人员，具有高度的专业性，但有意愿跨专业从事工程造价工作的人员属于极少数。当前，简单从事预决算的工程造价专业人员已无法满足市场实际需求，还需熟悉法律与投资、工程技术经济等多方面知识的专业人才。当前，工程造价咨询业的专业人员大多背景单一、结构单一、技能单一，不能适应市场经济的进一步要求，一定程度上制约了行业的发展高度，急需培养一批综合型、复合型人才。

三、发展建议

1. 坚持致力诚信建设，深化自律导向

诚信体系的建设不仅是促进市场有序竞争的有效手段，也是行业深化改革和实现长远发展的重要保障。行业诚信体系的建立，根植于造价咨询企业的市场行为，企业自身的文化、环境、观念、社会责任感等决定了其服务质量、发展状态和综合实力。

首先要鼓励和引导企业加强品牌意识、提升自律水平、完善管理结构、加强内控体系，需要建立长效的激励与约束机制，积极落实工程造价咨询成果质量终身责任制，规范经营、诚信执业，为市场经济可持续发展奠定牢固的基础。诚信体系的进一步建设和完善，更需要化繁为简、精准高效地实践信用战略部署、实现信用评价机制，积极倡导行业自律，以加强行业自律对规范企业行为、提高从业人员职业素养和职业道德的引导作用。

同时，要充分结合信息化、数字化体系的统一归集，建立信息平台，更需要主管部门联动、行业协会参与和企业自身诚信意识觉醒。此外，在现有数据平台的基础上，要进一步实现信用管理和行业自律的信息共享，以规范服务质量标准为理念，增强行业从业人员的契约精神，充分发挥企业诚信监督和行业自律管理作用，规范市场秩序，营造诚信健康的市场环境，引导市场良性竞争。

2. 坚持拓展全过程工程咨询，落实创新驱动

全过程工程咨询是新时期深化工程领域咨询服务供给侧结构性改革的重要实践，对加快构建精准化服务、信息化支撑、规范化运营、国际化拓展的行业发展新格局具有重要支撑作用。全过程工程咨询作为紧跟建筑行业不断发展产生的先进咨询模式，强调全面贯彻实现投资决策意图，避免单项、碎片化咨询服务，节约制度成本，集中目标、凝聚合力，能够有效提高服务质量和项目品质，优化和提升工程建设的质量和效率。

全面拓展推进全过程工程咨询，要注重发挥三大基础作用：投资决策主管

部门在工程项目建设程序中的统领地位与作用；投资决策综合性咨询机构在全过程工程咨询成果中的总体责任与作用；创新有主有辅、责任明确的专业责任，发挥参与全过程工程咨询专业服务机构的协同作用。

为深化"放管服"改革和改善营商环境，一方面，要提高工程项目科学决策水平，从源头上把握好与国家发展规划、专项规划和区域发展规划的密切衔接，提高项目建设效率；另一方面，要全面推进全过程工程咨询组织模式，提高工作深度和造价咨询服务质量，肩负起工程造价成果的总体责任，为工程造价行业高质量发展带来新动力。

3. 坚持推动数字信息化建设，提升核心效能

工程造价是建筑行业里数据、信息最密集，数量最庞大的一个领域，更是掌握着庞大的人工、材料、机械等价格和造价信息，具有天然的大数据应用基础。数字化、信息化也将是新时代工程造价行业转型发展的必然方向。

当前工程造价咨询行业同质化竞争严重，需要提升项目前期咨询等高附加值的服务能力，这就需要充分发挥企业数据、信息资产的隐形效益，通过数据广度、深度形成新的生产力。

要支持和引导企业不断升级和完善数据化、信息化体系，充分挖掘有效的数据信息，发挥其实用性、时效性和精准度，使其经过能用于评价和预测各类工程项目造价水平、消耗标准、成本收益等，利用先进的新技术手段，实现各方面的数据采集和信息处理的实时化，保证各种业务程序更加统一和简便。工程造价数字化、信息化体系的建设，有助于实现所有项目的数据、安全性和服务质量的实时在线管理和有效控制，落实云计算服务、资源和管理系统，在工程进展中出现政策调整、突发情况、设计变更等情况时，有效保障各项工程成本数据的正确性和适时性。通过利用云计算、大数据管理等多项新技术，探索创新业务发展模式，整合企业存量资源，提高资源利用率，降低资源消耗，支撑绿色和可持续发展，实现价值创造和跨越发展，打造健康、可持续的行业生态环境。

4. 坚持实施人才战略，夯实发展根基

资质的取消，打破了行业壁垒，促进了咨询企业和业务的整合，新基建、建筑工业化、智能建造、城市更新等新业态不断发展，新的投融资模式、发承包模

式不断涌现，对造价从业人员提出了更高的要求，行业对复合型人才的需求已经越来越迫切。

首先，要按照市场导向，明确人才培养的方向和规划，及时分析行业人才现状、新时期人才发展需求和教育培训内容及方式，逐步形成工程造价行业人才培养体系的思路、架构，建立健全培养机制，积极构建以学历教育为基础、以职业教育为核心、以高端人才为引领的人才培养体系，促进学历教育与实践相结合，逐步形成行业梯队型人才队伍。

另外，要注重从业人员能力提升，建立符合工程造价专业特点的继续教育和培训体系，采取多样化教育培训方式，例如充分发挥院校师资力量作用，强化对造价从业人员理论基础教育，另外加强对新技术、新工艺、新规范以及法律知识的宣贯培训力度，努力建设一支规模适度、结构合理、素质优良的应用型、复合型工程造价专业人才队伍。

（本章供稿：陈奎、丁燕）

第十二章

安徽省工程造价咨询发展报告

第一节　发展现状

　　截至 2022 年底，安徽省共有 118 家企业参加中价协信用评价，其中取得 AAA 级企业 100 家，AA 级企业 11 家，A 级企业 7 家。同时，在"安徽省工程造价咨询业信用信息管理系统"共有 27562 家企业参与信用评价，其中省内企业 27231 家，外省进皖企业 331 家。取得信用评级 AAA 级企业 128 家、AA 级企业 67 家，A 级企业 1511 家，不具备经营能力的 B 级企业 25525 家。

第二节　发展环境

　　一是宏观经济环境稳中有进。建筑业持续增长，房地产业全面回调。2022 年全年全省生产总值 45045 亿元，同比增长 3.5%。全年固定资产投资比上年增长 9%，高于全国 3.9 个百分点。其中，基础设施投资增长 19.6%，高于全国 10.2 个百分点。全省建筑业实现产值 11702.6 亿元，同比增长 10.6%，实现建筑业附加值 4819.4 亿元，同比增长 5.6%。房地产开发投资下降 6.2%，全年商品房销售面积 7471.3 万平方米，下降 28.6%；销售额 5487.9 亿元，下降 32.6%。

　　二是长三角区域工程造价管理一体化发展深入推进。2022 年，上海市住房和城乡建设管理委员会、江苏省住房和城乡建设厅、浙江省住房和城乡建设厅、安徽省住房和城乡建设厅联合印发《长三角区域工程造价管理一体化发展工作方案》，提出到 2025 年，三省一市工程量清单计价规则基本统一，信息资源共享机制基本形成，信用评价体系基本衔接，市场环境进一步优化，造价咨询服务质量稳步提高，行业监管与服务信息化水平明显提升，行业地位进一步夯实。

三是全省工程造价咨询业信用监管体系不断完善。2022 年省住房和城乡建设厅出台《安徽省工程造价咨询业信用信息管理办法》，将省内工程造价咨询企业和注册造价工程师全部纳入信用监管。利用"信用信息管理系统"采集信用信息，建立评价标准模型，由系统自行计算、自动评分、实时评价。同时，将企业和人员信用进行挂钩，强化个人信用留痕。实现由资质管理转变为信用监管的新模式。

四是全省城乡建设绿色低碳发展政策体系逐步构建。2022 年，省政府办公厅印发《安徽省建筑节能降碳行动计划》，省住房和城乡建设厅、省发展改革委联合印发《安徽省城乡建设领域碳达峰实施方案》。提出要做好建筑节能降碳工作，提升城乡建设绿色低碳发展质量，明确城乡建设碳达峰重点任务。省建筑节能降碳将快速推进。

第三节 主要问题及对策

一、主要问题

一是传统单一的造价咨询业务模式亟待变革。当前形势下，以算量为主的传统工程造价咨询服务模式已不能满足咨询企业发展需要。

二是健康有序的造价咨询市场环境仍需促进。恶性低价竞争现象依然严重，部分工程造价咨询招标文件条款设置脱离实际，市场出现劣胜优汰现象。

三是多层复合的人才培育体系有待完善。适应全过程咨询业务需要的复合型人才严重短缺，符合新时期工程造价专业人员要求的人才急需培养。

二、主要对策

一是要正确认识建筑工业化变革方向，把握"新基建"发展需要，适应绿色、低碳、智慧的新型要求，开辟新的造价业务模式。企业可利用数字化和 AI 技术，提升传统业务工作效率和服务水平，积极发掘"双碳"目标下项目全过程造价管控的业务机会。

二是要进一步推进《安徽省建设工程造价咨询招标文件示范文本》的落地和应用，发挥好全行业信用评价体系的激励惩戒作用。积极探索符合反垄断要求前提下，针对人员执业和成果质量进行跟踪监督的自律管理方法，引导企业良性竞争。

三是政府、协会、高校、企业应协同共建人才培育体系，研究标准、明确内容、制定方案、合作推进。

（本章供稿：洪梅、王磊）

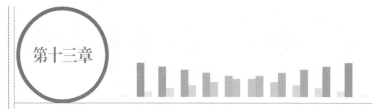

第十三章

福建省工程造价咨询发展报告

第一节　发展现状

2022 年是党和国家历史上极为重要的一年，举世瞩目的党的二十大胜利召开，全面建设社会主义现代化国家新征程迈出坚实步伐，福建坚持稳中求进工作总基调，有力克服超预期因素影响，经济社会发展取得新成效。福建省建筑工程品质明显提升，2022 年共有 6 个项目入选中国建设工程鲁班奖，8 个项目入选国家优质工程奖，涌现福建省儿童医院、福州海峡文化艺术中心、厦门东南航运中心、福道等一批代表性工程。住房和城乡建设部组织开展工程建设项目审批制度改革成效第三方评估，福建省排名全国第四位。

第二节　发展环境

一、经济环境

初步统计，2022 年全省地区生产总值 5.3 万亿元、增长 4.7%，一般公共预算总收入 5382.3 亿元、同口径增长 1.9%，地方一般公共预算收入 3339 亿元、同口径增长 5.5%，固定资产投资增长 7.5%，社会消费品零售总额增长 3.3%，出口增长 12.3%，城镇居民、农村居民人均可支配收入分别增长 5.2%、7.6%，城镇调查失业率 5.1%，居民消费价格上涨 1.9%。

近五年来，福建省综合实力显著提升，经济社会实现跨越式发展。全省地区生产总值连跨两个万亿元台阶，年均增长 6.4%，居东部地区第一位；人均地区生产总值连跨四个万元台阶，突破 12 万元，跃升至全国第四位，是唯一所有设区市人均地区生产总值都超过全国平均水平的省份；固定资产投资、社会消费品零售总额均跨上 2 万亿元台阶，出口总额突破 1 万亿元。

福建省建筑业保持良好发展态势，从 2017 年近万亿元产值规模，逐年提升至 2022 年 1.71 万亿元，居全国第七。2022 年全省建筑业占全国建筑业产值 5.5%，实现增加值 5519 亿元，同比增长 8.3%（比全国高 1.8 个百分点），增幅居东部地区第一。

从房地产开发投资完成情况来看：2022 年，全省房地产开发投资 5515.45 亿元，比上年下降 11.0%；其中，住宅投资 4112.37 亿元，下降 9.8%，占房地产开发投资的比重为 74.6%。2022 年，房地产开发企业房屋施工面积 31734.98 万平方米，比上年下降 8.5%；其中，住宅施工面积 21402.88 万平方米，下降 8.8%。房屋新开工面积 4142.36 万平方米，下降 35.7%；其中，住宅新开工面积 2822.50 万平方米，下降 38.5%。房屋竣工面积 4063.38 万平方米，增长 0.5%；其中，住宅竣工面积 2848.15 万平方米，增长 5.5%。

二、政策环境

1. 福建省政府部门颁布的重要政策文件

为贯彻落实《福建省绿色建筑发展条例》和城乡建设领域碳达峰行动要求，进一步规范绿色建筑设计与审查工作，提升绿色建筑工程质量，福建省住房和城乡建设厅组织编制了《福建省绿色建筑设计与审查实施细则（征求意见稿）》。并自 2023 年 7 月 1 日起实施《福建省绿色建筑工程验收标准》DBJ/T 13-298-2023，自 2023 年 9 月 1 日起实施《福建省公共建筑能耗与碳排放监测技术标准》DB/T 13-158-2023、《福建省陶粒加气混凝土砌块应用技术标准》DBJ/T 13-270-2023。2023 年 5 月，福建省政府发布了《关于加快推进建筑垃圾资源化利用的指导意见》，提出要推进建筑垃圾集中处理、分级利用。强化产品推广使用，财政性投资项目全面优先使用建筑垃圾再生产品；完善产品标准体系，更新完善省级再生产品相关应用技术标准；提升技术工艺水平，进厂建筑垃圾利用率稳定在 90% 以上。

2. 建材行业碳达峰实施方案

2022 年，工业和信息化部、国家发展和改革委员会、生态环境部、住房和城乡建设部联合印发《建材行业碳达峰实施方案》（以下简称《方案》）。

《方案》明确，"十四五"期间，建材产业结构调整取得明显进展，行业节能低碳技术持续推广，水泥、玻璃、陶瓷等重点产品单位能耗、碳排放强度不断下降，水泥熟料单位产品综合能耗水平降低 3% 以上。"十五五"期间，建材行业绿色低碳关键技术产业化实现重大突破，原燃料替代水平大幅提高，基本建立绿色低碳循环发展的产业体系。确保 2030 年前建材行业实现碳达峰。

《方案》提出，推动建材产品减量化使用，精准使用建筑材料，减量使用高碳建材产品提高水泥产品质量和应用水平，促进水泥减量化使用。开发低能耗制备与施工技术，加大高性能混凝土推广应用力度，构建绿色建材产品体系。将水泥、玻璃、陶瓷、石灰、墙体材料等产品碳排放指标纳入绿色建材标准体系，加快推进绿色建材产品认证，扩大绿色建材产品供给，提升绿色建材产品质量等。

3. 完善工程量清单计价标准

为规范福建省房屋建筑工程总承包计价，促进工程总承包发展，结合福建省实际情况，福建省住房和城乡建设厅组织编制了《福建省房屋建筑工程总承包模拟清单计量规则（2022 年版）》，另外印发《福建省房屋建筑和市政基础设施工程总承包模拟清单计价表格》文件与之配套实施，不断完善工程量清单计价标准。

4. 优化营商环境

为贯彻落实《国务院办公厅关于进一步优化营商环境降低市场主体制度性交易成本的意见》，福建省出台了《进一步优化营商环境降低市场主体制度性交易成本的实施方案》。按照国家部署要求，该方案结合福建省实际，研究提出二十四条具体落实措施，积极运用改革创新的办法，破解市场主体生产经营中遇到的堵点难点问题，推动降低市场主体制度性交易成本，加快打造市场化法治化国际化营商环境，为市场主体减压力、提信心，为稳定宏观经济大盘提供有力支撑。

5. 落实、推进造价改革

为贯彻落实《国务院关于深化"证照分离"改革进一步激发市场主体发展活力的通知》（国发〔2021〕7 号），持续深入推进"放管服"改革，取消工程造价咨询企业资质审批，创新和完善工程造价咨询监管方式，加强事中事后监管。住房和城乡建设部发布《住房和城乡建设部办公厅关于取消工程造价咨询企业资质审批加强事中事后监管的通知》，自 2021 年 7 月 1 日起，住房和城乡建设主管部门停止工程造价咨询企业资质审批，健全企业信息管理制度，鼓励企业自愿在全国工程造价咨询管理系统完善并及时更新相关信息；推进信用体系建设，各级住房和城乡建设主管部门进一步完善工程造价咨询企业诚信长效机制，加强信用管理，及时将行政处罚、生效的司法判决等信息归集至全国工程造价咨询管理系统，充分运用信息化手段实行动态监；构建协同监管新格局，强化个人执业资格管理，落实工程造价咨询成果质量终身责任制，完善会员自律公约和职业道德准则，做好会员信用评价工作；提升工程造价咨询服务能力，继续落实《关于推进全过程工程咨询服务发展的指导意见》（发改投资规〔2019〕515 号）精神，积极培育具有全过程咨询能力的工程造价咨询企业；加强事中事后监管，落实放管结合的要求，健全审管衔接机制，完善工作机制，创新监管手段，加大监管力度，依法履行监管职责。

6. 定额调整

为满足福建省工程建设需要，推动"四新"技术，合理确定和有效控制工程造价，福建省住房和城乡建设厅组织编制了铝合金隐框、半隐框窗，顶棚、灯槽、灯带弧形增加费等 7 项补充定额，并进行发布试行，与《福建省房屋建筑与装饰工程预算定额》FJYD-101-2017 配套使用。同时取消 2017 版房建定额中定额编号 10113032、10113033、10113218 三项定额子目。

7. 启动二级造价工程师考试

根据《住房城乡建设部 交通运输部 水利部 人力资源社会保障部关于印发〈造价工程师职业资格制度规定〉〈造价工程师职业资格考试实施办法〉的通知》（建人〔2018〕67 号）和《人力资源社会保障部关于降低或取消部分准入类职业

资格考试工作年限要求有关事项的通知》（人社部发〔2022〕8号）的要求，福建省启动2022年度福建省二级造价工程师职业资格考试。同时，为贯彻落实国务院"放管服"改革决策部署，积极推进"互联网＋政务服务"，现已启用福建省二级造价工程师职业资格电子证书。

三、技术环境

1. 大数据、信息技术应用

构建"福建省建设工程造价数据库平台"，利用BIM、云、大数据、人工智能等技术，打通全过程、全专业、全范围的业务数据和市场数据，积累有效历史数据并复用，最终实现造价编制计量、计价一体化应用，为造价工作提质增效。

作为数字财政建设一个组成部分，智慧财审系统以流程管理和风险控制为着力点，注重利用信息技术和网络大数据辅助，实现智能化审核和自动化预警分析，推动可数据化评审实施，可使评审更加科学、规范、透明。

2. 装配式产业链发展

按照福建省住房和城乡建设厅要求，要推动建造方式改革，发展新型建筑工业化，促进新型建筑工业化和智能建造、绿色建造协同发展，实现全省建筑业高质量发展。到2025年，全省装配式建筑占新建建筑的建筑面积比例要达35%以上，福州、厦门、泉州等城市要发挥示范作用。

厦门发展装配式建筑起步较早，具有一定的先发优势。2014年，厦门市获得住房和城乡建设部授牌，成为全国第七个"国家住宅产业现代化综合试点城市"。随后，厦门市关于加快发展装配式建筑的多个政策文件相继出台，很快，厦门就拥有多个国家级或省级装配式建筑产业基地，拥有良好的产业发展基础。

2022年，厦门在建中的大型公建、交通保障等重要民生项目纷纷引入装配式建筑形式来建设，装配式建筑发展提速前行。例如：安装简便、存取快速、适用广泛的立体智能停车库推广到岛外；新体育中心建设选择钢构装配，满足空间与受力需要。下一步相关企业也将不断提高技术水平和工程质量，开展校企合作，创新人才培养模式，在装配建造过程中充分发挥标准化设计、工厂化生产的优势。

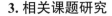

3. 相关课题研究

2022 年,作为第五届数字中国建设峰会"有福之州·对话未来"活动的组成部分,建筑企业数字化转型研讨会在福州成功举办,研讨会主题为"创新驱动,数字引领",通过研讨交流和深度对话共同探讨如何运用数字化技术赋能建筑行业转型升级,推动企业的数字转型和创新发展。

4. 探索"造价 +"服务开发行业蓝海

为鼓励造价咨询企业转型升级,以适应多形式的全过程工程咨询业务,福建省建设工程造价管理协会和福州市建设工程造价管理协会特邀业内专家开展以"'造价 + 法律'引领造价咨询企业新发展"为主题研讨交流会,体现福建省与福州市工程造价行业对推进"造价 + 法律"行业升级发展模式的战略前瞻与积极布局。

四、监管环境

1. 信用体系建设

福建省具有多个信用评价渠道,包括建筑施工企业信用综合评价、工程建设项目招标代理机构信用评价、造价咨询企业信用综合评价、工程监理企业信用评价、建机一体化企业信用评价等系统,此外,为进一步规范建筑市场秩序,营造公平竞争、诚信守法的市场环境,福建省住房和城乡建设厅组织修订了《福建省建机一体化企业信用综合评价办法(2022 年版)》等信用评价办法,并做好信用评价工作。

2. 开展成果质量、计价行为检查

按照福建省住房和城乡建设厅发布《福建省住房和城乡建设厅关于开展建设工程企业资质动态核查专项行动的通知》要求,2022 年 11 月前已全面完成资质动态核查。

为进一步规范招标投标和建设工程造价咨询活动,制定福建省招标投标、工程造价咨询行业自律公约,要求各方主体应维护市场秩序,反对违法、违规经

营，招标代理服务费、工程造价咨询服务费合同价格应按照《关于招标代理、工程造价咨询行业服务收费的指导意见》（闽招协〔2021〕32号）执行，不得低于成本价竞争，不得签订"阴阳合同"，应抵制无理压价，自觉接受行业协会和行政主管部门的管理与监督。为规范房屋建筑和市政基础设施工程施工招标投标活动，福建省住房和城乡建设厅组织修订了《福建省房屋建筑和市政基础设施工程标准施工招标文件（2022年版）》部分条款，要求各级住房城乡建设主管部门和有关行业协会积极配合公共资源电子交易平台做好系统升级改造工作。为推进工程造价市场形成机制，推行投标人自主报价计价模式，福建省住房和城乡建设厅组织编制了《福建省房屋建筑和市政基础设施工程施工招投标工程计价实施细则》，对招标代理机构未按照福建省相关计价规定编制招标文件的，督促改正并按规定纳入信用评价。

第三节　主要问题及对策

一、存在的主要问题

1. 盲目比选低价，恶性竞争，严重损害行业的良性发展

随着工程造价咨询资质的取消，处于行业上游的勘察设计单位、工程咨询单位、监理单位延伸其服务范围，增加造价咨询业务板块，抢占市场，且行业内以不合理的低价恶性竞争、抢占市场、招揽业务的现象持续存在，导致整体咨询成果质量下降、腐败和不公正现象滋生蔓延、参建各方合法利益受损，更严重损坏了福建省工程造价咨询行业的良性发展；工程造价咨询（投资管控）是一项精益性、精细性、多专业配合的复杂性专业工作，虽本身咨询费用不高，但因直接关系到项目业主的重大经济利益，影响面很大，一个误差可能会给业主单位造成巨大的经济损失，因此咨询服务水平和成果质量就显得尤其重要，现阶段仍有大量业主单位未能充分认识到工程造价咨询的专业性和重要性，未能以服务水平、服务质量为导向择优选定造价咨询企业，而是仍坚持低价中标的惯性思维，盲目比选低价，这也直接助长了无底线的低价中标，危害明显。

2. 影响行业公平竞争的不利因素增多，市场环境不断恶化

福建省内阻碍工程造价咨询行业公平竞争的因素不断增多，导致市场环境恶化的行为层出不穷，尤其以国企内部垄断危害最大。目前绝大部分的固定资产投资是属于国有资本投资或财政性投资，近年来省内各市县所属国企集团纷纷成立下属造价咨询企业，且大部分国企集团在集团内部或本系统以下发内部文件的形式，要求所有下属单位的工程造价咨询业务只能指定委托给系统内或集团内的某下属造价咨询企业，其服务质量和咨询费不进行市场竞争而择优，对原有民营造价咨询企业的市场产生了严重的挤压。

由于房地产商纷纷暴雷，目前经营困难，已无力支付原有委托项目的造价咨询费用，许多项目已成呆账、死账，给相关民营造价咨询企业造成很大的经济损失。同时，新成立的国有造价咨询企业同时从民营造价咨询企业吸引走了相当部分年富力强的优秀造价咨询人才，造成民营企业增加了很大的人力成本。

3. 全过程造价管理的意识不足，全过程工程咨询的参与度不高

全过程工程造价管控服务贯穿工程总承包项目实施全过程，有力保障了工程总承包预期投资目标的实现。但在该模式下工程造价咨询行业也面临诸多挑战和问题：一是业主单位和部分造价咨询企业对全过程造价管理的认识和意识不足，限制了全过程造价管理的普及应用和整体发展；二是全过程工程咨询对造价从业人员的综合素质要求较高，传统造价人员长期从事标准化的脑力劳动，其单一的专业知识结构难以满足当前综合化、复杂化、系统化、深度化的项目管理需求，迫切需要造价人员向项目管理、金融、法律、设计、工程、经济等多学科大融合的方向发展；三是，全过程工程咨询的配套制度仍在完善中，对造价咨询企业参与全过程工程咨询的鼓励引导和利益保障机制仍存在较大不足，造价咨询企业对全过程工程咨询的兴趣度和参与度仍然不高。

4. 工程造价基础数据缺乏系统性、可扩展、可检索的管理应用

伴随近些年福建省建筑业的快速发展，省内大多数企业深度加工信息的能力及快速收集更新造价信息的能力略显不足，部分企业已开始重视企业内部信息积累，建立了已完工程资料库、企业内部工程造价信息共享平台、指标数据库等单一造价管控平台，但实际上在需要提供造价基础数据的时候，却发现无数据可用，造价数据零散，有效工程造价基础数据缺乏，不能很好地从建设项目全生命周期投资角度，对投资效果最优化和数据智库建设方面进行数据的深度挖掘和智能分析，也不能与建设单位、设计单位、施工单位、其他咨询单位实现项目管控数据共享互通，缺乏整体规划，无法实现项目管理一盘棋。

5. EPC 工程中存在较多的造价争议问题，已逐步呈现

一是相关的计量计价规定不够完善，造成实施过程中的矛盾和争议；二是业主需求编写得不够完整和合理，标准规范描述不到位，存在较多的错漏，在实施过程中引起争议；三是有些造价咨询单位技术力量差，数据积累加工差，没有相应的工程经验，编制的模拟清单及招标控制价错漏多，造成实施过程中产生较大的争议；四是材料设备价格询价定价和措施费的取定争议大。

6. 高校对工程造价人才的培养与企业实际需求脱节

从目前情形来看，工程造价专业学生有着广泛的就业领域和良好的就业前景，毕业后可从事概预算、设计、监理、工程造价定额编制、房地产与管理等方面的相关工作，但随着工程造价行业的变化，就业单位对毕业生能力和素质要求不断提高，传统培养模式的不足也随之凸显出来，工程造价毕业生在校期间的专业实践经历普遍较少，毕业后往往需要企业较长时间的二次培养、训练才能适应现行工程造价工作的需要。

二、发展建议

1. 加强行业信用和自律体系建设，引导企业创新和优质优价竞争

加强监管企业与个人的执业信用评价，建立诚信机制，细化行业公约，增强风险防范意识。造价咨询资质的取消，降低了造价咨询行业的从业门槛，这就更需要加大对项目的事前事中事后的监管。逐步建立事中事后监管制度，完善事中事后监管流程，加强事中事后的监管力度。

一是鼓励和引导工程造价咨询企业增强服务能力，延伸服务链条，提升咨询价值，逐步减少按图算量计价等同质化业务占比，提升项目策划、建造、运维等

全过程综合成本管控服务能力，鼓励培育一批具有综合造价咨询与投资管控服务能力的专业化公司，改变全行业小而散的低水平现象；二是推行优质优价，引导有序竞争，建立以质量为导向的造价咨询服务选用机制，引导业主单位优先采用"质量＋价格＋诚信"的综合评定方式，对于中大型或复杂项目应当采用以服务质量为评判核心因素的比选方式，小型或标准化项目可以适当选用低价中标的比选方式；三是以《福建省工程造价咨询企业信用综合评价办法》和《福建省工程造价咨询行业自律公约》的制定完善和执行落实为依托，加强福建省工程造价咨询行业的综合信用体系和自律体系建设，建立诚信预警机制、失信惩戒机制，规范工程造价咨询企业从业行为，引导企业诚信经营，对于不遵守市场规则、严重扰乱市场秩序、违法失信、服务质量低劣的企业加强管理和惩戒，促进福建省工程造价咨询行业健康有序发展。

2. 破除工程造价咨询行业发展障碍，营造公平竞争的市场环境

福建省各级住房城乡建设主管部门、相关行业协会和企业要充分认识工程造价咨询行业高质量发展的重要性和紧迫性，针对福建省各地出现的所有制歧视、国企内部垄断等影响工程造价咨询行业公平竞争的乱象，必须高度重视，畅通投诉渠道和信息反馈机制，行业协会或各级住房城乡建设主管部门及时组织调研落实，对成立的国有造价咨询企业的成果质量以及信用应与民营造价咨询企业进行同等监管和考评加强行业监管和检查，强化督查问效，对违反相关上位法规的地方规定或企业集团不规范文件应当坚决予以清理或问责，督促各方主体依法且公平公正委托造价咨询业务，及时修正各类违法违规委托行为，主动规范和引导行业的健康发展；行业协会及相关企业应积极发声，共同维护行业健康发展的环境。

3. 加快建设项目共享管控平台，融入全过程工程咨询发展大局

全过程工程咨询项目、全过程工程造价项目的增多，使得建筑市场集约化程度进一步提升，积极鼓励和推进建设单位、设计单位、施工单位、咨询单位共同使用项目共享管控平台，消除信息壁垒，节约信息传递时间，工程造价信息的共建、共享、共管，使参建各方可以充分进行沟通交换，提升管理效率。

中大型、复杂建设项目应全面推进全过程造价咨询。中大型、复杂建设项目通常投资体量大、项目复杂，出现投资失控时影响也较大，其投资管控的要求更高，适宜采用全过程造价管理模式，使得项目能形成整体化、全流程的造价管控，保障预期投资目标的实现。

全过程造价管理应作为全过程工程咨询的必要组成。项目投资管理是项目管理不可缺少的重要方面，推行全过程造价管理能够大大提升建筑产业造价管理水平，帮助实现建筑产业管理现代化；因此应当积极推动将全过程造价管理作为全过程工程咨询的必选项，并在后续出台的全过程工程咨询政策文件中予以明确，引导工程造价咨询行业更积极主动融入全过程工程咨询行业的高质量发展。

4. 构建高效造价数据管理与应用体系，整体规划工程造价信息化建设

在数字化时代，数据的价值凸显，工程造价咨询行业也是如此，有效的造价基础数据就是重要生产力。引导造价咨询企业业务升级，从传统单一模块的咨询向全过程项目管理转型，并将业务板块向上、下游甚至跨界延伸，并融合 BIM 技术、大数据技术、互联网＋、区块链等现代信息技术，创建行业和企业的工程造价基础数据库系统，建立起一套完善的工程数据收集、整理、分析加工和应用的运行机制，对工程造价数据信息进行有效的管理与应用，提高工程造价数据信息的附加值。

引导企业在做大做强核心业务的同时，采用战略联盟、业务合作等形式，推动业务结构的调整，逐步向开展投融资管控、价值工程、项目管理、法律风险控制为主线的全过程咨询服务转型。引导企业从实际出发，树立科学健康的可持续发展观念，营造良好的工作氛围和建设独特的企业文化做到业务与技术的融合，新技术的应用特点和工程造价业务的结合，通过分析工程建设全生命周期工程造价业务需求，各方主体的工程造价工作职责以及各主体在不同阶段的工程造价信息化需求，对工程造价信息化发展理念、发展目标和重点工作进行系统研究，加快实现工程造价信息化建设整体规划。

5. 引导各类院校突破传统教学模式，完善人才创新能力培养体系

传统造价咨询企业向提供高附加值的全过程咨询服务转型，需要培养具备专业技术和经济管理、法律法规、信息收集技术处理、谈判与沟通管理等全过程工

程咨询综合能力的复合型专业技术人员。要鼓励企业与高校联动，联合高校师资开展产学研互动，共同设置科研课题，鼓励创新，申请专利，理论与实践相结合，建立人才培养长效机制。各类院校对工程造价专业的人才培养应坚持服务需求，成效导向，突破传统教学模式，完善人才创新能力培养体系，支撑和引领工程造价专业建设和创新型人才培养。以就业市场为前提，主动对接行业和企业的人才需求，优化专业结构，完善课程体系，更新教学内容，开展"产教融合、科教融合、校企合作"模式，加强实践教学，切实提高院校工程造价人才培养的目标达成度、社会适应度和结果满意度。

（本章供稿：金玉山、谢磊、黄启兴、陈政、黄祖龙、张晓彬、林淑华）

第十四章

江西省工程造价咨询发展报告

第一节　发展现状

一是组织开展了 2022 年全国工程造价咨询企业信用评价工作,全省共评出 AAA 企业 9 家,AA 企业 2 家,A 企业 3 家。二是对社会反映强烈的低价中标企业进行约谈,进一步净化工程造价咨询行业环境,应邀参加省政务中心座谈会,就推行中介服务超市的通知征求意见。三是主办了江西省第四届工程造价技能大赛全省总决赛,进一步提高建设工程造价领域信息技术及大数据应用水平,最终 3 支代表队分别获得团体冠、亚、季军,7 支代表队获得优秀组织奖,20 名选手获得"优秀造价从业者"称号,8 名选手获得"金牌造价师"称号。四是在协会官网开设了企业风采、新闻资讯、招聘信息等窗口,为会员提供更为便利的服务平台。同时,开设微信公众号,多渠道及时发布行业新闻。

第二节　发展环境

一、政策环境

一是为进一步规范江西省网上中介服务超市运行、服务和监管,江西省人民政府发布了《江西省人民政府办公厅关于印发江西省网上中介服务超市管理办法的通知》(赣府厅发〔2022〕22 号),明确了各级政务服务管理部门的职责分工,对中介服务超市的入驻、选取流程及方式作了详细约定。此外,建立了信用评分管理机制，并提供了咨询服务监督途径，对存在失信行为的中介采取相应的限制惩罚措施，健全了咨询服务监督管理制度，为造价咨询企业提供了良好的网络环境，同时为造价行业项目业主的准入提供了重要保障。

二是下发关于组织开展 2022 年度注册造价工程师继续教育工作有关事宜通知，具体阐述了参与继续教育的人员范围和学习内容、开展形式和培训学时以及线上培训学习安排，为帮助注册造价工程师适应执业岗位需要和职业发展要求，更新专业知识，提高专业水平提供了有力支持。

三是组织编制了《江西省建设工程造价咨询业行业自律成本参考价》（试行）（赣价协〔2021〕23 号，简称《成本参考价》），试行一年多后正式发布施行。该《成本参考价》将为进一步规范建设工程造价咨询行业市场秩序，维护当事人各方合法权益，促进行业健康可持续发展提供重要的保障。

二、经济环境

1. 经济总量、结构

2022 年，江西省全年地区生产总值为 32074.7 亿元，比上年增长 4.7%；其中，第一产业增加值 2451.5 亿元，增长 3.9%；第二产业增加值 14359.6 亿元，增长 5.4%；第三产业增加值 15263.7 亿元，增长 4.2%。

三次产业结构为 7.6∶44.8∶47.6，对经济增长的贡献率分别为 6.9%、49.9% 和 43.2%。人均地区生产总值 70923 元，增长 4.6%。2022 年，全年江西地区生产总值增速较 2021 年下滑了 4.2%，但全省经济运行总体平稳，三次产业结构相对稳定，发展质量继续提升，保持了经济持续健康发展和社会大局的稳定。

2. 固定资产投资

2022 年，全年江西省固定资产投资比上年增长 8.6%；其中，第一产业投资增长 20.8%，第二产业投资增长 6.9%，第三产业投资增长 10.1%。民间投资增长 5.4%，基础设施投资增长 22.4%，社会领域投资增长 26.2%。总体表现为 2022 年江西省固定资产投资回暖，为工程造价咨询企业创造了良好经济环境，企业健康发展，年总收入总体保持增长的态势。

3. 建筑业及房地产业经济环境

2022 年全年，建筑业增加值为 2597.2 亿元，比上年增长 4.8%，建筑业固定资产投资增速比上年降低 29.3%。具有资质等级的总承包和专业承包建筑业企业 5939 家。

房地产固定资产投资增速比上年降低 5.9%，开发投资比上年下降 12.6%，其中住宅投资下降 11.6%，办公楼投资下降 15.2%，商业营业用房投资下降 14.6%。商品房销售面积 6702.6 万平方米，下降 12.7%，其中住宅销售面积 5663.1 万平方米，下降 15.2%。商品房销售额 4905.2 亿元，下降 16.8%，其中住宅销售额 4138.6 亿元，下降 19.0%。年末商品房待售面积 683.6 万平方米，比上年末下降 7.3%，其中住宅待售面积 338.7 万平方米，增长 4.3%。

三、就业环境

2022 年全年，江西城镇新增就业 45.2 万人，失业人员再就业 15.0 万人，就业困难人员就业 5.0 万人，新增转移农村劳动力 58.3 万人。全年居民人均可支配收入 32419 元，比上年增长 5.9%。按常住地分，城镇居民人均可支配收入 43697 元，增长 4.8%；农村居民人均可支配收入 19936 元，增长 6.7%。城乡居民人均可支配收入比值为 2.19，比上年缩小 0.04。

四、技术环境

1. 创建大数据云计算平台

随着大数据时代的到来，建设相关企业可以直接进行企业私有云平台的搭建，对工程建设过程中各项目所涉及、生产的所有信息数据进行科学整合，通过平台实现信息数据的共享与相互利用，对各工程项目进行全面实施监管，确保处理工作的安全可靠性，并能够为相关工作人员提供相应的云计算服务等，以此来不断有效提升在工程造价方面的管理水平。随着社会建设进程的加快，江西省工程造价咨询企业在自身管理模式方面也在进行着探索与创新，以期能够满足发展需求，提高工程造价咨询行业服务质量水平。

2. BIM 技术的发展和应用将为造价人才的发展提供更大的空间

BIM 技术的应用在很大程度上推动了工程造价咨询企业的转型升级，将全过程有效渗透到工程造价管理中，保障了工程造价的实时性，BIM 技术的发展和应用将使造价人员从繁重的初级算量工作中解放出来，在更高端、更重要的工作方面投入精力，如方案对比分析、合同管理、过程动态控制等，通过这些高附加值的工作，对项目进行精细化的造价管控，为企业节省成本，从而体现行业价值。为促进行业发展，支撑 BIM 技术应用，组织编制了《江西省建筑信息模型（BIM）技术服务计费参考依据》，适时发布。

第三节　主要问题及对策

一、主要问题

1. 行业层面

信息化水平亟待提升。一是行业数据共享通道未能畅通，信息流动性较差，存在信息孤岛问题；二是行业数据呈碎片化，建立信息数据库的能力较弱，信息资源未得到有效的开发和加工；三是部分地区的数据监测分析功能不完善，工程造价数据监测结果未得到充分应用。

住建领域造价矛盾纠纷突出。一是合同编制过程中工程造价未按国家定额编制的预算进行约定，导致造价明显低于正常工程成本；二是工程造价条款内容不清晰，存在歧义；三是发包方资金短缺，承包方无力继续垫付而导致工期无限期拖延或停工，或竣工验收后工程款久拖不决。

未形成健全的法律规范。工程造价咨询行业市场竞争规则和市场交易规则不规范，信用机制、价格形成机制和风险防范机制等不健全，行业法治建设步伐相较企业发展滞后，无上位法作支撑。

2. 企业层面

管理薄弱，综合业务能力和核心竞争力不足。大多数企业受到经济利益的驱使，很少考虑到企业的发展战略问题，不仅不利于企业把握整个行业发展方向，也无法确定企业自身发展方向，导致发展停滞不前。同时，很多企业没有建立起较为完善的监督机制，内部管理不规范，工作人员素质较低，业务能力不熟练等。

创新能力亟待提高。企业业务同质化严重，自身提高竞争能力的理论研究不够，缺少适合自身发展的业务创新能力或运营模式，且企业自主投入创新人才资源普遍偏弱。

风险和责任意识不强。企业信用意识和品牌意识较为淡薄，对相关的工作人员没有约束，缺乏应有的责任意识和风险意识。企业本身的资产无法承担项目实施过程中有可能发生的各类风险，一旦发生和经济有关的问题，会产生严重的不良影响，阻碍企业的发展。

3. 人才层面

人才数量匮乏。由于近几年市场对人才的需求越来越旺盛，导致工程造价咨询企业人才供不应求。老一批造价专业人员随着年龄增大，大多走上中高层管理岗位，一线造价师数量远远不能满足社会需求。同时造价咨询企业基本都是依赖外部招聘的方式引进人才，自主培养成本高、见效慢，优秀人才难找、新人成长慢成为每个造价咨询企业都面临的难题。

人才素质偏低。从事工程造价咨询的专业人员应该是以工程技术为基础，兼有经济、法律、管理等方面知识的复合型人才，但行业低水平、低层次的发展，不足以吸引高学历的人才，从业人员素质远不能与行业发展的需要相对等。

二、应对策略

1. 加强信息化建设，提升行业服务水平

随着信息化技术的快速发展，大数据、互联网、BIM、云计算等技术日趋成熟，依托先进的信息管理技术及工具，对项目进行全过程管理，便于提升从业人员工作效率。借助信息技术构建企业历史案例数据库，运用专业的工程造价管理软件进行数据整理与统计，将项目经验转化为数据进行保存和传承，可供后期类似项目借鉴参考。既能确保工作的科学性和权威性，也能为公司内部控制管理提供便捷，有利于提升工程造价咨询行业整体服务水平。

2. 创建诉讼调解部门，完善纠纷矛盾调解机制

建设工程纠纷法律关系复杂、争议金额大、专业性强、审理周期长，通过调解的方式有利于快捷、高效化解矛盾争议。需要充分发挥住房和城乡建设部门和行业协会的作用，创建诉讼调解部门，完善诉讼调解机制等，用多元方式化解矛盾纠纷，以更好保障建筑市场健康发展。同时要进一步加强合同价款管理，制定合同时应严格遵守法律法规，保证条款逻辑清晰，措辞准确，以减少双方合同纠纷。

3. 规范行业管理体系，健全相关法律规范

工程造价咨询是工程建设管理重要的一环，为促进工程造价咨询行业的健康、可持续性发展，有关部门应尽快制定完善的法律法规和详细的行业制度和相关标准，进一步明确造价咨询行业地位和相关部门及人员的职责权利，并对既有的管理方法进行优化，加强统一管理力度，保障工程造价咨询行业有序健康地发展。

4. 加强合作，培养高素质、高水平的人才队伍

随着建设项目的规模化、复杂化、国际化，以及建设单位对综合性、跨阶段、一体化的全过程服务模式的旺盛需求，工程造价咨询行业迫切需要一批专业能力强、综合素质高的高端人才。企业应健全人才培育和储备机制，加强与政府、高校、行业协会等合作，注重从业人员专业能力、管理能力、全过程服务能力的培养，推进从业人员综合素质提升、适应企业转型等发展要求。

三、发展趋势

1. 造价行业全面数字化转型

工程造价贯穿工程建设全过程，是一个以数据为核心的行业，工程价格的确定与控制、项目价值的提升、行业的监督都是以数据为核心，面对行业政策及竞争格局的变化，抓住数字化转型机遇，推动工程造价行业全面数字化转型，才能实现工程造价行业更高质量发展。工程造价行业要紧跟造价市场化改革和企业数字化转型升级，适应、拥抱信息化变革趋势，在新形势下助力行业可持续发展。

2. 咨询行业新生态重塑

在国务院关于深化"证照分离"改革进一步激发市场主体发展活力的政策大背景下，随着工程造价管理市场化改革的不断深入，行业诚信体系的不断建立，需要良好的市场环境，打造一批高素质复合型咨询人才，立足专业、敬业匠心。通过强化标准和流程建设，充分发挥全过程造价乃至全生命周期造价工作的系统性作用，进一步提升造价专业管理咨询的价值。

3. 建筑领域碳排放咨询将成为造价咨询企业服务新业态

2020 年，住房和城乡建设部发布了《建筑碳排放计算标准》GB/T 51366–2019、《建筑节能与可再生能源利用通用规范》GB 55015–2021，明确了建筑领域碳排放的定义、计算边界及计算方法。根据行业特征和专业特点，未来基于碳排放咨询、碳交易咨询、碳排放指标购买等咨询服务有望成为工程造价咨询企业的服务新业态。

（本章供稿：邵重景、周晓、花凤萍、李鹏炜、何雅琪）

第十五章

山东省工程造价咨询发展报告

第一节 发展现状

一是发布《智能建筑工程技术标准》DB37/T 5209-2022、《既有建筑地下增层技术规程》DB37/T 5212-2022、《贯入法检测砌筑砂涂装系统建筑构造》，撰写《山东省工程造价咨询服务招投标数据分析报告（2021）》《贯入法检测砌筑砂浆抗压强度技术规程》DB37/T 2363-2022、《低温热水地面辐射供暖工程技术规程》DB37/T 5047-2022、《居住建筑节能设计标准》DB37/5026-2022 等 16 项省工程建设标准；发布《建筑施工附着式铝合金升降防护平台安全技术规程》《民用建筑太阳能热水系统一体化应用技术标准》《污染建设场地工程勘察标准》《岩土工程勘察文件编制标准》《智慧住区评价标准》5项工程建设地方标准；设立山东省技术标准创新中心，促进基础研究成果产业化。

二是举办多种形式的培训、论坛、座谈等活动，宣贯标准、分享经验，推广工作方法；承办 2022 年度全省市政工程造价数字创新技能竞赛，加强行业人才队伍建设；发行四期《山东造价工程师》，以山东建筑、造价行业为主要内容，为造价行业人士提供了良好的学术交流平台。

三是深入实施"评调裁一体化"多元解纷机制，进一步促进该机制在全省范围内的推广应用，与济南仲裁委员会办公室签订了关于宣传拓展仲裁业务政府购买服务合同。截至 2022 年底，通过人民调解平台共接受各级法院诉前委派调解案件 280 件，已受理 253 件，调解成功案件 26 件，调解案件涉及造价金额 15.6 亿元。2022 年接受当事人自愿申请的争议评审案件 15 件，出具争议评审决定书 13 份，专家评审意见书 1 份，因对方不参与评审会议而终止评审程序，申请人决定采用诉讼方式解决的 1 件，评审造价争议金额 23.13 亿元。

四是服务国家战略，印发《关于面向会员单位征集校企合作共建单位的通知》，与高校签订战略合作协议，组织会员参加双选会活动，助力高校毕业生就业。

第二节　发展环境

一、社会环境

2022 年全省全年生产总值增长 3.9%，规上工业增加值、固定资产投资、进出口分别增长 5.1%、6.1% 和 13.8%，经济社会发展总体呈现稳中向好、进中提质的良好态势。

迈上新征程，多重发展利好因素集聚，绿色低碳高质量发展先行区建设三年行动计划加快推进，黄河重大国家战略、乡村振兴、海洋强省纵深实施，一批示范性引领性改革举措、创新政策集成赋能，一批战略性先导性重大平台、重大工程集中落地，将强力推动中国式现代化在山东的省域实践。"三个十大"行动滚动推进，碳达峰十大工程、新型城镇化"四化"、基础设施"七网"、能源转型发展"九大工程"等深入实施，工业互联网、新能源汽车、风电装备等新产业优势和智慧服务、医养健康等新型消费模式方兴未艾，使稳定经济增长、促进高质量发展有了坚实支撑。总的来看，2023 年工程造价行业发展"稳"的基础更加牢固、"进"的势头更加强劲、"好"的态势更加凸显。

二、经济环境

山东省持续推进重大项目建设，省市县三级重点项目特别是亿元以上大项目，对投资的拉动作用将进一步增强。2022 年达到 8.74 万亿元，年均增长 5.4%，一般公共预算收入达到 7104 亿元。粮食总产连续 9 年稳定在千亿斤以上，农业总产值率先过万亿元。规上工业增加值年均增长 5.2%，进出口规模突破 3 万亿元，实际使用外资翻了近一番。海洋经济总量全国第二，沿海港口吞吐量跃居第一。市场主体超过 1400 万家，世界 500 强企业新增 4 家，专精特新"小巨人"、单项冠军等优质企业数量保持全国前列，全省经济提质增效，全面步入高质量发展轨道。

三、技术环境

为规范全省工程造价咨询行业市场秩序，持续推进行业文明创建，山东省工程建设标准造价中心发布《山东省住房城乡建设系统行业文明创建三年行动方案》，内容包括"一个坚持、两个强化、两个规范、多项活动"，助力提高造价咨询行业的服务水平、综合实力和社会声誉。同时，省、地市造价协会与山东省高级人民法院持续深化推进建设工程领域"评调裁一体化"工作。2023 年，山东省还将围绕投资、工业运行、土地要素服务、交通运输、农业农村、水利等经济社会运行重点领域的基础数据进行分类采集、集成共享，构建经济治理数据库。建立健全经济社会治理数据指标体系，鼓励有能力的工程造价咨询企业建立和完善企业工程造价数据库，综合运用造价指标指数和市场价格信息，构建多元化工程造价信息服务方式，确保工程投资效益得到有效发挥，通过行业资源的整合和优化，提高行业的整体效率和竞争力，支撑宏观决策。

四、监管环境

为充分发挥山东省各级工程造价管理机构作用，进一步提高工程造价计价依据供给、计价行为指导、行业监管等工作水平，山东省住房和城乡建设厅发布了"鲁建标字〔2023〕8 号文"，分别从加强计价依据实施指导、强化计价行为监督检查、引领造价咨询行业转型发展三部分完善工程造价指导监督工作。文件明确指出各市要指导市场主体准确理解和使用计价依据，合理确定工程造价，保障各方权益。对不属于计价依据解释范围的造价纠纷，鼓励行业协会等第三方机构搭建纠纷调解平台，探索多元化纠纷解决途径和方法，提高纠纷解决效率。全省要通过"双随机、一公开"等手段对市场主体计价行为和造价咨询企业执业行为开展监督检查，重点检查国有投资项目执行国家和省有关计量计价规则、政策的情况，施工合同中价格风险分担等造价条款设置的情况，安全文明施工等各项费用计取标准以及支付落实的情况，造价咨询企业执业质量控制和咨询合同签订的情况，造价咨询成果文件编制规范性、完整性、准确性等情况。及时通报检查中发现的问题，依法依规做出处理。

五、政策环境

为提高建设项目管理水平和投资效益，山东省住房和城乡建设厅印发《最高投标限价编制改革试点工作方案的通知》，方案规定，试点城市应选取不少于 3 个项目开展试点，试点项目从具有通用技术性能标准、设计图纸完善、工期 18 个月以内、造价 1.5 亿元以内的国有资金投资项目中选取。取消了按照政府发布的信息价和定额编制的约束性规定，根据试点项目自身特点，开展市场询价和竞争定价，实现项目交易价格形成的市场化。

山东省住房和城乡建设厅印发《关于促进工程造价咨询行业高质量发展的指导意见》，主要目标是到 2025 年，工程造价咨询行业组织结构进一步优化，形成以综合性、跨阶段、一体化服务企业为主体，专业化、精细化、特色化服务企业为补充，统一开放、链条完整、布局合理、竞争有序的市场体系，行业核心竞争力显著增强。工程造价咨询企业多元化服务能力显著提升，全过程工程咨询服务模式普遍推广，标准化引领、数字化支撑、市场化计价、协同化发展的企业运行机制基本建立，培育一批智力密集型、技术复合型、管理集约型的大型工程建设咨询服务企业集团。全省工程造价咨询行业产值超过 200 亿，造价咨询收入过亿的企业达到 20 家、过 5000 万的企业达到 50 家。

为健全建设工程计价依据管理体制，充分发挥市场在工程造价形成中的决定性作用，山东省住房和城乡建设厅印发《建设工程计价依据动态管理工作规则》。通过不断完善现行计价依据体系，提高计价依据修编维护的及时性，保障计价依据贴近市场，实际更好满足市场需要。

第三节　主要问题及对策

一、存在问题

1. 造价咨询服务内容缺乏创新，同质化竞争严重

在工程造价资质取消后，工程造价咨询市场更加开放，造价咨询企业增加较快，市场竞争日趋激烈。山东省住房和城乡建设厅统计了工程造价咨询企业业务收入情况，一是业务主要集中在项目实施及结（决）算阶段，项目前期决策阶段咨询业务参与较少，主要以配合建设单位编制概算（目标成本）为主，主导建筑市场的能力不足；二是全省工程造价咨询企业业务收入仍占房屋建筑工程专业主导地位。由此可见，山东省目前造价咨询企业服务内容缺乏创新，同质化竞争严重，业务拓展存在局限性，事前控制力度不足，主动性较差。

2. 数字化转型进展较慢，企业内驱力不足

随着工程造价改革工作推进，新兴技术不断成熟与普及，为加强企业资源整合及业务创新，山东省工程造价咨询行业开始逐步推进数字化转型。目前，山东省工程造价数字化转型主要体现在两个方面：一方面，一些大型造价咨询企业开始重视数据库建设工作；另一方面，造价咨询企业开始引入一些信息化管理平台，将一些繁琐的流程审批、公司业务管理工作转移到线上。但根据调研，山东省数字化转型进展较慢，行业缺乏统一的数据库共享平台，"共建、共享、共管"数据比较困难，而且很多中小型企业尚未建立起有效的数据库和技术标准体系，或者一些虽然已经建立起相关内容的企业的数据库和技术标准体系内容实用性和指导性有限，企业内驱力不足。

3. 信用等级评价体系尚不完善，市场监管有待加强

自工程造价资质取消后，山东省开始实行工程造价咨询企业信用等级评价，评价内容包含基本信息、优良信息、不良信息和"黑名单"信息。该管理办法实施以后提高了企业的诚信意识和信用水平，促进行业健康、持续发展。然而，对

工程造价咨询行业的管理不应只包括对企业信用等级的管理，还应对注册造价师个人进行管理。目前，山东省缺少造价师信用等级评价体系，整体信用等级评价体系建设还不完善，市场对注册造价师个人的监管有待加强。

4. 中小型企业管理粗犷，缺乏精细化管理力量

山东省的中小型工程造价咨询公司一般都具有"偏重技术，忽略管理"的特点，这类企业常常重视学习和执行相关的规则和标准，但对企业的管理和发展规划过于粗犷，对顶层设计及发展方向还不够清晰。作为基于知识的服务公司，这些咨询企业目前未真正开展精细化管理，缺少严格的操作规则和管理程序，管理效能低，"向管理要效益、向管理要核心竞争力"任重道远。

二、发展建议

1. 采用差异化策略，提升企业核心竞争力

山东省造价咨询行业的服务内容的创新应该走差异化策略。造价咨询企业应在公司发展过程中做精做细，逐步形成自己鲜明的产品品牌和核心竞争力，例如EPC、司法鉴定、专项工程造价咨询业务中的超高层建筑、机场、医院、地铁、军工等。

2. 深入研究信息化平台和数据库建设要点，推进数字化转型

组织开展工程造价咨询领域信息化平台和数据库建设使用调研。从数据收集颗粒级别、数据可信度、平台运行有效、信息安全可靠等方面调研已有数据库管理基础与现有系统功能，系统学习其他省市在数字化平台和数据库建设过程中的好经验和好做法，构建打通省级数据信息共享平台与各造价咨询企业数据归集、共享的路径与方案。

3. 加快健全信用等级评价体系，提升市场品质

在深入调研的基础上，加快建立健全注册造价师个人信用等级评价体系，同时明确信用信息归集的权责划分，加强信用信息的归集、共享和公开，规范信用信息的认定和修复，持续提高数据质量。另外，造价咨询行业还要加强用

好信用手段，规范建筑市场主体行为，构建诚信守法、公平竞争、追求品质的市场环境。

4. 加强中小企业精细化管理，推动高质量发展

中小型造价咨询企业应注重对成果质量、人才等方面的精细化管理。成果质量问题是重中之重，通过加强成果质量，增强企业影响力，推动企业品牌向高端化发展；造价咨询企业要加强人才的精细化管理，造价咨询企业应关注骨干人才培养，特别关注人才沟通协作能力提升和业务能力提升，做好人才管理的顶层设计，围绕市场需求、客户需求，培养并留住复合型、专业型人才，推进企业高质量发展。

（本章供稿：于振平、荀耿生、孙夏、岳璐、徐董鑫、官梓琪、王若君）

第十六章

河南省工程造价咨询发展报告

第一节　发展现状

2022 年，河南省排名前 30 位的工程造价咨询企业造价咨询业务收入占比 45%，头部企业市场份额占比趋于集中，但新型业务开展占比不高，市场竞争机制和创新能力有待增强。

2022 年，河南省工程造价咨询企业一级造价工程师人数远低于全国占比。由于河南省二级造价工程师考试尚未开展，造成了造价工程师占比过低的现状。行业内高级工程师、造价工程师等数量严重不足，人才流失现象较为普遍。

第二节　发展环境

一、政策环境

1. 出台发展意见，推进服务业加快整合

2022 年 1 月，河南省人民政府印发《河南省人民政府办公厅关于加快中介服务业发展的若干意见》（豫政办〔2022〕2 号）。推进加快重点领域建设，促进咨询机构"专精特优"发展，鼓励中介服务企业组成联合体、开展联合经营或并购重组，形成专业化、网络化咨询服务体系，为大型综合性企业开展全过程咨询服务。

2. 实施财税优惠政策，降低企业税费

2022 年 3 月，《河南省财政厅 国家税务总局河南省税务局关于印发支持中

小企业发展若干财税政策的通知》（豫财企〔2022〕7 号）。在推进减税降费、优化发展环境等方面提出一揽子 50 条财税优惠政策，降低中小企业经营成本。2022 年 4 月《河南省财政厅　国家税务总局河南省税务局关于进一步实施小微企业"六税两费"减免政策的公告》（河南省财政厅　国家税务总局河南省税务局公告 2022 年第 1 号）。扩大减征政策适用主体范围，将范围扩大到小型微利企业，降低小微企业经营成本。

二、经济环境

2022 年，河南省生产总值 61345.05 亿元，同比增长 3.1%，建筑业总产值 15086.95 亿元，同比增长 6.3%。基础设施投资增长 6.1%，房地产开发投资 6793.36 亿元，比上年下降 13.7%，住宅投资 5802.16 亿元，下降 13.4%，新开工面积 8948.68 万平方米，下降 34.5%。建筑企业新签合同额 16357.17 亿元，下降 4.7%。

三、监管环境

2022 年 5 月，河南省住房与城乡建设厅发布《关于督促有关企业和执业资格注册人员自行整改违规注册行为的通知》，对存在多单位重复注册的造价工程师进行通报并要求整改。2022 年 11 月，河南省住房和城乡建设厅发布《河南省住房和城乡建设厅关于开展 2022 年度工程造价咨询企业随机抽查的通知》（豫建科〔2022〕267 号），通过开展工程造价咨询企业随机抽查的工作，完善监督与管理机制，促进工程造价咨询企业规范发展。

第三节　主要问题及对策

一、面临的主要问题

1. 造价咨询企业数量激增，低价竞争现象突出

造价咨询资质取消后，开展造价咨询业务所需门槛降低，省内造价咨询企业

数量激增，工程相关类企业如设计、监理、施工单位、国有企业及国有投资平台相继开展了造价咨询业务，分流了大量的造价咨询业务份额，出现了恶性低价竞争现象，扰乱了工程造价咨询市场的经营秩序。

2. 全过程咨询业务推进缓慢

全过程工程咨询是近年来国家积极推行工程咨询行业改革的方向，但河南省全过程工程咨询业务的总体数量偏少，省内工程造价咨询企业总体实力偏弱，规模小，综合性的专业人才短缺，多数企业只能开展比较单一的工程造价咨询业务，缺乏全过程工程咨询类新业务。

3. 行业数据积累不足，数字化转型落地困难

全省中小型规模企业数量多，企业建设数字化平台或系统费用较高，不利于整体实现数字化运营模式，企业数字化转型落地困难。一些工程造价咨询企业搭建了企业数据库，但由于单个企业业务量少、业务类别有限，在行业内缺乏数字化转型的成功案例。工程造价数据库缺乏统一标准，使得工程造价数据难以实现全面共享。

4. 从业人员综合能力不足，高层次专业人才紧缺

造价从业人员大多存在知识面较窄，技术单一的问题，难以满足市场发展需求，成为工程造价咨询企业进入全过程咨询市场的短板。专业技术能力发展不均衡，行业整体技术力量增长乏力，工程造价咨询行业面临高层次专业人才供给紧缺风险。

5. 企业同质化严重，缺乏竞争优势

全省 GDP 排名处于全国领先地位，但未有造价咨询企业进入全国行业百强。龙头企业数量少，品牌影响力不足，缺乏竞争优势；中小企业规模效应差，同质化严重，发展面临困境。

二、发展建议

1. 加强行业自律建设，建立信用评价体系

建立省级行业自律和信用评价管理办法，推进多层次的信用体系建设，形成

行业自律与信用评价相结合的多方共建、协同监管模式，对恶性低价竞争等不良行为进行联合惩戒，积极构建以信用为核心的新型监管体系，进一步规范行业健康发展。

2. 鼓励造价咨询企业发展全过程咨询业务

鼓励工程造价咨询企业积极适应供给侧结构性改革需要，主动拓展全过程工程咨询业务，将工程造价咨询业务前移，从施工阶段扩展到项目前期咨询、设计及采购阶段，以适应 EPC 模式的需求，实施以成本管控为主线的全过程咨询服务。造价咨询企业应结合市场需求变化，不断调整企业发展战略和经营策略，创新企业组织架构，提升整体竞争能力。

3. 建立造价数据统一标准，逐步实现工程造价数据共享

建设省级工程造价数据统一标准，鼓励企业按照统一标准建立企业数据库，逐步形成区域数据库。树立数字转型的标杆企业，引导造价咨询企业积极应用数字化技术，做好业务数据的收集和应用，逐步实现工程造价数据共享。

4. 加强人才培养机制，建设复合型人才队伍

通过校企联合、行业研讨、专家论坛、知识竞赛等多元化活动，培养多层次、高水平、复合型造价专业人才，鼓励企业完善与全过程工程咨询服务相适应的人才培养机制。制定工程造价咨询行业领军人才选拔方案和管理办法，通过培训与评价相结合的方式，打造一支复合型人才队伍，发挥其在行业内的引领作用。

5. 鼓励差异化发展，提升企业竞争力

龙头造价咨询企业应多元化发展综合性业务，在行业上下游积极布局做大做强，打造全省全过程咨询企业知名品牌，提升企业影响力。鼓励中小型造价咨询企业利用自身专业优势，向纵深方向拓展业务，做专而精特色化的咨询企业，提升企业竞争力。

（本章供稿：康增斌、金志刚、许立功、詹杨、王书定、郭嘉祯、陈娟、宋会双）

第十七章

湖北省工程造价咨询发展报告

第一节　发展现状

　　一是为规范全省装配式建筑示范产业基地和示范项目管理，强化示范引领作用，推进新型建造方式改革，制定了《湖北省装配式建筑示范产业基地和示范项目管理办法》，要求造价行业在装配式工艺中制订相关价格体系。二是湖北省发出首张 BIM 项目施工图审查合格书，将全面推广 BIM 设计及图审。推广 BIM 设计及图审，对行业提出"BIM+造价"新赛道。

第二节　发展环境

一、《湖北省建筑业发展"十四五"规划》重要内容

　　结合"十四五"规划发展目标：到 2025 年，全省年度建筑业总产值 2.5 万亿元以上，年均增长率 10% 以上。全省装配式建筑占新建建筑面积的比例不低于 30%。完成重大科技示范工程不少于 50 项，编制省级以上工法不少于 800 项。全省城镇新增节能建筑面积 2.42 亿平方米，新建建筑能效水平提升 15%；绿色建筑竣工面积占比达 100%。这为造价行业提出新的要求。

　　"十四五"时期，湖北省建筑业发展既面临着严峻的挑战，也面临着十分难得的发展机遇。主要困难和挑战是：行业发展不平衡，高质量发展水平有待提高，发展环境有待完善，行业痼疾仍然存在；面临的机遇是："新发展阶段、新

发展理念、新发展格局"战略机遇,党中央支持湖北省经济社会发展一揽子政策机遇,新型建筑工业化、BIM、5G、人工智能、大数据、云计算、物联网等技术机遇,优化营商环境和"一带一路"深入推进内外部环境机遇。

二、推广全过程工程咨询服务

2022 年 12 月,湖北省住房和城乡建设厅出台《湖北省房屋建筑和市政工程全过程工程咨询服务合同示范文本(试行)》《湖北省房屋建筑和市政工程全过程工程咨询服务导则(试行)》。为了指导全过程工程咨询服务合同当事人的签约行为,维护合同当事人的合法权益,根据《中华人民共和国民法典》《中华人民共和国建筑法》《政府投资条例》以及相关法律法规,湖北省制定了《全过程工程咨询服务合同示范文本(试行)》。

为提高工程质量、节约工程造价、缩短建设工期,依据《国家发展改革委 住房城乡建设部关于推进全过程工程咨询服务发展的指导意见》(发改投资规〔2019〕515 号)、《省发改委 省住建厅关于加强全过程工程咨询服务工作指导的通知》(鄂发改投资〔2021〕419 号)和有关法律法规、标准规范文件,在借鉴吸收国际国内有关全过程项目管理与工程咨询较为成熟经验的基础上,结合湖北实际,湖北省住房和城乡建设厅组织编制了《湖北省房屋建筑和市政工程全过程工程咨询服务导则(试行)》。

三、完善造价计价依据体系

2022 年 11 月发布的《湖北省建筑工程概算定额及全费用基价表》《湖北省建设项目总投资组成及其他费用定额》,为进一步完善湖北省计价依据体系,满足工程项目投资估算、设计概算的编制需要,根据住房和城乡建设部《房屋建筑与装饰工程工程量计算标准(征求意见稿)》,结合湖北实际,湖北省住房和城乡建设厅组织编制了《湖北省建筑工程概算定额及全费用基价表》《湖北省建设项目总投资组成及其他费用定额》。《湖北省建筑工程概算定额及全费用基价表》是全省工程项目建设投资评审、编制设计概算并对设计方案进行技术经济分析的依据;《湖北省建设项目总投资组成及其他费用定额》是编制、评审和管理可行性研究投资估算和初步设计概算投资的依据。使建设方案、投资决策有价可依。

第三节　主要问题及对策

一、主要问题

"放管服"改革力度进一步加大，造价企业资质取消，新的信用评价地位不明显，行业资信等级未能出台。小规模企业不断涌现，无法对项目成果质量很好的有效监督和评价。甚至根本不用去省厅备案，不去协会申报会员，监管部门及协会机构根本无法掌控其运营及管控。

传统造价企业转型慢，相关配套政策及新技术大数据不适应。大多数企业还在不断地进行工程量计算，套用消耗量定额进行计价，简单重复地工作。行业性工具性软件费用过高，在新技术大数据上舍不得投入。

全过程咨询发展缓慢。全过程咨询目前仅局限于工程咨询＋工程造价＋工程监理等专业人员的组织，企业层面也只是形式上的组合，处于各司其职各负其责的分散状态，不能发挥一站式的企业服务功能。另外，建设单位对项目全寿命周期咨询服务认识不够，需求不高，只认识阶段性的需求，咨询单位能力也不足，专业人员不全，很难达到全过程咨询服务水平。

工程造价咨询企业信用评价管理认知度不高，约束力不够。政策强调构建行业自律管理机制，完善信用评价体系，推进工程造价咨询行业信用体系建设，促进工程造价咨询行业健康发展。但这些仅仅只是一个自律，还达不到约束作用。作为一个行业必须有信用等级来监管。

二、应对措施

加大"放管服"改革力度的同时，应加快规范行业发展的约束机制建设。工程造价行业应在现有的信用评价和行业自律基础上，进一步出台行业信用等级制度，协同、联合惩戒的监管机制，加大对服务质量的评价力度，企业的信用等级的实施，提升企业品牌影响力，规范市场有序良性发展。

加快企业传统造价转型步伐，数字化经济已上升为国家战略，是传统产业转型升级的新赛道，要充分发挥政策优势，加快转型升级。结合"十四五"规划发展目标：到 2025 年，全省年度建筑业总产值 2.5 万亿元以上，年均增长率 10%以上。全省装配式建筑占新建建筑面积的比例不低于 30%，在装配式建筑中寻找造价契机；全省城镇新增节能建筑面积 2.42 亿平方米，新建建筑能效水平提升 15%；绿色建筑竣工面积占比达 100%，在绿色建筑中发挥造价作用。在 BIM 推广下，构建"BIM+ 造价""BIM+ 代建""BIM+ 全过程咨询""BIM+ 限额设计咨询"等模式。

全过程咨询落到实处。目前全过程仅仅是组合模式运行，要真正把全过程咨询运用到项目，从方案策划、初设、扩设、施工图、竣工、运维全阶段全过程中把造价贯穿进去，需对工程咨询、工程设计、工程监理、工程造价企业进行整合组成一个全面的咨询项目部式的模式承接全过程咨询实体。由项目而产生再由项目完成到延续项目后评价项目运维，形成数据库，融入大数据系统中。

建议对造价咨询企业建立资信等级制，以业绩、人员构成、技术质量、经营收入等指标进行考评，有利于企业发展壮大、树品牌、提高信誉。

三、发展建议

自 2021 年起造价咨询、招标代理、工程咨询资质取消，同质化竞争加剧，行业"内卷"严重。工程造价咨询企业需要通过诚信建设不断提高行业的诚信度和公信力，以此为基础采取多种方式来提升从业人员的专业胜任能力和职业道德水平，进而提高行业的社会声誉，增强服务经济社会发展的能力，并逐步扩大品牌效应，赢得社会的广泛认可。同时，工程造价咨询企业也致力于推动行业的深化改革，通过规范经营和强化管理，积极促进行业发展，使其与全省经济社会发展结构相适应。这包括在区域布局结构、业务品种结构、大中小造价咨询企业结构和人才结构方面进行调整和优化。按照结构优化、专业精湛、道德良好的要求，工程造价咨询企业应扩大造价工程师和从业人员队伍，以满足行业发展的需求。

工程造价咨询行业的数字化转型作为行业急需，并不是单一的转型，一是要贯彻落实改革精神，推动行业数字化转型；二是要大力发展基础研究，做好顶层设计；三是坚持以科技创新为引领，注重新技术的应用；四是充分发挥行业大数据的优势，打造数字化服务能力。要从管理、人才等多方面入手，企业需要在提高造价工程师的继续教育水平和效果的基础上，有计划地培养领军人才、高端人才、国际化人才和具备复合型业务能力的骨干人员。与此同时，全面应用基于智能化技术的业务管理系统、财务管理系统和人力资源管理系统，工程咨询行业从信息化，到数字化，再到"系统性数字化"的发展，采用功能完善的造价咨询软件来执行业务，以提高行业的信息基础设施。加强业务联动和赋能，同时必须聚焦核心业务价值链，通过精细化数字化的方式，致力于做好工程造价信息数据标准建设，并建立监理工程造价案例数据库，以实现行业工程造价信息资源的共享。通过信息化的手段，提升管理和服务水平，更好地满足客户需求。这些举措将使工程造价咨询企业能够更高效、准确地进行项目评估、成本控制和风险管理等工作，为客户提供更优质的咨询服务。

通过以上措施，工程造价咨询企业致力于提升行业整体素质和能力水平，积极开发技术含量高、市场需求旺、服务附加值高的咨询业务，不断提升企业的核心竞争力，在做强企业自身的同时，更好地服务于全省建筑业的发展。

（本章供稿：徐松蕤、恽其鋆、谢莉、高睿）

第十八章

湖南省工程造价咨询发展报告

第一节　发展现状

　　一是深入开展培训活动。开通了网上教育培训系统，全年共有 4500 余名一级造价工程师参加网络培训；举办了 2022 年度二级造价工程师考前培训班，共计 111 名造价从业人员参加；举办了一级造价工程师面授培训，共计 160 人参加了培训；举办了二级造价工程师培训，共 109 人参加了培训。通过培训，有效提高了造价从业人员的能力素质。二是广泛组织专题讲座。举办了“2022 年企业税收新政解读及税收筹划思路”线上专题讲座，1800 余名人员在线收看；进行了“造价工程师能力标准探析”专题讲座，2000 多人参加学习，学习效果显著。三是加强各项课题研究。完成“全过程咨询在咨询企业中的地位与作用研究”“当前咨询企业的生存与发展问题调查研究”等课题，为造价企业高质量发展提供了坚实的理论基础。四是做好《定额与造价》出版。全年共编印和发行 6 期《定额与造价》期刊。配合省建设工程造价管理总站完成每期市场材料价格的采集、发布，共采集材料信息价 32000 余条，经严格审核，发布材料信息价 11600 余条。五是顺利完成学术内刊编辑。审核定稿 78 篇，供从事造价行业的相关技术人员和企业管理人员交流、借鉴和参考。

第二节 发展环境

一、政策环境

2022 年，湖南省持续推进营商环境进位争先，先后推出《湖南省优化营商环境三年行动计划（2022—2024 年）》等政策，推动优化营商环境"十大行动"，充分激发各类市场主体的创业创新活力，营商环境持续向好。

2022 年，湖南省持续推进建筑行业升级转型，进一步紧抓建筑施工现场安全质量管理，开展绿色工地评选，自动化、智能化、数字技术在建筑行业深度应用，不断营造安全、科技、绿色的行业发展环境，行业环境扎实向优。

二、经济环境

2022 年，湖南省全面落实"三高四新"战略使命，经济发展难中有进、稳中向好，全年地区生产总值48670.4 亿元，同比增长 4.5%，高于全国平均水平，其中，第一产业同比增长 3.6%；第二产业同比增长 6.1%；第三产业同比增长 3.5%。全年固定资产投资（不含农户）同比增长 6.6%，高于全国平均水平140bp；建筑业增加值 4174.9 亿元，同比增长 5.1%；造价咨询行业总产值 25.86亿元，经济发展态势良好。

三、技术环境

近年来，湖南省工程造价行业标准规范日渐完备。2022 年，省住房和城乡建设厅、省建设工程造价管理总站等主管部门先后组织编制并发布工程材料价格目录清单、计价依据汇编，维修加固工程和雕塑工程（试行）消耗量标准等多个行业标准，并积极组织宣贯推动落地，初步形成了计价取费更加合理、内容更加完善、具有湖南特色的计价依据体系，为行业进一步规范发展打下坚实基础。

近年来，湖南省工程造价行业数字信息快速发展。2022 年，省建设工程造价管理总站牢牢抓住省住房和城乡建设厅纵深推进"数字住建"的有利契机，积极组织开展"数字造价"建设，全面鼓励行业技术创新和项目应用，编制房建工程造价文件数据标准，开展计价软件符合性评测和算量互通，发布全省造价电子数据标准 2.0 版，加快推动传统定额向动态数据方向发展。

四、监管环境

2022 年，湖南省工程造价咨询主管部门不断强化行业事中事后监管。通过开展"双随机、一公开"等行业专项检查强化事中监管，严格加强执业人员信息管理，全面整治人员挂靠等行业乱象，切实维护健康的市场竞争环境。通过坚持推进信用管理强化事后监管，引导企业诚信经营、行业良性发展。截至 2022 年底，共有 132 家造价咨询企业评上了 AAA，103 家造价咨询企业评上了 AA，7 家造价咨询企业评上 A。通过全面实施工程造价咨询成果文件质量评价"三年行动计划"，每年随机抽取 30% 以上的企业分"优秀""合格""不合格"三个等次开展成果文件质量评价，利用三年左右的时间实现行业企业全覆盖，有效抓实行业成果质量管理，进一步敦促工程造价咨询行业自律，不断提高工程造价咨询成果文件质量和整体执业水平。

在注重强化行业事中事后监管的同时，湖南省建设工程造价管理总站在湖南省文明办的精心指导下和湖南省住房和城乡建设厅的大力支持下，自 2018 年起在全行业广泛深入开展了"行业诚信服务精神文明示范企业创建"活动，几年来共评选示范企业 77 家，树立了行业标杆，提高了行业认可度，增进了行业凝聚力，全方位提升了行业的精神文明建设水平和诚信服务水平，全行业共建、共享精神文明建设的良好格局正逐渐形成，为推动行业高质量发展提供了强大精神动力。

第三节　主要问题及对策

一、存在问题

一是行业信息化推进仍待加强。整体在信息化研发资金投入方面仍有不足，新技术、新模式在行业中的运用场景有待深度开发和推广。

二是行业规范化管理仍需完善。行业资质取消后，市场主体的竞争机制仍未尽善，恶性竞争、低价竞标等市场乱象时有发生，影响行业健康发展。

三是行业复合型人才亟待培育。具备复合型能力的人才，特别是胜任全过程工程咨询项目的人才储备不足，难以满足行业对专业能力和服务水平日益增高的要求。

四是企业多元化发展有待加速。新型多元化项目不断涌现，行业服务需求也在不断变化，传统服务范围无法完全覆盖需求。

二、发展建议

一是进一步加快数字转型。设置技术专利表彰，推广优秀创新成果，持续加大行业信息化投入；打造省级行业数据库与信息平台，统一数据标准和服务流程，支撑行业服务提质。

二是进一步完善市场机制。贯彻落实《进一步规范政府性投资项目决策和立项防范政府债务风险的管理办法》，加快推进完成《湖南省建设工程造价管理条例》立法程序；加强企业动态信用管理，常态化开展信用与规范的考核激励，不断优化市场环境；加强与财政、发改、市管等部门联动，完善行业收费标准和成本测算办法，保障行业合理利润空间。

三是进一步培养优秀人才。构建主管部门、协会、企业、高校等多方合力的行业复合型人才培养链，从政策发布、机制建立、落地执行到专业教育，系统化培育更多高素质人才。

四是进一步拓宽业务范围。在传统服务范围基础上逐步向全过程工程造价扩展，不断拓宽业务范围；谋划向全过程工程咨询发展，不断扩展上下游产业链，全面提升企业核心竞争力，共同推动行业高质量发展。

（本章供稿：谭平均、关艳、龙建、陈启彪）

第十九章

广东省工程造价咨询发展报告

第一节　发展现状

一是开展住房和城乡建设部《工程造价价格信息发布平台技术指南》《工程造价咨询信用评价综合体系研究》等课题研究，组织开展《造价市场化改革后的最低价中标机制的研究》《建设工程造价纠纷调解机制建立与应用研究》《广东省房屋建筑工程多层级造价指标清单体系建立与应用研究》《市场竞价背景下的数字造价管理人才培养机制研究》《适应市场定价机制的估概算编制办法的研究》《广东省公共建筑碳排放限额研究》《工程造价数据库建立与应用研究》等课题研究，推动工程造价管理的持续健康发展。二是举办了广东省第四届 BIM应用大赛，提高造价行业人才素质；举办了 6 场"法律义务服务日"活动，为会员单位提供免费的法律咨询服务，主要解答建设工程纠纷案涉法律问题，以及企业管理的法律问题；举办了多场造价改革百堂课及工程造价改革研修班，截至 2022 年底，已开展"造价改革百堂课" 19 堂，分享了咨询企业品牌建设经验 10 期。

第二节　发展环境

一、政策环境

一是工程总承包模式的持续推进。自国家持续大力推动工程总承包，各地相继发布相关政策，工程总承包发展经历了起步阶段，摸索阶段，现已进入加速推动阶段。2022年1月10日，中价协组织制定团体标准——《建设工程总承包计价规范》《房屋工程总承包工程量计算规范》《市政工程总承包工程量计算规范》《城市轨道交通工程总承包工程量计算规范》公开征求意见。此举为发承包双方不同发承包模式下的工程造价计价提供了政策依据，持续推进了工程总承包模式的发展。

二是完善工程造价市场形成机制。2022年1月19日，住房和城乡建设部发布《住房和城乡建设部关于印发"十四五"建筑业发展规划的通知》（建市〔2022〕11号）。住房和城乡建设部多次提出全面推行施工过程价款结算和支付，各省市已积极发文跟进。

三是加快工程造价信息标准化体系建设。2022年2月17日住房和城乡建设部标准定额司发布了《房屋建筑与装饰工程特征分类与描述标准》《通用安装工程特征分类与描述标准》《市政工程特征分类与描述标准》《城市轨道交通工程特征分类与描述标准》4个标准征求意见稿，统一工程交易阶段造价信息数据交换标准，加快推进工程造价信息标准化体系的建设。

四是多措并举推动建筑节能与绿色建筑发展。广东省住房和城乡建设厅发布了《广东省建筑节能与绿色建筑发展"十四五"规划》《广东省绿色建筑发展专项规划编制技术导则（试行）》,2022年7月4日发布《广东省绿色建筑计价指引》（征求意见稿），全面贯彻住房和城乡建设部《"十四五"建筑节能与绿色建筑发展规划》的政策，多措并举推动建筑节能与绿色建筑发展，推动城乡建设绿色低碳发展。

五是加快新型建筑工业化发展。广东省住房和城乡建设厅、广东省发展和改革委员会等15个部门发布了《广东省住房和城乡建设厅等部门关于加快新型建筑工业化发展的实施意见》。

六是科学有序推进城市更新。广东省作为先行先试省份，已开展城市更新十余年，2022年广东省城市更新得以科学有序推进。印发城市更新"十四五"规划，修编城市更新近期建设规划，城市更新项目稳妥推进。广东省住房和城乡建设厅开展广东省人居环境建设研究中心的申报及认定工作，为科学有序推进城市更新提供有力支持。

七是全面展开乡村振兴。广东省住房和城乡建设厅公布《广东省乡村公共基础设施工程建设投资估算指标》，广东省人大通过《广东省乡村振兴促进条例》，广东省委强调突出县域振兴，要高水平谋划推进城乡区域协调发展，实施"百县千镇万村高质量发展工程"，进一步探索以县城为重要载体的城镇化建设的机制与路径的重大创新，标志着广东省乡村振兴进入全面展开阶段。

二、经济环境

一是宏观经济发展稳定。广东坚持稳中求进工作总基调，维持全年经济总量超12万亿元，连续34年居全国首位。2022年，广东生产总值为129118.58亿元，同比增长1.9%。

二是固定资产投资稳步增长。2022年，广东基础设施投资增长2.0%，工业投资增长10.3%。新动能投资持续快速增长。高技术制造业投资增长25.5%，先进制造业投资增长17.8%。

三是建筑业总产值增速减缓。2022年，广东总承包和专业承包建筑业企业完成产值2.30万亿元，同比增长7.5%。

四是重点项目建设计划超额完成。2022年，广东省计划重点建设项目合计1570个，年度计划投资9000亿元。全省重点项目完成投资约10894.4亿元，比2021年增加455.4亿元，为年度计划投资的121.05%，完成投资占年度计划投资比2021年全年低9.4个百分点。

三、技术环境

一是推动智能建造与建筑工业化协同发展。广东省住房和城乡建设厅发布《关于开展智能建造项目试点工作的通知》，明确重点任务和推进步骤。推动广州、深圳、佛山创建各具特色的智能建造试点城市，佛山市顺德区建设建筑机器人创新应用先导区，辐射带动全省。开展智能建造技术指标、评价体系研究，建立智能建造技术服务成果库，促进成果推广应用，积极推动建筑机器人在生产、施工、维保等环节的典型应用。

二是工程造价改革的持续推进。建立改革任务进展台账，跟踪和引导试点项目创新计价方式。制定市场价格信息采集、分析、发布标准。制定造价咨询企业服务质量评价规则，推行差异化监管，并引导建设单位科学选取咨询服务企业。修订建设工程施工工期管理办法，强化标准工期的基础性作用。修订概算编制管理办法，规范项目概算的计价活动。编制施工合同示范文本，规范、引导合同当事人的签约、履约行为。

三是推动粤港澳建筑业协同发展。深化香港工程建设咨询企业和专业人士在粤港澳大湾区备案开业执业试点工作，研究拓宽备案范围，建立适合香港企业参与的工程项目信息定期汇集和发布机制，完善配套措施，便利香港企业和专业人士承接业务。携手港澳特区政府有关部门及机构，研究创办国际工程交易会，开拓国内外市场。粤港合作开展创新工程建设管理模式、造价结算机制等研究，推动建筑领域规则衔接、机制对接。指导支持横琴、前海合作区试行港澳工程建设管理模式，及时总结经验，形成接轨国际的"湾区标准"。

四、监管环境

一是工程造价咨询企业信用评价管理办法的优化。中价协对2019年发布《工程造价咨询企业信用评价管理办法》进行了修订。主要修订内容包括但不限于：优化动态核查制度，新增动态和静态指标；增加营业收入及人员指标权重；调整部分不适宜指标及分值；提高部分良好行为指标分值；取消了原各省级自评价分值；删除工程造价咨询企业资质相关内容。

二是加强招标投标主体行为的规范管理。2022年7月18日，国家发展改革委、工业和信息化部等13部门印发《国家发展改革委等部门关于严格执行招标投标法规制度进一步规范招标投标主体行为的若干意见》。

三是加强全省建筑市场监管工作。广东省住房和城乡建设厅发布《关于印发2022年全省建筑市场监管工作要点的通知》。

四是完善房屋市政工程在建项目实名制管理。广东省住房和城乡建设厅发布《广东省房屋市政工程在建项目实名制管理"一地接入、全省通用"工作实施方案》，实现省内各市、县（区）实名制数据标准统一和软硬件设备省内通用，确保相关实名制软硬件在全省范围内统一开展业务，进一步规范房屋市政工程在线项目的实名制管理，完善建筑市场监管。

第三节　主要问题及对策

一、面临的主要问题及原因分析

1. 行业发展方面

造价咨询行业高质量发展微观基础薄弱。由于取消工程造价咨询企业资质，很多设计企业、监理企业、施工企业等也开始涉及工程造价咨询业务，企业数量也随之快速增长，市场竞争激烈，行业监管制度不能及时跟进，管理制度的不健全，使咨询服务的质量难以保障，造价咨询行业高质量发展受到影响。

造价行业协会对行业的协助管理较为薄弱。行业协会是企业机构与政府机关之间的重要桥梁纽带，但行业协会与工程造价咨询企业之间不存在行政隶属关系和经济利益关系。行业协会并不干预工程造价企业的具体经营活动。受组织性质的限制，无法对行业进行协助管理，对工程造价咨询企业服务能力也受限。

2. 企业服务方面

复合型人才短缺，企业创新资源投入不足。工程造价咨询业属于智力服务型行业，人才是支撑工程造价咨询企业发展最重要的部分，我国工程造价咨询企业从业人员普遍学历水平较低，流动性较强；对新技术、新工艺、新材料、新工具、合同管理等不够熟悉；沟通、应变、抗压等能力不足，复合型人才短缺。

企业合理利润收窄。资质放开政策出台，大批新兴企业涌入市场，兼营企业占大多数，部分企业靠降低利润来参与市场竞争，部分企业靠降低人力成本、技术成本等参与市场竞争，企业为了维持在市场中的生命力，无底线地降低报价，企业业绩看上去良好，但实际利润得不到保障，市场中企业的能力、水平良莠不齐，鱼龙混杂，不利于行业发展。

企业创新服务模式能力不足。在优化工程建设企业资质资格管理、鼓励全过程咨询、取消工程造价咨询企业双 60% 控制等政府支持背景下，工程咨询企业需要借助敏锐的洞察力及时去捕获和挖掘有利于企业发展的政策信息，顺应政策方向和行业改革，创新咨询模式，提高综合服务能力，将咨询业务沿产业链延伸。

二、发展展望

1.完善新型信用评价机制，推动行业健康有序发展

完善以"双随机、一公开"监管为基本手段，探索以重点监管为补充、以信用监管为基础的新型监管机制；搭建符合市场化、信息化、国际化、法治化要求的工程造价行业信用状况评价综合体系，逐步建立完善工程造价咨询行业诚信长效机制，以信用风险为导向优化配置监管资源，在工程造价咨询领域推进信息分级分类监管，提升监管精准性和有效性，推动行业健康有序发展。

2.引导造价行业企业科技创新，加大资源投入

服务创新资源的投入和合理配置是决定和影响工程造价咨询企业服务创新活动成败的关键。引导行业企业服从和服务于建筑业的高质量发展，推动工程造价领域方式方法全方位创新，促进企业能力整体增强，全面提高生产和使用效率。协会搭建工程造价领域科技创新活动平台。从 BIM 技术、大数据、智能造价、造价软件及造价创新成果推广等多方向，积极推进工程造价行业科技创新发展。

3.造价行业人才平台共建，育才资源共用

粤港澳大湾区自主培养造就一流造价人才，通过人才战略协作、人才平台共建、人才成果共享，源源不断地造就造价专业人才。鼓励共建造价咨询从业人员人才库，粤港澳高校开展校企合作办学项目，通过推动人才平台共建实现育才资源共享。

4.聚焦核心业务，提高企业经营能力

从造价咨询企业现状与障碍因素看，目前大多数造价咨询企业是兼营企业，同时开展了造价咨询、监理、项目管理、招标代理等不同类型业务，但并非所有的企业都适合"大而全"的业务结构。企业应坚持有所为有所不为，明确企业发展战略，聚焦于与企业目标相匹配的核心业务，提高企业的经营能力，推动行业形成具有专业特色的龙头企业，提升企业合理利润空间

（本章供稿：许锡雁、叶巧昌、王巍、肖汉元、曹绿章、张学琴）

第二十章

广西壮族自治区工程造价咨询发展报告

第一节 发展现状

一是发布《广西建设工程造价咨询企业信用评价管理办法（2022 年版）》，开展广西企业信用评价工作，截至 2022 年底，全区共有 129 家企业参与评级，其中 AAA 级企业 96 家（占比 74%），AA 级企业 19 家（占比 15%），A 级企业 14 家（占比 11%）。二是举办 2022 年广西区第四届综合造价技能大赛，进一步激励引导全行业技术人才学练技能，促进造价行业的持续健康发展。三是组织开展了数字新成本解决方案发布会、22G 平法线上赋能培训、广西造价人员技术开放日等讲座培训，助力企业转型发展。四是组织 11 家造价咨询企业参加 2022 中国—东盟建筑业暨高品质人居环境博览会，在"造价协会会员企业"展区携各项创新成果精彩亮相，充分展示参展企业良好形象，进一步加强与建筑业优秀同行的联系与交流。

第二节 发展环境

一、政策环境

建筑业是广西国民经济重要的支柱产业和富民产业。近年来，广西建筑业持续健康发展，"十三五"期间，全区建筑业产值从 2015 年的 2953 亿元增长到 2020 年的 5853 亿元，年均增速达 14.7%，高于全国平均水平 6.8 个百分点（全国平均增速为 7.9%）。但 2021 年以来，受市场大环境、宏观调控政策等多重因素叠加影响，建筑业企业面临原材料价格涨幅大、工程结算回款慢、融资成本高难度大等困难，对建筑业企业的生产造成一定影响，为进一步落实广西壮族自治区人民政府印发《广西壮族自治区人民政府办公厅关于促进广西建筑业高质量发展若干措施的通知》（桂政办发〔2021〕41 号）精神，广西壮族自治区人民政府 2022 年 1 月 26 日印发《广西壮族自治区人民政府办公厅关于印发广西建筑业稳市场促发展若干政策措施的通知》（桂政办发〔2022〕11号），以更有力的措施推动解决建筑业企业发展面临的困难，促进广西建筑业健康发展和进城务工人员稳定就业，为全区经济稳增长作出更大贡献。自治区住房和城乡建设厅 2022 年 7 月 18 日印发《广西建筑业高质量发展"十四五"规划》（桂建管〔2022〕18 号），对于开创广西建筑业发展新局面具有重要意义。

二、经济环境

宏观经济环境：2022 年全区生产总值（GDP)26300.87 亿元，按可比价计算，比上年增长 2.9%。第一、二、三产业增加值分别增长 5.0%、3.2%、2.0%。规上工业增加值、固定资产投资、进出口、一般公共预算收入等主要经济指标保持增长，稳住了经济基本盘，发展基础更加坚实。

全年固定资产投资（不含农户）比上年增长 0.1%，其中，第一产业投资增长 2.2%；第二产业投资增长 28.5%，其中工业投资增长 30.0%；第三产业投资下降 10.2%。基础设施投资增长 10.2%。民间固定资产投资下降 13.6%，社会领域投资增长 12.5%。

建筑业经济环境：全年全社会建筑业增加值 2180.36 亿元，比上年增长 3.8%。具有资质等级的总承包和专业承包建筑业企业实现总产值 7275.76 亿元，比上年增长 8.6%。其中国有控股企业 3614.10 亿元，比上年增长 13.5%。

房地产业经济环境：全年房地产开发投资 2307.38 亿元，比上年下降 38.2%。其中住宅投资 1815.85 亿元，下降 37.4%；办公楼投资 41.55 亿元，下降 44.9%；商业营业用房投资 153.49 亿元，下降 40.1%。商品房销售面积 4370.89 万平方米，下降 29.3%，其中住宅 3322.88 万平方米，下降 37.1%。年末商品房待售面

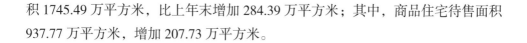

积 1745.49 万平方米，比上年末增加 284.39 万平方米；其中，商品住宅待售面积 937.77 万平方米，增加 207.73 万平方米。

三、技术发展环境

一是扎实推进造价改革试点工作。根据《广西建设工程造价改革试点实施方案》，逐步开展造价信息改革相关工作。一是编制房屋建筑及市政基础设施工程多层级清单计算规则（估算、概算层级），正在开展建筑及装饰装修工程、安装工程、市政工程多层级清单计算规则初稿编制。二是进行《政府投资房屋建筑和市政基础设施工程全过程造价管理实施意见》初稿编制。

二是推进新版定额编制。开展了 4 部定额和 1 部调整概算编制办法的编制工作。其中，《广西壮族自治区房屋建筑和市政基础设施建设项目调整概算编制办法》、2022 年《广西壮族自治区市政工程消耗量及费用定额》已编制完成并发布实施。另有《广西建筑装饰装修工程消耗量定额》《广西建筑工程拆除消耗量定额》及其配套费用定额、《广西壮族自治区安装工程消耗量定额》其配套费用定额 3 部定额正在开展编制。

三是强化 BIM 技术集成运用。广西住房和城乡建设厅 2022 年发布《广西建筑业高质量发展"十四五"规划》中，提出强化 BIM 技术集成运用。依托 BIM 项目管理平台和 BIM 数据中心，实现数据在勘察、设计、生产、施工、交易、验收等环节的有效传递和实时共享。对政府投资项目、2 万平方米以上单体公共建筑项目、装配式建筑工程项目，全面推广采用 BIM 技术。全面推行 BIM 三维精细审图模式，实现"互联网＋多图联审"，在全区建立统一的施工图审查办理平台，住房城乡建设、消防、人防施工图并联审查，提高信息化监管能力和审查效率。通过融合遥感信息、城市多维地理信息、建筑及地上地下设施的 BIM、城市感知信息等多源信息，探索建立表达和管理城市三维空间全要素的城市信息模型（CIM）基础平台，促进 BIM 技术向数字城市空间纵深发展。在规划设计、招标投标、工程施工阶段的全过程工程咨询管理和投资管控等工程造价及投资管控方面，在生态保护、古村修复、地形整理、绿化、园林景观、电气及水土保持等工程中，鼓励试点城市、县（园区）实现 BIM 与 CIM 技术平台的连通与融合。

第三节　主要问题及对策

一、存在的问题

国家层面未正式出台新版的《工程造价咨询业管理办法》，行业管理没有明确的上位法支撑也没有强有力的工作抓手，在企业资质取消后如何进行有效监管，需要进行积极的思考和探索。

工程造价改革试点项目推进缓慢，各试点业主单位对造价改革工作的认识不足、重视不够、准备不充分、配合度不高，未能按原计划时间节点进行。

在现有的政府投资项目管理体制下，推行施工过程结算存在较大障碍。一是过程结算的前提是要进行过程验收，而过程验收增加各方工作量，尤其政府相关验收部门压力较大，如全面铺开过程结算，相关部门担心无法配合做好过程验收工作。二是全区现行财政评审制度与过程结算做法有冲突。根据广西相关政府规章规定，政府投资项目竣工结算经发包人审核后，财政部门在竣工决算审核时需对竣工结算真实性、准确性进行审核，因此大部分政府投资项目招标文件及合同均约定竣工结算以财政评审中心意见为准，甚至在工程联系单、签证单、价格确认单等与工程造价有关的业主签署意见中都注明最终价款以财政评审中心意见为准。推行过程结算，势必涉及财政评审要提前介入或压实业主责任由业主自行结算，但目前相关财政评审制度还未根据过程结算要求进行调整。

二、未来展望

1. 加强工程造价咨询企业动态监管工作

出台广西工程造价咨询业管理办法。加强工程造价咨询统计调查中企业上报数据的核查。搭建工程造价咨询企业及执业人员信用信息系统，强化造价咨询企业和执业人员的执业情况动态监管工作。

2. 积极深入推动工程造价改革

多措并举推动全区工程造价工作迈上新台阶。继续发布用于国有投资项目编制施工图预算或招标控制价的计价参考依据，同时研究制定工程造价指标采集发布标准、涵盖全过程造价管理的多层级清单及计价规范；研究开发广西建设工程造价指标分析系统，进一步建立健全工程造价指标体系，做好指标指数发布工作。继续做好政府投资项目造价管理研究。

3. 扎实推进定额编制工作

计划完成《广西建筑装饰装修工程消耗量定额》《广西壮族自治区安装工程消耗量定额》《广西壮族自治区城市园林绿化养护工程消耗量定额》3 部定额的编制工作。

4. 研究草拟广西政府投资项目全过程造价管理规定

进一步厘清各部门在政府投资项目上的职责，构建职责分明又相互联动的工作机制。

（本章供稿：温丽梅、王燕蓉、张婷、蒋沛芩）

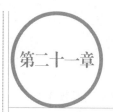

第二十一章

海南省工程造价咨询发展报告

第一节　发展现状

协助海南省建设标准定额站完成房屋建筑工程、安装工程、市政工程和园林绿化工程概算定额编制工作；协助开展建设工程造价咨询企业成果文件审查工作；协助开展《2021海南省装饰装修工程综合定额》等3部计价依据宣贯培训工作；完成2022版海南省二级造价工程师职业资格考试培训教材《建设工程计量与计价实务》（土木建筑工程、安装工程）修编出版工作；开展市场材料信息价格调研并为单位会员及行业发布市场材料信息；举办《数智使能咨询新生》公益学习讲座、2022年度海南省二级造价工程师职业资格考前（土木建筑工程、安装工程）培训；举办"守正出新，大道致远"——造价改革百堂课（第17讲）；举办"造价人节"机器管招投标讲座；举办海南省第四届工程造价行业"海南造价杯"专业技能大赛活动。

第二节　发展环境

一、政策环境

1. 大力发展绿色建筑，践行新发展理念

根据海南自由贸易港"三区一中心"战略定位及中共中央、国务院城乡建设绿色发展相关文件部署，大力发展绿色建筑是海南自由贸易港打造国家生态文明试验区的重要实践，是海南可持续发展战略的必然选择，也是实现城乡建设绿色发展的重要举措。为解决制约海南绿色建筑发展的瓶颈问题，海南省通过立法的方式依法全面推进绿色建筑高质量发展。2022年海南省第六届人大常委会第三十八次会议审议通过了《海南省绿色建筑发展条例》，该条例重点突出海南省热带岛屿特色，要求建立健全具有热带岛屿特色的绿色建筑标准体系，完善工程计价依据，建立与绿色建筑发展相适应的建筑市场信用评价制度，对绿色建造、装配式建筑、绿色建材、建筑信息模型、太阳能系统等方面提出了明确要求，在新型建造方式和新型建设组织方式方面作了规定，促进智能建造与建筑工业化协调发展，提高绿色建筑工业化、数字化、智能化水平。

2."机器管招投标"系统试点应用，评标智能化再上新台阶

为深化房屋建筑和市政工程招标投标制度改革，创新适应海南自贸港建设的新型体制机制，构建"1+3""机器管招投标"系统，海南省住房和城乡建设厅、省发展改革委、省政务服务中心联合印发了《关于进一步推进房屋建筑和市政工程招投标制度改革的若干措施（试行）》。其中指出采用经评审的最低投标价法和简易评估法进行招标的项目，在"机器管招投标"系统中设定评标程序，全流程由"机器"自动评标。评标委员会负责对"机器"评标结果进行复核，如没有发现"机器"推荐中标候选人存在违法违规行为或重大偏差情形的，不得修改"机器"评标结果。

招标人通过"机器管招投标"系统的自动比对、筛选功能，对所有投标文件的IP地址、计算机网卡MAC地址、计价软件加密锁号和数据存储设备序列号等信息进行自动比对，筛选出合格投标文件进入评标环节。将存在涉嫌串通投标的投标文件自动截留，不得进入评标环节并自动保存后推送给行业监督部门，由行业监督部门按照围标串标行为依法依规进行处理。"机器管招投标"系统运用大数据、区块链等智慧监管手段，实现对电子招标投标事中事后监管，降低人为因素干扰招标投标工作，能有效遏制工程招标投标活动中的违法违规行为，有利于形成公平竞争秩序和打造一流营商环境。

二、经济环境

经国家统计局统一核算，2022年海南省地区生产总值6818.22亿元，按不变价格计算，比上年增长 0.2%。其中，第一产业增加值 1417.79 亿元，增长 3.1%；第二产业增加值 1310.94 亿元，下降 1.3%；第三产业增加值 4089.49 亿元，下降 0.2%。三次产业结构调整为 20.8∶19.2∶60.0。预计全年人均地区生产总值 66602 元。

1. 固定资产投资

2022 年，海南省固定资产投资比上年下降 4.2%。其中，非房地产开发投资增长 2.5%。按产业分，第一产业投资增长 12.9%，第二产业投资增长 31.0%，第三产业投资下降 10.3%。按地区分，海口经济圈投资下降 6.9%，三亚经济圈投资下降 14.3%，儋洋经济圈投资增长 20.1%，滨海城市带投资下降 5.1%，中部生态保育区投资增长 5.8%。投资项目个数增长 5.4%，其中本年新开工项目增长 10.3%。

2022 年，海南省房地产开发投资 1158.37 亿元，比上年下降 16.0%。其中住宅投资 793.05 亿元，下降 11.6%；办公楼投资 76.36 亿元，下降 14.3%；商业营业用房投资 119.03 亿元，下降 28.4%。房地产项目房屋施工面积 9057.16 万平方米，增长 1.3%，其中本年新开工面积 1058.04 万平方米，下降 21.1%。房屋销售面积 643.99 万平方米，下降 27.6%；销售额 1098.02 亿元，下降 29.6%。

2. 建筑业投资

2022 年，海南省建筑业增加值 545.60 亿元，比上年下降 2.2%。全省具有资质等级的建筑企业单位 343 个，新增 67 个。本省资质内建筑企业全年房屋建筑施工面积 1861.83 万平方米，增长 9.5%；房屋建筑竣工面积 449.49 万平方米，下降 5.5%。本省资质内建筑企业实现利润总额 14.04 亿元，下降 27.1%；上缴税金 14.39 亿元，下降 28.1%。

第三节　主要问题及对策

一、存在的问题

1. 传统业务形式单一，缺乏核心竞争力

受海南省特殊地理位置的影响，省内固定资产投资规模不大，全省造价咨询

行业产业规模小，从业企业以 20~30 人左右的组成居多，超过 50 人的造价咨询企业只有 6 家，总体实力偏弱，企业业务单一，以编制施工图预算、招标控制价（清单）、审核竣工结算的传统模式为主，服务范围较窄，盈利较低。多数造价咨询从业人员依赖定额和软件，只关注计量计价，对于 EPC、全过程工程咨询、BIM 技术在工程上的运用等方面了解较少，并且以传统房建、市政、园林项目为主，无法提供全生命周期的高质量服务，企业缺乏承揽综合性业务的能力，核心竞争力不足。

2. 恶意低价竞争严重，诚信体系建立不足

2018 年以来，大量外省工程造价咨询企业进入海南，驻琼分支机构数量一路攀升，2022 年达到本省工程造价咨询企业近 3 倍。一方面，从业企业数量激增，但海南工程建设项目数量并没有成倍增加，而采购方片面追求低价的情况使得市场恶性竞争愈发严重，个别企业投标价格甚至低于企业服务成本。低价竞争导致整个行业服务水平不高，提供的专业信息可信度不强，技术单一，服务方式刻板，对采购方的专业咨询价值有限。部分企业诚信经营意识和行业自律意识不足，不按合同履行约定的责任和义务，特别是一些从业人员专业不全的企业，编审质量存在多种问题。另一方面，部分省外大型咨询机构以熟知的项目关系为导向取得委托，为海南高级开发项目提供全过程服务，项目单独核算通常能达到15%~20% 的盈利率，在这方面，本土企业往往没有竞争力。

同时，海南缺少令人信服的标杆服务企业，个别年收入 500 万元的企业，其业务并非是面向全社会，而是以某业主的委托为主。行业内普遍存在的诚信缺失及其他不当行为，使得社会对工程造价咨询企业的尊重和认可度一直处于低迷状态，打击了造价行业从业者的执业信心，不由自主地降低了自己的执业质量。

3. 信息技术应用不足，造价数据积累匮乏

海南工程造价咨询企业规模小，承揽传统业务居多，业务单一且覆盖行业类别有限，长期以来形成了"做一单扔一单"的习惯，缺乏项目招标控制价、预算、结算等相关数据的积累。随着工程造价改革进程的不断推进，企业数据库单薄的弊端和劣势也逐渐体现出来，缺乏承揽全过程咨询业务的基础，而且受企业规模、资产的限制，在数字化技术投入方面也捉襟见肘，难以实现企业数字化转型。

4. 专业技术力量薄弱，人才培养进展缓慢

工程造价行业从业者业务知识单一、技术水平参差不齐，综合性、复合型人才较少，从事工作多以传统模式下的工程预算、清单编制、结算审核等基础性业务为主，对于项目经济评价、全寿命周期造价管理、风险管理等服务涉猎较少，难以结合法律、经济、管理等方面知识承担项目投资估算、合同管理等业务。此外，由于企业规模小，行业待遇不高，对学历高、具备法律和经济以及工程造价专业知识的复合型人才缺乏吸引力。而造价咨询企业普遍面临履行合同约定成果文件确认后，收款慢、催款难的现象，各企业忙于寻求新的委托上门以期用快速收入来抵消庞大的各项支出，在这种情形下，企业想进行"人员培训、服务产品提升、业务模式升级"变成了有心无力的事情。

二、发展建议

未来工程造价咨询行业仍然具有较大发展潜力：一是随着我国城镇化的推进，宏观经济和固定资产投资仍将保持快速增长；二是经济结构调整，产业结构优化升级，资源节约型、环境友好型社会的推动也给工程造价咨询行业带来新的市场空间和发展机遇；三是工程造价咨询行业的收费参考价，已慢慢适应社会的需求；四是随着工程造价咨询行业体制改革的推进，行业兼并重组将活跃，优势企业将获得明显发展机会。市场经济的发展和竞争越来越激烈，使工程造价咨询也越来越显得重要，其社会地位和产业规模也不断扩大，对造价从业人员的能力、素养和专业技术水平的要求也逐步提高。国内外的发展历程表明，工程造价咨询行业作为现代服务业的重要组成部分，始终处在持续发展的过程之中，特别是在海南处在自由贸易港建设时期，更有利于工程造价咨询企业的发展。

1. 强化人才培养，提高企业核心竞争力

根据市场需求建立工程造价行业人才培养体系，加强与高校的联系，一方面充分利用高等院校教学、科研力量，强化对造价从业人员基础理论、专业技能、法律、经济、工程管理等方面知识的系统化教育，采取多样化的继续教育方式，提升从业人员自身竞争力；另一方面引导高校创新教学模式，结合工程造价专业特点及其在建设工程各个阶段的应用，培养工程造价专业人才。此外，企业需要建立有效的人才培训机制，针对不同人群制定不同的培训计划，不仅要培养各专项业务人员，还要培养企业全能型管理人才。通过有效的培训机制吸引人才、留住人才，解决人才流失问题，同时完善内部管理制度，激励员工成长，促进团队整体素质提升，逐步提高企业核心竞争力。

2. 推动全过程咨询业务发展，提升企业服务水平

随着工程总承包项目模式逐步推行，贯穿项目全寿命周期的"五算"管控的重要性逐步体现，工程造价咨询服务从施工阶段向设计、采购阶段延伸，从传统单一的工程造价咨询服务向建设项目全寿命周期综合咨询服务扩展，进一步推进全过程造价咨询服务既是供给侧结构性改革的需要，也是造价咨询企业适应市场转型升级的需要。工程造价咨询企业要顺应市场发展规律，利用在多年传统造价咨询业务上的深厚积累，创新造价咨询服务模式，满足市场需求，摆脱服务内容单一的现状，寻求企业向大型综合性咨询企业转型的路径，促进行业可持续发展。

3. 加强执业过程信用评价，推动行业诚信体系建设

在工程造价咨询企业资质取消的情况下，以"双随机、一公开"的监管手段为基础，进一步加强工程造价咨询行业信用监管，完善工程造价咨询企业信用体系建设，规范工程造价咨询行业执业行为，提高注册造价工程师的执业能力和执业道德素养，增强从业人员契约精神，提升工程造价咨询行业的社会公信力。发挥行业自律作用，引导企业遵守职业准则，规范行业秩序，积极推动企业依法依规开展工程造价咨询服务，减少恶意低价竞争，引导市场良性竞争，促进行业健康发展。

4. 加强数据积累，推动企业数字化转型

工程造价数据信息包含典型工程案例、市场价格信息、工程计价依据、工程造价指标等内容，将数据进行整理、挖掘、提炼加工后，可用于评价和预测工程项目造价水平、成本收益等工作，特别是运用于全过程工程造价咨询中，有利于建设方对项目经济效益的评价。因此数据是工程造价的核心，掌握数据就能在市场竞争中快人一步。工程造价咨询企业要紧跟造价改革步伐，利用自身优势，积累成果文件数据、建立典型工程模型、分析工程造价指标指数，将造价成果数字化，形成企业核心竞争力，为建设各方主体提供科学决策的数据支持，加快企业数字化转型。

5. 探索建立纠纷调解机制，维护建设各方权益

引进具有工程背景的法律人才，探索建立建设工程全过程"法律＋造价"模式下的纠纷调解机制，搭建工程造价纠纷调解交流平台，及时化解行业纠纷，切实维护建设各方的合法权益。

（本章供稿：王禄修、贺垒、林崴、欧琼飞）

第二十二章

重庆市工程造价咨询发展报告

第一节 发展现状

一是构建以质量评价为重点的信用评价。为规范全市造价咨询行业管理，市住房和城乡建设委员会出台了《重庆市工程造价咨询行业信用管理暂行办法》，开展了以执业质量为重点的首轮信用评价，对参评造价咨询企业591家发布了评价结果。二是加强造价咨询行业监管。对审计移交案件、投诉案件所涉企业及人员进行调查核实，约谈并限期整改企业2家；联合市场监督管理局开展"双随机、一公开"年度检查工作，抽查了30家企业的执业行为、经营业绩、成果文件及服务质量等，对检查不合格的企业进行约谈并予以限期整改。三是推动行业发展。举办了《碳排放计算与监管应用案例分享》等多场公益讲座，分享行业改革发展方向；提供跨专业融合服务，与市律师协会达成长期、深度合作意向，搭建"造价＋法律"一体化专业优势互补服务平台，组织以交流、培训、沙龙等形式的主题活动，探索"造价＋法律"方式联合执业，进一步提升法律和造价咨询服务水平，助推行业正向发展。

第二节 发展环境

一、政策环境

1. 强化事中事后动态监管

在全市建筑领域开展"双随机、一公开"检查的基础上，建立了以信用管理为核心、分色分类差异化监管为手段的事中事后监管体系，分别从企业和项目的维度实施监督管理。一是开展"双随机、一公开"检查。自 2021 年以来，市住房和城乡建设委员会联合市市场监督管理局开展"双随机、一公开"年度检查，累计抽查工程造价咨询企业 70 家，以点带面规范行业秩序。二是开展信用评价。持续完善信用评价制度，通过对工程造价咨询企业评价，实现以执业质量评价为重点的信用管理创新突破。评价结果与"双随机、一公开"检查相关联，联动发改、财政、审计、司法等部门强化运用，实现"无事不扰"和"无处不在"的监管格局。三是开展分色分类差异化监管。为治理工程造价咨询行业不合理低价竞争，出台了《关于进一步规范工程造价咨询行业管理的通知》和《关于开展工程造价咨询行业差异化监管的通知》，根据项目造价咨询费收费下浮幅度，将项目分为绿、黄、橙、红四类，实施差异化监管措施。

2. 全面推行工程保函

全市建筑领域进一步降低市场主体成本，出台了《关于在全市工程建设领域全面推行工程保函工作的通知》。依法必须招标的工程建设项目（含本市上报国家审批、核准的项目），全面推行以工程保函替代现金缴纳投标、履约、工程质量等保证金，切实减轻企业负担。

3. 完善施工过程结算措施

为切实解决建筑领域工程结算难问题，防范拖欠工程款及进城务工人员工资，市住房和城乡建设委员会启动了"完善施工过程结算措施办法"专项研究工作，将联合市发展改革、财政等部门形成工作合力，促进施工过程结算政策落实落地，为各方建设主体提供过程结算的政策依据和实施指导意见。

二、经济环境

1. 经济概况

2022 年，全市生产总值为 29129.03 亿元，同比增长 2.6%。一、二、三产业增长分别为 4.0%、3.3%、1.9%。一、二、三产业结构比为 6.9：40.1：53.0。全年人均地区生产总值达到 90663 元，同比增长 2.5%。

2. 固定资产投资概况

2022年，全市固定资产投资比上年增长0.7%，其中，基础设施投资增长9.0%，工业投资增长10.4%，社会领域投资增长27.6%。

2022年，全市房地产开发投资3467.60亿元，同比下降20.4%。其中，住宅投资2608.98亿元，下降20.7%；办公楼投资61.50亿元，下降24.0%；商业营业用房投资344.90亿元，下降16.5%。

2022年，全市高速公路通车总里程4002公里。公路路网密度226公里/百平方公里。铁路营业里程2781公里。轨道交通营运里程463公里，日均客运量249.98万人次。

3. 建筑业概况

2022年，全市建筑业增加值3417.87亿元，同比增长4.0%，增速低于全国1.5个百分点；全市总承包和专业承包建筑业企业总产值10369.40亿元，同比增长4.3%，增速低于全国2.2个百分点；全市建筑企业从业人数为232.69万人，同比增长2.1%。

三、技术环境

1. 计价依据体系不断完善

基本形成了清单计价、定额计价两种计价模式，满足工程建设前期、招标投标阶段、实施阶段、竣工交付阶段的计价编制需要，涵盖房屋建筑、安装、市政、轨道等专业工程的计价依据体系，主要包括工程量清单、概算定额、计价定额等。其中，工程量清单体系2册，概算定额8部11册，计价定额23部40册。动态编制发布定额综合解释，对共性争议问题进行明确解释、缺项定额子目进行补充完善、错误进行勘误修正。

2. 工程造价信息管理更加规范

建立了经市场调查、信息员采集报送、内部集体交叉审核、专家审查、报批发布等环节的工程造价信息采集发布工作机制。通过重庆市建设工程造价信息网及《重庆工程造价》期刊每月定期发布材料信息价，每年平均发布 34 大类信息价及造价指数指标 3.6 万余条，涵盖了建筑、装饰、安装、市政、园林、轨道等专业工程常用材料和设备。建立了钢材、水泥、砂石、混凝土等主要材料价格信息的日（周）监测机制，为建设各方主体应对价格风险和政府宏观决策提供参考。

3. 为解决造价纠纷调解搭建平台

出台了计价依据解释及造价纠纷调解工作措施办法，明确了纠纷调解工作范围、程序，同时研发了造价纠纷调解系统，自 2020 年 7 月起采用网上预约咨询制度，通过重庆市建设工程造价信息网计价依据解释及造价纠纷调解系统接件并受理。

第三节　主要问题及对策

一、主要问题

1. 不合理低价竞争制约行业健康发展

随着市场准入门槛的取消，上下游企业和其他社会资本快速进入工程造价咨询市场，工程造价咨询企业呈井喷式成立，导致当前不合理低价竞争现象突出。造价咨询服务费呈断崖式下降，低价中标甚至 0 元中标现象屡见不鲜，低价格与低价值怪圈循环严重，造价咨询服务质量受到一定影响，不利于行业可持续发展。

2. 数字化转型升级力度不够

工程造价咨询企业规模普遍较小，数字化转型意识有待加强，同时缺少成功案例和标杆效应，中小企业数字化转型落地难度较大。工程造价行业工具性软件、大数据服务垄断严重，企业投资数字化平台或系统费用较高，不利于实现数字化商业模式。部分工程造价咨询企业虽搭建了企业数据库，但由于业务量少、业务类别有限等导致造价数据碎片化，且工程造价数据库缺乏统一数据标准，存在信息孤岛和信息断层，实现工程造价数据共享、交换难度变大。

3. 高层次复合型人才能力有待提升

目前，工程造价咨询专业人员集中在传统的计量、计价服务上，缺乏项目前期策划、招标与合约策划、设计功能价值化、施工技术优化、工程经济全过程成本绩效管控、法律法规综合把控、管理审计价值绩效等综合职业技能素质能力，不能更好地适应行业发展新形势，在一定程度上制约了行业高质量发展。

二、主要对策

1. 倡导优质优价的市场环境

一是强化委托人首要责任的落实。加强与发展改革、财政、审计、司法等部门的沟通，引导政府投资项目的委托人带头自觉遵守工程造价咨询相关法规制度，严格落实差异化监管等规定，积极发挥示范引领作用。二是强化对造价咨询项目的监管。狠抓分色分类差异化监管制度的落实，加强对不合理低价竞争项目的监督管理，加大对违法违规行为的惩治力度，形成典型案例予以通报，强化警示震慑作用。

2. 加快企业数字化建设

一是加强顶层设计。制定工程造价行业信息化发展规划，在数据平台搭建、数据标准制定等方面积极推进，构建"可观、可感、可知"的数据收集、存储、处理和分析应用系统。二是突出政策导向。将信息化建设情况纳入信用评价标准，引导工程造价咨询企业致力于用数字技术重塑企业运营模式、服务模式，提升企业核心竞争力，拥抱数字造价、数字咨询时代的到来。三是树立数字化转型标杆。树立数字化转型技术和应用标杆企业，倡导造价数据资源共建共治共享，形成示范带动效应。

3. 建立高效的人才培育体系

一是建立从业人员信用管理制度。将执业人员信用管理纳入工程造价咨询行业信用管理体系，对执业人员开展以业绩为主的动态评价，规范执业行为，促进行业高质量发展。二是发挥协会作用。充分利用造价协会在动员社会力量、整合各方资源等方面的优势，通过构建与院校相契合的人才培养机制，开展职业道德教育及技能竞赛、举办专业论坛交流培训等举措，助力行业主管部门引领企业培养综合素质高、适应行业变化和技术变革的从业人员。三是加强企业人才培养建设。加快企业由传统咨询模式向为客户解决项目问题、创造价值的全过程工程咨询管理模式的转变，加强参与 EPC、全过程咨询、绿色低碳等新型咨询服务业务从业人员的职业技能的培养，提高企业核心竞争力。

（本章供稿：谭国忠、徐湛、王耀利、邓飞、袁伯和、王宗祥、杨宁、白燕杰）

第二十三章

四川省工程造价咨询发展报告

第一节　发展现状

一是编制《四川省造价咨询服务收费标准》《四川省工程造价咨询行业发展报告》，开展企业信用综合评价等相关工作，不断规范行业服务行为，维护市场秩序，推进行业标准化进程，建立健康有序的行业生态环境。二是通过相关软件及工具的应用开发、研讨会交流、各类竞赛和工程造价典型案例选编见刊等活动，促进企业管理水平的提升和核心竞争力构建，及时适应市场环境的变化及激烈的行业竞争挑战。三是开展各种培训活动，培养复合型、高层次工程造价咨询服务人才，适应全过程工程咨询和信息技术发展。

第二节　发展环境

一、政策环境

1. 大力开展基础设施建设，积极推动成渝经济圈高质量发展

对标高质量发展要求，成渝地区双城经济圈交通基础设施瓶颈依然明显，综合交通运输发展质量和效益还有较大提升空间。2022年2月，国家发展改革委发布《成渝地区双城经济圈综合交通运输发展规划》，提出到2025年基本建成"轨道上的双城经济圈"，轨道交通总规模达到10000公里以上，高速公路通车里程达到15000公里以上。同时，省政府办公厅公布《四川省抓项目促投资稳增长

若干政策》，强调支持适度超前开展基础设施建设，优先支持铁路、收费公路、内河航电枢纽和港口、天然气管网和储气设施等领域项目发行专项债券。此外，11月，省发展改革委制定《四川省推进电动汽车充电基础设施建设工作方案》，明确到2025年，全省建成充电设施20万个，基本实现电动汽车充电站"县县全覆盖"、电动汽车充电桩"乡乡全覆盖"。

2. 加快建筑业转型升级，扎实推进行业信用体系建设

四川省建筑业正处于优化产业结构、转换增长动能的攻坚期，为加快转变建筑业发展方式，省住房和城乡建设厅于2022年1月发布《加快转变建筑业发展方式推动建筑强省建设工作方案》，提出到2025年，省建筑业总产值突破2万亿元，城镇新建民用建筑中绿色建筑占比达到100%，新开工装配式建筑占新建建筑40%以上。2022年6月，省政府办公厅相继发布《支持建筑业企业发展十条措施》，旨在培育和壮大建筑业企业，增强企业综合竞争力，促进建筑工业化、数字化、智能化转型升级，进一步推动建筑业高质量发展。在信用体系建设方面，2022年4月，住房和城乡建设部要求扎实推进住房和城乡建设领域信用体系建设，进一步规范和健全失信行为认定、记录、归集、共享和公开，逐步建立健全信用承诺、信用评价、信用分级分类监管、信用激励惩戒、信用修复等制度。

3. 持续完善建设工程计价体系，有效引导造价行业健康发展

2022年10月，四川省住房和城乡建设厅出台《关于四川省房屋建筑和市政基础设施项目工程总承包合同计价的指导意见》，旨在进一步完善建设工程计价体系，规范房屋建筑和市政基础设施项目工程总承包计价活动，推动工程总承包市场健康发展，同月，又进一步对此类项目安全文明施工费的计取标准进行了调整。11月，省建设工程造价总站对各市（州）2020年《四川省建设工程工程量清单计价定额》中的人工费进行调整，拟于2023年1月1日起开始执行。12月，为促进省建设工程造价行业健康发展，有效保障工程造价咨询服务项目、服务内容、服务质量，及服务价格的有机融合和统一，引导行业加强自律管理，省造价协会发布《四川省工程造价咨询服务收费参考标准（试行）》，提供差额定率累进法和人工工日法两种方法计取工程造价咨询服务费。

二、经济环境

1. 经济情况

根据四川省国民经济和社会发展统计公报数据，2022 年四川省 GDP 为 56749.8 亿元，按可比价格计算，比上年增长 2.9%；人均 GDP 为 67777 元，增长 2.9%。三大产业中，2022 年第一产业增加值 5964.3 亿元，增长 4.3%；第二产业增加值 21157.1 亿元，增长 3.9%；第三产业增加值 29628.4 亿元，增长 2.0%。三大产业对经济增长的贡献率分别为 16.6%、48.0% 和 35.4%。

2022 年，四川省五大经济区中，尽管各经济区 GDP 仍平稳增长，但增速明显放缓。其中 GDP 占比最大的成都平原，增速由 2021 年的 8.5% 降为 2022 年的 3.3%。

2. 固定资产投资情况

根据国家统计局数据和四川省国民经济和社会发展统计公报数据，2022 年全国全年全社会固定资产投资 579556 亿元，比上年增长 4.9%。其中，四川省全年固定资产投资总值 40566.3 亿元，比上年增长 8.4%，增速虽比 2021 年的 10.1% 有所回落，但明显高于全国平均水平。2022 年四川省全年固定资产投资总值占全国固定资产投资总值约 7%，比之上年 6.77% 有所增加。

按产业统计，第一产业投资比上年增长 10.2%；第二产业投资增长 10.1%，其中工业投资增长 10.7%；第三产业投资增长 7.7%。全年制造业高技术产业投资增长 27.5%；按区域统计，成都平原经济区全社会固定资产投资比上年增长 7.7%，川南经济区增长 10.1%，川东北经济区增长 7.9%，攀西经济区增长 11.1%，川西北生态示范区增长 10.1%。

房地产开发方面，2022 年房地产开发投资总额为 7500 亿元，同比下降 4.2%；商品房施工面积 52210.8 万平方米，同比下降 3.8%；商品房销售面积 10339.5 万平方米，同比下降 24.5%；商品房竣工面积 4071.9 万平方米，同比下降 7.0%。

总体而言，2022 年四川省固定资产投资增速虽然放缓，但占全国比重有所提升，且增速明显高于全国平均水平。而房地产开发投资近五年来首次出现负增长。

3. 2022 年四川省建筑业总体情况

据国民经济和社会发展统计数据，2022 年全国建筑业增加值 83383 亿元，比上年增长 5.5%。全国具有资质等级的总承包和专业承包建筑业企业利润 8369 亿元，比上年下降 1.2%。2022 年四川省建筑业总产值为 18675.22 亿元，较上年增加 1324.03 亿元。2022 年按四川省建筑业人均产值计算的劳动生产率为 444666 元 / 人，较上年增加 24487 元 / 人，增速 5.8%，比 2021 年的 22.8% 明显回落。

2022 年年末，四川省具有资质等级的施工总承包和专业承包建筑业企业 9214 个，全年利润总额 550.9 亿元，比上年增长 9.6%。房屋建筑施工面积 77718.4 万平方米，比上年增长 7.4%；房屋建筑竣工面积 22398.7 万平方米，相比上年下降 3.7%，其中住宅竣工面积 15436.4 万平方米，下降 6.6%。

第三节　主要问题及对策

一、发展因素分析

2022 年，相关政策和规定对工程造价咨询行业的发展影响较大。2021 年 7 月，住房和城乡建设部宣布取消工程造价咨询企业资质审批后，2022 年全省工程造价咨询企业数量大幅上升，较 2021 年增加 129 家，增幅 23.67%。取消企业资质审批，降低企业准入门槛，使得行业竞争进一步加剧。

2022 年，四川省建筑业产值达 1.87 万亿元，增速 7.6%，高于全国 1.1%。四川省全年固定资产投资总值 40566.3 亿元，比上年增长 8.4%，增速虽比 2021 年的 10.1% 有所回落，但明显高于全国平均水平。2022 年，四川省建筑业房屋建筑新开工面积为 22922.1 万平方米，较上年减少 8.5%。由此可见，虽然全国建筑业增速整体放缓，四川省 2022 年房屋建筑新开工面积明显减少，但四川省建筑业发展好于全国平均水平，仍给工程造价咨询服务提供了较好的市场需求环境。

二、面临问题与原因分析

1. 行业层面

（1）市场竞争激烈，低价竞争现象严重。一方面，建筑业增速放缓、企业数量不断增加，行业竞争进一步加剧，给造价咨询行业的发展带来严峻挑战；另一方面，造价企业资质审批取消，行业内涌入了一批新的企业，行业竞争愈加激烈，造成了造价咨询企业同质化竞争、低价竞争等现象频发。

（2）咨询服务工具方法不够成熟且成本偏高。造价咨询服务属于智力服务，当前适用的计量、计价、成本规划、成本控制、成本优化等工具不够成熟，一方面，制约了咨询服务成果质量的提升；另一方面，现有工具垄断性强、价格偏高，加重了造价咨询企业的运营成本。

（3）行业标准化有待完善。首先，咨询服务成果、服务流程的标准化是规范服务市场，提升服务水平的关键，然而工程咨询服务的大部分服务成果难以量化和标准化；其次，工程造价咨询行业的数据来源多样，数据格式不一，数据标准化难度大，不利于数据价值的发挥。因此，当前工程造价咨询行业的标准化工作有待进一步完善。

（4）数字化转型亟待推进。数据作为新型生产要素，将成为未来企业核心竞争力的关键。建筑业作为数据密集型行业，数据价值尚未被充分认识，工程造价咨询作为最有潜力进行数据挖掘应用的领域，激发数据价值发挥面临以下问题：首先，数据来源不稳定，数据质量也难以保证；其次，数据安全无保障，工程造价咨询行业的数据涉及客户的隐私和商业机密，数据泄露会给企业带来巨大的损失；最后，用户接受度低，建设领域的数据应用水平仍远低于其他行业。

2. 企业层面

（1）企业管理有待进一步规范。当前，针对造价咨询企业的管理有待进一步提升和完善。挂靠、加盟现象普遍存在，部分企业因专业能力不足无法为客户提供准确、全面的咨询服务，进而造成造价咨询服务质量参差不齐，严重阻碍了造价咨询行业的可持续发展。

（2）综合业务能力和核心竞争力不足。造价咨询企业数量虽多，同时具备造价、招标投标、咨询、监理、设计和全过程咨询资质的企业仅有45家，占2022

年四川省工程造价咨询企业总数量的 7%，造价咨询企业综合业务能力不足。年营业收入在 500 万以下的企业数量最多为 279 家，占企业总数的 41.39%，且以传统的房建、市政业务为主，企业间同质化低价竞争现象严重。造价咨询业务集中在实施阶段和结（决）算阶段，占比 53.64%，多数企业无法提供全生命周期的高质量服务，缺乏核心竞争力。

（3）创新能力有待提升。一方面，面对新技术、新模式、新局面的挑战，造价咨询企业主动拥抱变化的能力相对不足，在 BIM、大数据、EPC、全过程咨询、绿色低碳等领域的推动有待进一步提升和加强。另一方面，造价咨询企业按照传统的人才培养模式进行人才培养，仅注重造价咨询人员的计量计价技能，忽视了对造价人员综合业务能力的提升和全过程工程咨询能力的培养。

3. 人才层面

（1）从业人员素质总体偏低，缺乏高层次复合型人才。截至 2022 年年底，四川省 81.9% 的未取得注册造价工程师的从业人员主要从事于识图算量、套价、结算等造价实务性工作，前期项目策划、投融资策划、成本优化、全过程咨询等业务服务能力相对不足。

（2）对持续学习和综合业务能力提升的重视度不够。当今社会技术发展日新月异，面对 BIM、大数据、EPC、全过程咨询、绿色低碳等冲击，造价咨询从业人员疲于应对传统业务，很难与时俱进提升个人综合业务能力和管理水平。

三、发展建议

1. 发展趋势

（1）竞争持续加剧。一方面，受全球经济和建筑业总体发展趋势影响，2022 年四川省工程造价咨询企业营业收入增长速度明显放缓；另一方面，受取消工程造价咨询企业资质审批影响，工程造价咨询企业数量迅速增长。未来工程造价咨询行业的竞争将进一步加剧。

（2）传统的房建业务减少，非传统项目成为新的业务增长点。2022 年四川省建筑业房屋建筑新开工面积为 22922.1 万平方米，较上年减少 8.5%。未来，传统的房建业务竞争将愈加激烈，水利、城市轨道交通、新能源等项目有希望成为

新的业务增长点。

（3）造价咨询业务占比减少，综合性咨询服务需求增加。在2022年工程造价咨询企业的总体营业收入中，造价咨询业务收入总额为73.30亿元，占比18.29%（2021年19.82%）。近半数企业同时开展4项及更多业务。

（4）全过程咨询成为主要需求，项目前期的参与越来越重要。2022年，四川省工程造价咨询业务收入中，前期决策阶段的咨询收入占比9.19%；实施阶段占比26.01%；全过程工程造价咨询占比31.47%。未来，随着EPC项目的推广和全过程工程咨询的推进，全过程咨询市场将成为主流，同时决策阶段的咨询服务仍有较大空间和潜力。

（5）对数字化技术的重视程度越来越高。建筑业数字化程度低，亟需利用数字化技术加快行业的转型升级和可持续高质量发展。未来工程造价咨询行业对数据的收集、处理、分析利用的需求会越来越高，用数据说话、基于数据决策将成为行业共识。

2. 应对策略

（1）重视粗放式发展向高质量发展的转变。通过人才培养、核心竞争力构建、管理体制改革、咨询服务成果标准化体系建设、历史数据挖掘等手段提升管理效率，实现由粗放式发展向高质量发展的转变。

（2）加快数字化转型。数据作为新型生产要素，成为重要的战略资源，加强对数据的重视程度，通过顶层规划和高层支持，落实数据收集、处理和分析，发挥数据价值，实现基于数据的智能决策，加快企业的数字化转型工作。

（3）培养全过程工程咨询能力，重视项目的前期参与。改变传统咨询服务集中在施工和竣工结算阶段的惯性，培养提供全过程工程咨询服务的能力，尤其是项目前期决策阶段的咨询服务能力，充分发挥决策阶段咨询服务的价值和潜力，将项目策划和项目控制细化、深化，做好全过程管理。

（4）加强国际市场的开拓。积极应对国内市场萎缩和业务竞争加剧的挑战，主动开拓国际市场，培养具有国际视野的综合性高层次管理人才，学习国际先进经验和方法，通过国内和国际两个市场实现业务拓展。

（5）行业、企业和个人三方协同。工程造价咨询行业的可持续发展亟需行业、企业和个人三方协同努力，政府和行业协会加强市场环境治理、企业注重发展战略优化和管理体制改革、个人加强主动学习积极拥抱行业变化和技术变革，三方共同努力，协同促进工程造价咨询服务可持续高质量发展，发挥工程咨询的重要价值。

（6）推进产学研深度融合 尽快提升核心竞争力。面临全球经济衰退和建筑业发展放缓的双重挑战，一方面，工程造价咨询行业竞争愈加激烈；另一方面，社会对工程造价咨询服务的要求却越来越高，高层次复合型造价咨询人才也非常紧缺。党的二十大报告提出，要"加强企业主导的产学研深度融合，强化目标导向，提高科技成果转化和产业化水平"。面临建筑业转型升级的巨大挑战，造价咨询行业也亟须重视并落地与高校的融合发展，充分借力高校优势，在高层次人才培养、科技成果转化和精益管理提升等方面加快自身的核心竞争力构建。

（本章供稿：陶学明、潘敏、赖明华、闵弘）

第二十四章

陕西省工程造价咨询发展报告

第一节 发展现状

一是坚持实施品牌战略，完善和修订《陕西省工程造价咨询30强企业和先进企业评价暂行办法》，开展优秀企业评选。二是在2021年度评强评先工作的基础上，撰写了《陕西省工程造价咨询行业品牌企业发展报告（2021）》，编写中坚持品牌企业发展状况与全行业发展状况兼顾，突出品牌企业的引领作用。三是举办陕西省第二届陕西省建设工程造价专业人员职业技能竞赛，最终评定35家企业及104名个人选手，团体一等奖5家、二等奖10家、三等奖15家、优秀组织奖5家，打造行业人才队伍。

第二节 发展环境

为加强行业自律管理，提高职业道德水平，补充完善了《陕西省建设工程造价管理协会会员自律公约》及实施细则，并于2022年5月19日第二届三次会员代表大会正式发布实施。

"专家大讲堂"活动本年度主要以数字化转型为主题，从"企业数据库建设与数字化转型经验分享"等方面，分别在2022年5月26日和9月29日举办了两场专家大讲堂活动，大力推介转型经验，以促进造价咨询行业数字化转型快速发展，充分发挥了专家委员会的技术支撑作用。

建立并充实和更新"课题课件库"，为专家大讲堂和注册造价师继续教育提供技术支持。为使协会专家大讲堂课题库和注册造价师继续教育课件库，能够适应"一改两转"的要求和造价行业的改革发展的走势与需求，帮助从业人员解决盲点、难点、痛点以及操作层面的具体方法与路径问题，协会邀请业内部分专家及造价工程师等约 50 人，深入研讨，经过梳理筛选，共拟定课题 20 项，课件 7 项，备选课题课件 6 项，购买全国知名专家课件 20 学时。

长线布局，悉心培育全过程工程咨询示范项目。组织召开了"陕西省工程造价咨询行业全过程工程咨询示范项目发布会"。发布会以视频会议形式现场直播，设立了 1 个主会场 83 个分会场，各会员单位领导、技术负责人、造价专业人员及专家委委员约 900 人参加，直播观看人数达 2000 余人。

举办《从法律出发——理解与应用工程总承包》讲座，围绕如何理解工程总承包、准确适用工程总承包、总承包项目裁判的案例三部分内容，对 EPC 的优点、缺点、存在的问题、解决方法以及发展趋势等多方面，结合相关案例为会员单位的从业人员进行了讲解。出席本次活动的领导及相关人员约有 200 余人，直播观看人数达到 3500 余人。

第三节　主要问题及对策

一、改革创新行业发展

强化品牌战略，继续做好评强评先工作。2023 年将是启动"30 强和先进企业评价"的第二个评价年度，全省将在总结 2021 年评价经验的基础上，严密组织，加大宣传，增加更多更好的宣传渠道，鼓励更多的企业参与评价工作，激发企业的市场活力，以快速融入工程造价全面市场改革的新环境。

常态化推进工程造价数字化转型工作。数字化转型是一个长期的过程，协会将进一步贯彻落实《关于工程造价咨询企业数字化转型的指导意见》，对照指导意见的相关条款，对造价咨询企业的数据库建设、数字化转型进展情况的进行不定期的随机调研，了解企业实际情况和诉求，有针对性地开展工作，为企业做好服务。

培育示范项目，继续推进全过程工程咨询。动员企业申报案例，从中发现具备条件的苗子项目，加以指导培育，形成经验，予以推广。争取在 2023 年，再培育一批全省造价咨询企业全过程工程咨询示范项目，并视项目成熟程度等具体情况，择时择项，予以公布。

二、加强专家委员会工作

继续办好专家大讲堂。在去年大讲堂课题征集所形成的课题库中，围绕专家委重点工作，有目标地选择适当课题，与相关专家进一步对接落实，本年度开讲次数暂定 3~4 讲。

继续深入研讨造价咨询企业如何开展 EPC 业务。重点调研并着手编写陕西省建设工程造价管理协会团体标准和《EPC 项目咨询导则》，提高造价咨询企业承担 EPC 项目咨询的实操能力。

筹备成立《陕西省建设工程造价纠纷调解委员会》。根据省住房和城乡建设厅相关文件要求，积极筹办工程造价纠纷的"诉前"调解工作，制定相应的管理办法和制度，维护建设各方主体的合法权益。

（本章供稿：冯安怀、彭吉新）

第二十五章

甘肃省工程造价咨询发展报告

第一节　发展现状

　　甘肃省人口占全国总人口的 1.76%，国内生产总值占全国的 0.9%。单从按人口平均应贡献的生产总值来看，只完成了应该完成任务的一半。甘肃省造价咨询行业从业人员占全国总从业人员的 1.8%，说明单从人员数量看，行业从业人数饱和。从业人员中，一级造价工程师占全国总一级造价工程师人数的 0.98%，行业从业人员中相对高级人才比例偏低，几乎减半，从业人员居多，工作效率偏低。

　　甘肃省 2021 年工程造价咨询收入占全国总造价咨询收入的 0.64%。从业人员占比 1.8%，实现的收入占比仅为 0.64%，相当于三个人完成了一个人的平均工作，呈现人多、事少、收入低，报酬欠佳的局面。而随着竞争机制的继续引入，省内市场被外省强势企业入侵和抢夺，省内企业向外扩展的能力不足。

第二节　发展环境

一、经济环境

　　甘肃省经济相对落后，2022 年面对严峻复杂的外部环境和延宕反复的疫情冲击，全省经济承压而上、逆势而进。2022 年全省地区生产总值 11201.6 亿元，其中第三产业增加值 5741.3 亿元，占地区生产总值的比重为 51.3%。全年建筑业增加值 657.6 亿元，占第三产业增加值的比重为 11.46%。

甘肃省坚持把优化营商环境作为推动经济高质量发展的重要支点，努力盘活存量、引入增量、做大总量、提高质量、增强能量，实现营商环境大改善大提升、经济大增长大跨越。但甘肃还存在投资、消费和出口三大需求不振，拉动国民经济增长的"三驾马车"动力严重不足等突出问题，甘肃努力以优化营商环境为总抓手，千方百计扩大经济总量；以重大项目投资为基石，构筑经济运行的"压舱石"和经济增长的"动力源"。

二、政策环境

现行的工程造价管理法规制度制约了市场竞争决定价格机制建立，没有真正落实项目法人责任制，都在替业主管项目，如在现有投资管理体制下的概预算制度、招标投标体系，既有财政资金管理的"审减"制度，以审计作为最后决算的依据等。另外，发承包计价办法将计量与计价及定额进行捆绑，清单计价规范、结算暂行办法纳入了应由发承包合同予以明确的内容等。导致造价居高不下，建筑市场乱象周而复始，部分业主只能先内招后外招，以满足法定流程。

工程计价政策将定额与招标评标、价款结算、财政评审、工程审计等进行捆绑，发承包双方、咨询企业、监管部门等基于"方便""权威"或"免责"等考虑，扩大了定额在工程交易和实施阶段的作用如业主利用定额可以快速发包、结算，通过暂定金额虚高子目肢解发包以及利用政府发布的信用背书"免责"。施工单位为提高中标机会，比照最高投标限价利用定额组价投标，进行不平衡报价、套路变更。形成诸多问题，积重难返，市场优不能胜、劣不能汰等。

工程造价管理机构和行业不断强化和过度依赖定额，而确定工程交易价格是甲乙双方基于市场行为公平竞争的结果，应该受到法律保护，招标控制价应由招标人主导，政府无须过度干预，造价管理机构应弱化交易阶段过多监管，加大市场诚信履约环境建设，维护合同有效执行。工程造价管理机构必须加快转变思想观念，主动求变、自我革命，发挥造价管理市场化"领头羊"的作用，更多参与制定市场规则、发布价格指数指标、建立政府投资工程数据库、更好服务市场主体、规范市场行为等。

三、市场环境

自 2021 年 6 月 28 日，住房和城乡建设部发布了《住房和城乡建设部办公厅关于取消工程造价咨询企业资质审批加强事中事后监管的通知》（建办标〔2021〕26 号）后，市场实际增加了许多从事建设工程造价咨询的企业。据甘肃省市场监督管理局向我省建设工程造价管理部门推送的信息不完全统计，营业范围包含"工程造价咨询"的企业近千家。这近千家企业实际从事工程造价咨询工作的情况不明。

市场上工程造价咨询需求一定的情况下，供给增多，势必加剧竞争，激烈竞争的后果是降价再降价，这给取消资质之前的工程造价咨询企业带来了巨大的冲击。何况建筑行业规模已经见顶，增速连续五年放缓，从 40% 多降到现在 2%~3%，行业规模的下行，意味着"蛋糕"将越来越小。咨询行业的上游房地产、建筑企业整体利润也呈下行趋势。2011 年之后开始下滑，除 2015 年因国家去库存采用棚改货币化，直接带来了行业规模暴增的同时行业的利润大幅上升之外，到近 3 年，在原来下滑的基础上，叠加疫情影响，行业利润持续负增长。

上游企业规模和利润双双下滑，导致咨询行业仅有的市场供给也被尽可能压缩价格空间。行业从业人员工资下降，信心不足，职业规划受到打击，提高服务能力和服务质量无从支撑。

四、行业监管

一是信用评价。组织开展全省工程造价咨询企业信用评价工作。提升本省企业社会公信力，推进工程造价咨询行业信用体系建设，规范工程造价咨询企业从业行为，完善行业自律，促进行业健康发展。

二是发布"工程造价咨询服务项目及收费指引"。为规范全省建设工程造价咨询服务收费，加强行业自律，维护行业公平有序的竞争环境，促进全省建设工程造价咨询业高质量发展，满足建设工程全过程造价咨询、项目后评价、BIM 咨询等新需求给造价咨询服务及收费带来的变化，解决咨询企业业务经营和收费方面存在的困难，2022 年 9 月 30 日，《甘肃省建设工程造价咨询服务项目及收费指引（试行）》正式发布，供行业各方参考采用。

第三节　主要问题及对策

一、存在的问题

1. 不正当竞争

正当的竞争是社会发展的动力，不是狭隘的排挤，而是积极的参与，具有巨大的激励力量，能促使行业内企业之间自我完善和提升，使服务质量精益求精，更上一层楼。但伴随市场竞争的还有很多不正当竞争，在咨询行业内主要是社会关系和低价承揽。

一方面，越发达的地方越讲能力、规则和秩序，所以越公平；越落后的地方越讲人情、关系和运作，所以更限制正当的竞争。另一方面，如果企业面临"倒闭""关停""拖欠工资""业绩下滑""亏损"等已经出现或可能即将出现的情形，只能靠低利润走量维持生存，一部分本来正当的竞争，就会因为供给大于需求演变为不正当竞争，最突出的表现是低价。

拟采取的对策是省市两级行业行政主管部门和省市两级行业协会联手，引导全省造价咨询企业，可根据自身业务特点，提供分类分级咨询服务，企业和企业之间也可开展合作。另外，建议加大不正当竞争的曝光，限制其成为省市及中价协会员，限制其参加各类交流、学习，拒绝受理与其有关的价格纠纷等。

2. 对定额的深度依赖

随着政策的落地，造价与市场接轨已成必然，应该以积极的心态拥抱当下的变化。逐步停止发布预算定额，取消最高投标限价按定额计价，今后投资管控的思路是：施工招标前政府投资和国有投资项目招标前投资管控仍沿用"可研＋估算"和"初设＋概算"方式，施工招标后，加强工程施工合同履约和价款支付监管，引导发承包双方严格按照合同约定开展工程款支付和结算，全面推行施工过程价款结算和支付。

定额取消后市场形成价格——清单计量、市场询价、自主报价、竞争定价，以建立更加科学合理的计量和计价规则。转变政府职能，优化概算定额、估算指标编制发布和动态管理、搭建市场价格信息发布平台，统一信息发布标准以及规则、鼓励企事业单位通过信息平台发布各自的人材机市场价格信息、加强市场价格信息发布行为监管，严格信息发布单位主体责任。加快建立国有资金投资的工程造价数据库，按地区、类型、结构等分类发布人材项目等造价指标，利用大数据、人工智能等信息化技术为概预算编制提供依据，加快推进工程总承包和全过程工程咨询，综合运用造价指标和市场价格控制设计限额、合同价格。

整个工程造价咨询产业也必然形成"数据为王"的竞争态势。随着造价改革推进，企业造价数据库顺势而来。无论是行业、行管还是企业，必须注重数据积累，尽快形成企业数据资产。数字化应用不仅是数字造价管理理念的落实，更是深入推进工程造价管理改革的重要武器。数据支撑自动化决策，助力于企业成本精细化管理，实现决策能力规模化，并释放精力用于思考未来。前有全行业加速积累信息大数据的热潮，后有国家政策和市场趋势的浪潮，打造持续加速、持续颠覆、持续开拓的数据引擎，将成为引领行业发展和企业转型升级的必然选择。

二、发展建议

由统计数据可知，甘肃省造价行业从业人员数量基本满足需求，但从业人员中一级造价工程师比例较小。在人才数量既定的基础上，加强人才质量是关键。因此，人才战略的重点是提高一级造价工程师的执业能力和水平，培养二级造价工程师成为一级造价工程师，提高全行业技术人员的专业、执业素质。

首先，要做好工程造价专业人员继续教育工作，夯实基本功，引导造价工程师通过继续教育增强职业道德和诚信守法意识，更新、补充、拓展知识和技能，提升造价人员综合素质和专业水平，优化造价从业人员专业结构，扭转安装、交通、水利造价人员短缺的局面。

其次，树立目标很重要，将单纯的造价工作提升到"项目治理""智慧管理"的新高度去思考。树立"全过程控制、精细化管理、体系为本、流程再造、重心前移、策划先行、合同协同、商法融合、价税双控、效益为王"的新理念。由过去的造价技术人员转身为高级工程商务管理人员。做到"技经跨界、商法融合"，成为"懂技术、会管理、精造价、通合约、善法务、晓财税"的综合型人才。由过去以"计量与计价"为主要工作内容的传统造价工作向以"项目策划、合约分析、商务法律、财税筹划、投融资"等为主要工作内容；由过去以计量计价软件计算为主的造价工作，转变为利用新技术、新工具提高效率上来，加强对现代信息技术的学习和应用，善于利用 BIM、云计算、大数据人工智能、VR 等现代化的手段，提高工作效率。

（本章供稿：杨青花、岳春燕、陈兰芳）

第二十六章

青海省工程造价咨询发展报告

第一节　发展现状

采用多种形式推进造价企业转型升级，培养行业人才和专业技术队伍建设。举办线上"在一起、向未来—企业数字新成本管控公开课"，参加培训人员 248人。举办线上免费"全过程工程咨询管理要点及全资项目经理管理能力提升"公益讲座，参加学习人员达 300 人 / 次。积极配合并参加了省建设工程造价站对工程造价咨询企业的"双随机"检查，使工程造价咨询企业的管理更加规范。依据中价协《工程造价咨询企业信用管理办法》的通知，完成三家会员单位的企业信用评价工作，两家被评为 AAA 级称号，一家被评为 AA 级称号。

第二节　发展环境

一、政策环境

持续推进工程组织模式转变，持续推进工程总承包，进一步完善工程总承包和工程项目管理配套政策，研究制定房屋建筑和市政基础设施项目工程总承包管理制度，发布工程总承包典型案例，大力发展全过程工程咨询，建立健全工程建设全过程咨询服务技术体系，发挥全过程工程咨询试点示范带动作用，推广实施经验，发布全过程工程咨询试点企业名单，培育全过程咨询骨干企业。

推动装配式建筑发展。以建筑业工业化、数字化、绿色化为方向，结合"双碳"和城乡绿色发展工作，发展装配式建筑，指导西宁、海东出台促进装配式建筑应用的政策措施，提高装配式建筑应用比例。

持续推进"互联网＋政务服务"。加大与相关部门间的数据共享，推动政务服务事项"一网通办"，不断简化优化建设工程企业资质审批流程，推动资质审批提速，提高审批效率。简化省外进青建设工程企业登记，全面推行建筑施工企业安全生产许可证、建筑起重机械使用登记证等电子证照，实现与住房和城乡建设部电子证照数据归集共享，持续优化建筑市场环境。

推动工程招标投标改革。落实《青海省房屋建筑和市政基础设施工程施工招标投标管理办法》，推行招标人负责制，探索推进评定分离，解决目前招标投标市场存在的围标、串标、招标人权责不对等问题，加大从业人员培训力度，研究修订《青海省房屋建筑和市政基础设施工程监理招标投标管理办法》，规范房屋建筑和市政基础设施工程施工招标投标活动。

加强建筑市场信用监管。推动建筑市场信用体系建设法治化、规范化、标准化，建立标准统一、权威准确的信用档案。充分发挥信用在建筑市场与施工现场"两场"联动机制中的纽带作用，完善建筑市场项目负责人和企业法人信用联合惩戒机制，构建诚信守法、公平竞争、追求品质的市场环境。

提升建筑市场信息化监管水平。发挥建筑工程围标串标分析平台、建筑工人实名制平台作用，强化运用信息化监管措施打击转包、违法分包、围标串标等违法行为。建立施工现场人员配备标准，加大与省公共资源交易中心数据共享，严厉查处投标承诺项目管理人员与施工现场管理人员不一致行为。持续推进建筑工地实名制管理，全面落实关键岗位人员到岗履职信息化考勤规则，对未按规定到岗履职关键岗位人员予以信用惩戒。

二、经济环境

2022 年，全省坚持以习近平新时代中国特色社会主义思想为指导，认真学习贯彻党的二十大精神，准确发展贯彻新发展理念，统筹发展和安全，发展质量稳步提升，科技创新成果明显，就业物价基本平稳，全年地区生产总值增长2.3%，城镇登记失业率1.5%，全体居民人均可支配收入增长4.2%，居民消费价格上涨2.4%，粮食产量107.3万吨，经济总量突破3600亿元，总财力突破2500

亿元，常住人口城镇化率超过60%，全省一半以上的行政村实行了高原美丽乡村建设，长江、黄河干流、澜沧江出省境断面水质保持在Ⅱ类及以上。全省空气质量优良天数比例达到96.4%。

第三节　主要问题及对策

一是推进全过程工程咨询服务。大力推进贯穿投资决策和建设实施阶段的全过程工程咨询服务，鼓励工程造价咨询专业服务机构在融资咨询、方案比选、设计优化、招标、合约交易、过程控制、结算审查运维核算等多个环节提供服务。

二是发挥数据在造价管控中的要素作用。鼓励工程造价咨询企业增强数据积累意识，提高数据分析能力，综合应用造价指标指数和市场价格信息，实时设计限额、建造标准、合同价格的统筹控制，确保工程投资效益得到有效发挥。

三是提升工程造价咨询企业服务能力。引导工程造价咨询企业通过资源整合、并购重组、人才引进等方式，延伸服务内容，拓展业务范围，尽快形成综合性、跨阶段、一体化的咨询服务能力，进一步破除行业壁垒，支持工程造价咨询企业在项目决策阶段提供服务，发挥事前控制在投资管控中的作用，开展设计优化、风险控制等高附加值咨询服务，提升项目策划能力和综合服务能力。

四是工程造价咨询服务项目及收费导则修订。充分结合省内不同区域市场实际信息情况并参考兄弟省份工程造价咨询服务项目及收费指导标准，组织行业专家学者推进《青海省建设工程造价咨询服务项目及收费导则》修订工作。

五是人才培养。采用多种形式，统筹发挥学校、社会培训机构和行业的整体力量，探索适应工程造价改革发展的人才培养新模式，重点培养适应全过程咨询服务业务的高端人才。加强一级注册造价工程师继续教育工作，协调省内各厅局相关部门，尽快实现二级注册造价工程师在本省的考录工作，不断壮大青海省工程造价咨询行业人才队伍。

（本章供稿：柳晶、王彦斌、樊光旭）

第二十七章

宁夏回族自治区工程造价咨询发展报告

第一节　发展现状

一是在服务会员工作上依托协会门户网站为宣传平台，开设"会员简介""会员活动"及"会员风采"板块，从多角度、多形式地满足为会员服务宣传需求。二是为提高行业协会的专业性、权威性，充分发挥行业专家的专业技术优势和创新引领作用，发布《关于印发〈宁夏建设工程造价管理协会专家库管理办法（试行）〉的通知》，正式组建专家库，遴选首批专家成员共计 58 名，将在纠纷调解、教材编制、人才培养、技术鉴定等领域提供有力保障。

第二节　发展环境

一、政策环境

宁夏身处内陆欠发达地区，开放不足是最大短板，全区坚持以改革促开放，以开放促发展。全面推进"四权"改革。制定优化营商环境"新 80 条"，工程建设项目审批实现全流程在线办理、时限压缩 30%，市场主体总量突破 71.3 万户、增长 13.9%，企业活跃度达 88.7%。

政府狠抓四大提升行动，人民生活又有重大改善。全区在财政收支矛盾加剧的特殊情况下，仍将 75% 以上的财力用于民生事业，推动脱贫攻坚成果巩固与乡村振兴有效衔接，"一村一年一事"行动获得中央农村工作领导小组办公室通报表扬。

聚焦"十大工程项目""六个一百"重大项目,科学谋取争取,加快伊利液态奶升级等重大产业项目、包银高铁等基础设施项目、自治区重大疫情救治基地等社会民生项目建设,形成更多实物投资量,带动固定资产投资持续恢复。

紧盯国家政策导向、投资方向,完善项目协调推进机制,做好用地、用能、用工服务,力促黄河黑山峡河段开发工程开工。着力加快乡村振兴,切实促进城乡融合发展。树牢"一盘棋"思想,推进乡村振兴战略,加快新型城镇化,推动山川统筹、城乡一体、共同繁荣。建设宜居宜业乡村,推进乡村建设行动,改造卫生户厕 3 万户、抗震宜居农房 3000 套,建设美丽村庄 50 个。支持乡村振兴重点帮扶县发展,深化闽宁协作和定点帮扶,保障脱贫群众生活更上一层楼。

提高新型城镇化质量。实施城市更新行动,加快地下管网、防洪排涝等市政设施建设,改造老旧小区 5 万户、棚户区住房 3800 套,新改建城市绿道 100 公里,新增停车位 4 万个。统筹考虑历史、文化、生态等因素,因地制宜创建文明城市、园林城市、卫生城市,梯次分类建设智慧城市、数字城市,让城市更安全、更有韧性。

优先发展强教育。推进标准化建设,全区新改建中小学校舍 14 万平方米,培育自治区级特色普通高中 10 所。加快黄河、长城、长征国家文化公园建设。开展全民健身活动,新建多功能运动场 20 个,办好第十六届全区运动会。此外,全球最大的宝丰能源电解水制氢项目正式投产,宁夏首条穿越沙漠腹地的乌玛高速顺利通车,一批大项目好项目成为宁夏建设工程维稳增长的强大引擎。

二、经济环境

2022 年,在自治区党委和政府的正确领导下,全区上下深入学习贯彻习近平总书记视察宁夏重要讲话和重要指示批示精神,完整、准确、全面贯彻新发展理念,坚决落实党中央、国务院各项决策部署,高效统筹疫情防控和经济社会发展,全区经济运行总体平稳,转型升级步伐加快,发展动能持续增强,质量效益不断提升，民生保障有力有效，先行区建设迈上新台阶，社会主义现代化美丽新宁夏建设迈出坚实步伐。

初步核算，全年全区实现生产总值5069.57亿元，按不变价格计算，比上年增长4.0%。其中，第一产业增加值407.48亿元，增长4.7%；第二产业增加值2449.10亿元，增长6.1%；第三产业增加值2212.99亿元，增长2.1%。第一产业增加值占地区生产总值的比重为8.0%，第二产业增加值比重为48.3%，第三产业增加值比重为43.7%。按常住人口计算，人均地区生产总值69781元，增长3.5%。

新兴动能苗壮成长。高技术和装备制造业快速增长。全年全区规模以上高技术制造业增加值比上年增长31.7%，装备制造业增加值比上年增长24.6%，分别比全部规模以上工业增加值增速高24.7个和17.6个百分点。水电、风电、太阳能等可再生能源发电量513.9亿千瓦时，增长5.9%。互联网经济快速发展。全年全区网上零售额167.3亿元，其中，实物商品网上零售额108.2亿元，增长19.3%。

全年全区工业增加值2093.96亿元，比上年增长6.4%。规模以上工业增加值增长7.0%。在规模以上工业中，分轻重工业看，轻工业增加值增长13.8%，重工业增长6.4%。分经济类型看，国有控股企业增加值增长3.0%；股份制企业增长6.2%，外商及港澳台商投资企业增长12.4%；非公有工业增长10.4%，其中，私营企业增长10.8%。分门类看，采矿业增加值增长6.0%，制造业增长9.0%，电力、热力、燃气及水生产和供应业增长0.7%。

年末全区发电装机容量6474.5万千瓦，比上年末增长4.2%。其中，火电装机容量3303.8万千瓦，下降0.9%；水电装机容量42.6万千瓦，与上年持平；风电装机容量1456.7万千瓦，增长0.1%；太阳能发电装机容量1583.7万千瓦，增长14.4%。

全年全区规模以上工业企业利润412.72亿元，比上年下降10.9%。分经济类型看，国有控股企业利润172.69亿元，增长71.3%；股份制企业307.27亿元，下降9.0%；外商及港澳台商投资企业57.46亿元，下降41.0%。分门类看，采矿业利润112.94亿元，同比增长68.1%；制造业268.33亿元，下降31.3%；电力、热力、燃气及水生产和供应业31.45亿元，增长4.6倍。

全区具有资质等级的总承包和专业承包建筑业企业816家，全年完成建筑业总产值 725.85 亿元，比上年增长 6.5%。按建筑业总产值计算的劳动生产率 44.55 万元/人，比上年增长 14.7%。

三、监管环境

自从造价资质取消后，行业门槛降低，涌现出大批从事造价咨询业务企业，为进一步加强事中事后监管，规范建设工程造价咨询市场秩序，促进行业持续健康发展，自治区行业监管部门对工程造价咨询企业应规范从业行为，加强对出具的工程造价咨询成果文件质量管控。其次，自治区住房和城乡建设行政主管部门将联合相关部门加大"双随机、一公开"工作力度，通过企业与项目相结合、调研与检查相结合的检查形式，抽查比例占全区工程造价咨询企业总数的 30%。重点对企业主体责任落实、从业行为合法合规性、工程造价成果文件质量管控、档案归集管理等情况进行了检查，及时查处违法违规行为，并将监督检查结果向社会公布。

第三节　主要问题及对策

一、主要问题

企业执业方面。从近几年调研和行业管理机构检查情况获悉，一是部分企业未能严格按照《关于加强工程造价咨询企业管理有关工作的通知》（宁建价管〔2021〕4 号）文件要求配备专业人员，注册造价工程师以及造价从业人员数量不足；二是个别企业技术负责人不是注册造价工程师，或不具备高级工程师资格；三是个别企业长期未开展造价咨询业务，存在专业技术人员长期不在岗现象。

企业管理及市场行为方面。一是部分企业内部管理制度不健全、不完善，或者制度针对性不强，存在照搬照套现象，有的企业虽已建立完整质量控制制度，但实际工作流程存在执行制度不严格的问题；二是根据国务院发布的关于深化"证照分离"改革通知，为进一步优化市场环境，取消工程造价咨询资质认定，掀起建设行业新的改革浪潮，造价资质企业准入门槛降低，加大市场化竞争力度；三是新办造价咨询企业数量的急剧增加，在一定程度上影响市场激烈竞争，特别是出现经营过程中的恶性低价竞争，严重影响造价行业的良性发展；四是企业与委托方签订的工程造价咨询合同不符合规范合同文本的要求，存在格式、内容不完整，合同约定业务范围、履行时间、咨询服务收费不明确等问题。

成果质量方面。一是企业、执业人员对出具成果文件责任性认识不足，造价成果文件签署不规范，注册造价工程师在成果文件上只盖执业印章不签字，企业质量控制体系失效；二是归档资料不规范，档案资料中过程与成果文件次序混乱，未制定归档制度、无档案号、无专职档案管理人员的问题较为普遍。

人员管理方面。一是企业存在专业人员流动过大、年龄结构不合理等情况，严重制约企业发展；二是企业注册执业人员占比低，技术负责人、注册造价工程师不在岗问题较为突出；三是存在企业重业务不重培训，专业人员对工程造价相关法律法规、政策文件、计价定额不能熟练掌握的问题，缺乏综合运用专业技术、管理技术、法律技术、信息化技术等的综合服务能力。

二、发展建议

1. 加强监管

随着建筑业改革的不断深入，建设主管部门要坚决落实属地监管责任，要以"双随机、一公开"为主要手段，加大对造价咨询企业市场行为、注册造价工程师执业行为的事中事后监管力度。充分发挥行业协会的作用，建立自我约束和相互监督相结合的行业自律机制。其次，建立健全工作机制、创新监管手段，进一步提升造价管理质量水平，不断规范造价咨询市场秩序，持续推动形成诚实守信的市场环境，促进全区工程造价咨询行业健康有序发展。

2. 提升造价咨询企业核心竞争力

深化"证照分离"改革，积极创新经营管理理念，利用信息化等先进技术推动转型升级，优化业务结构，进行资源重组，延伸和拓展业务范围，做优做强。另外，工程造价咨询企业要高度重视自身的不足，切实加强行业相关法律法规和政策文件的学习及培训，提升执业质量和执业水平，为推进全区工程造价咨询行业改革发展作出贡献。

3. 加强信用体系建设

要加快推进信用体系建设，进一步发挥信用对提高资源配置效率、降低制度性交易成本、防范化解风险的重要作用，充分利用好信用信息化技术作为监管手段之一，把行业信用评价与诚信体系平台相结合，充分利用行业信用评价动态管理机制，提高工程造价企业的诚信意识和忧患意识。

（**本章供稿：贾宪宁、王涛、杨洋**）

第二十八章

新疆维吾尔自治区工程造价咨询发展报告

第一节　发展现状

　　一是通过编制二级造价工程师继续教育学习课件，修订《二级造价工程师职业资格考试辅导教材》等工作为人才培养提供支持。建立自治区二级造价工程师注册系统，规范二级造价工程师注册管理，目前完成注册2600余人。各造价会员单位内部重视人才培养和自身可持续发展，开展形式多样的内部培训，参与人员共计4039人次。二是编制了《新疆建设工程造价咨询成果文件质量管理指引》，对工程造价成果文件质量的把控提出了具体要求。编制完成《2022年新疆典型工程造价技术经济指标》《2022年新疆农村住房工程造价技术经济指标》（上、下半年），为建设各方投资控制提供参考，也为工程造价决策控制提供参考依据。三是修订了《自治区工程造价咨询企业及从业人员信用评价管理办法（试行）》，组织开展了2021年度工程造价咨询企业与从业人员信用评价工作，全疆共计324家造价咨询企业以及731名注册造价师参与2021年度信用评价。其中自治区信用评价等级为AAA的企业有24家、AA的企业有77家、A的企业有208家。四是完成《自治区建设工程造价数据交换标准》《自治区建设工程造价指数指标分类与采集标准》《建设工程人工、材料、设备、机械数据编码标准》的编制评审。研究制定《建设项目工程招标投标数据应用分析建设方案》，分析试点城市交易中心招标投标造价数据，组织开发数据分析应用软件。

第二节　发展环境

一、政策环境

1. 社会大局稳定，营商环境持续优化

2022年，新疆发展坚持稳字当头、稳中求进，在严峻复杂的形势中实现了经济逆势增长、平稳健康发展。2022年11月6日，新疆维吾尔自治区人民政府办公厅印发《自治区实施营商环境优化提升三年行动方案（2022—2025年）》，进一步优化营商环境，增强发展内生动力，推动高质量发展。进一步落实《保障中小企业款项支付条例》，持续推进防范和化解拖欠中小企业账款工作，切实维护中小企业合法权益。

2. 积极推动特色优势产业发展

新疆抢抓政策和市场机遇，及时出台了促进硅基新材料、新型电力系统、石油化工和现代煤化工等产业加快发展的政策措施，建立重点产业链供应链企业"白名单"制度，狠抓50项重大工业项目建设。挖掘内需潜力，编制实施"六重清单"，组织实施重大项目集中开工活动，健全落实重大项目推进机制。

3. 助力乡村振兴，提升乡村建设水平

2022年，新疆巩固拓展脱贫攻坚成果同乡村振兴有效衔接。落实防止返贫动态监测和帮扶机制，强化收入监测分析，"三类户"风险消除率达到90.45%，脱贫户人均增收2400元左右。整治提升农村人居环境，开展1000个村庄绿化美化，实施农村粪污一体化项目，新建农村卫生厕所6.1万座。开展"百县千乡万村"乡村振兴示范创建活动。

二、经济环境

1. 建筑业稳步发展

新疆全年建筑业增加值1355.67亿元，比上年增长0.2%。全区具有资质等

级的总承包和专业承包建筑业企业利润 63.89 亿元，比上年增长 11.9%。其中：
国有控股企业 47.72 亿元，增长 20.9%。2022 年自治区建筑业房屋建筑施工面
积为 13718.33 万平方米，较 2021 年同期相比增加了 362.78 万平方米，建设城
镇各类保障性住房 98.8 万套，建成农村安居房 56.98 万套，开工改造老旧小区
4879 个，涉及居民 75.38 万户；实施"煤改电"工程，南疆 110 万农户实现了
清洁取暖。

2. 积极扩大有效投资

新疆牢牢把握扩大内需战略基点，建立项目建设"十大机制"，发行地方政
府债券 1466.4 亿元，支持 2755 个项目建设。投资规模 500 万元以上的 3355 个
新建项目全部开工建设，储备项目开工 2582 个，转化率达到 76%。不断优化投
资结构，制造业投资增速达 36.9%，民间投资增速达 29.7%。出台"科技创新 26
条"，组织实施重大科技项目 194 个。聚焦水利、交通、能源、产业、民生五大
领域，共实施重大项目 370 个，累计完成投资 2830 亿元。

三、技术环境

1. 积极推进标准化体系建设

2022 年，新疆积极推动住建领域标准化建设，制定发布 2022 年自治区工程
建设地方标准制（修）订计划，包括《农村住房建设技术标准》等 35 项标准。
批准发布《住宅工程质量分户验收规程》《公共建筑节能设计标准》等 17 项地方
标准。

2. 深化工程造价市场化改革

2022 年，自治区工程造价总站编制发布《自治区装配式建筑工程消耗量定
额》，动态完善 2020 版建筑定额，引导市场合理计价，稳定建筑市场秩序；制
定《自治区建设工程计价依据问题反馈工作机制》《建设工程主要材料价格分析
方案》。联合自治区发展改革委、财政厅制定《关于在房屋建筑和市政基础设施
工程中开展施工过程结算试点工作的通知》，在阿克苏地区、克拉玛依市开展试
点。建立总承包试点项目台账及问题建议清单。

四、监管环境

1. 持续深化"放管服"改革

根据 2022 年 8 月 29 日，第十次全国深化"放管服"改革电视电话会议精神，新疆继续把培育壮大市场主体作为深化"放管服"改革的重要着力点，平等保护各类市场主体产权和合法权益、给予同等政策支持。编制形成了《自治区行政许可事项清单（2022 年版）》，严格落实清单之外一律不得违法实施行政许可的要求，大力清理整治变相许可。

2. 提升事中事后监管效率

加强事前事中事后全链条全领域监管，依托清单明确监管主体和重点，结合清单完善监管规则标准，加快线上线下融合，结合全区"一网通办"前提下的"最多跑一次"改革，自治区一体化政务服务平台与全国行政许可管理系统深度对接，实现数据及时交互共享，对行政许可全流程开展"智慧监督"。

第三节　行业主要问题及对策

一、主要问题

1. "放管服"改革尚不到位，行业法律法规不健全

由于行业管理治理体系分散，法律法规体系不完善，没有上位法作支撑，导致"放管服"政策执行不精准、不明确。相关行业法律法规的实施没有与行业的实际发展形势相配套和发展一致，导致市场准入存在失控，恶意低价竞争时常发生，劣币驱逐良币，影响行业口碑和行业发展。

2. 综合型人才不足，制约行业发展

造价行业从业人员的准入门槛低，职业化水平总体偏低，不能适应市场经济进一步发展的要求。工程造价综合型人才匮乏，特别是全过程造价管理高水平人才数量不足，自主培养的国际化高端人才稀缺。

3. 造价企业不良竞争严重，行业诚信体系建设力度不够

近年来，由于工程造价咨询企业数量增长较快，业务量相对不足，竞争异常激烈。恶性竞争，导致两败俱伤，收费不足，严重影响企业发展，留不住人才，使企业进入恶性循环。行业自律不健全，行业信用和标准化体系尚未形成，市场无序竞争仍较突出，自律管理与服务能力尚需加强。

4. 工程造价信息化程度不高，支撑业务开展的信息源薄弱

新发展阶段使得企业对信息化的需求增加，新常态下企业信息化可以有效降低服务成本，提高服务品质并提供差异化的服务。但当前造价行业企业没有从根本上认识到信息化的重要性。现代信息技术融合较慢，信息收集和信息化建设滞后、数据库建设及数据分析能力不足，对于后续开展业务的信息支撑薄弱。

二、发展建议

1. 健全造价行业法律法规，完善行业管理制度

明确造价咨询服务的法律地位，进一步健全咨询服务政策和法规，制定咨询服务效果的评价标准，建立行业基础性标准和规范体系。

完善新时期市场监管制度，规范造价咨询市场，从国家政府层面重点针对企业信息管理制度以及信用体系建设问题进行完善，加强事中事后监管力度，确保工程造价咨询行业的良性循环发展。

2. 重视专业人才培养，夯实企业核心竞争力

立足于当前市场对造价专业技术人员的实际需求，从多个方面加强对造价专业技术人员复合能力的深化培养。一方面，提前做好人员招聘考察工作，确保从业人员职业能力满足行业发展需求以及企业建设管理需求；另一方面，结合行业发展趋势对从业人员职业能力提升问题予以高度关注，可通过适当开展造价从业人员岗位动态培训管理工作，保障造价从业人员专业知识以及职业素养得到加强。

3. 健全管理监督机制提高自身风险防控能力

新时期工程造价行业企业要从事前风险预防、事中风险控制和事后理赔服务等方面完善工程造价职业保险机制构建，精准提高企业的风险防控能力。探索监管新路径、构建监管新格局，推进信用体系建设，构建协同监管新格局，促进企业良性竞争。

4. 主动结合政策发展动向，积极推动数字造价发展

立足于新时期发展背景，构建造价数据库以及管理平台等，确保工程造价信息化发展水平得以持续提升。研发工程造价数据分析软件，运用信息化手段，开展自治区国有投资数据分析，推进工程造价大数据形成工作；加强造价网站信息安全管理工作，规范网站加密锁管理。

（本章供稿：赵强、吕疆红）

第二十九章

铁路专业工程造价咨询发展报告

第一节　发展现状

一、基本情况

2022 年铁路建设任务圆满完成，新时代十年铁路建设成果丰硕，为服务党和国家工作大局作出重要贡献。

一是超额完成年度投资任务。2022 年，全国铁路完成固定资产投资 7109 亿元，较年初计划增加 309 亿元，超额完成年度建设任务，不仅为稳住经济大盘提供了重要支撑，也为后续保持铁路投资规模创造了有利条件。

二是全力推动重点项目实施。深入贯彻习近平总书记关于铁路建设的重要指示批示精神，举全路、全行业之力，坚决打好重大铁路建设攻坚战。紧密对接国家重大战略，在国家有关部委和地方党委政府大力支持下，以国家"十四五"规划纲要确定的 102 项重大工程中的铁路项目为重点，集中力量推动铁路规划建设，全年有 26 个重大项目开工建设，29 个重点工程建成投产，投产新线 4100公里，较年初计划增加 800 公里。境外铁路项目建设务实推进，雅万高铁成果在 G20 峰会期间成功展示，匈塞铁路塞尔维亚境内贝诺段开通运营，充分展示了国铁企业在服务国家重大战略中的担当作为。

三是着力提升路网整体功能。印发实施《国铁集团"十四五"发展规划》，开展中长期铁路网规划修编，加大西部边疆铁路规划力度，从规划源头解决西部地区铁路"留白"偏多等问题。突出补短板、强弱项、重配套，加快推进格库铁路扩能改造、浩吉铁路集疏运体系建设等一批补短板项目，统筹推进铁路专用线建设和物流基地建设，铁路网的通达性进一步提升，对中国式现代化建设的服务保障能力明显增强。

二、工作情况

2022 年完成一级注册造价工程师初始注册 305 人次、变更注册 203 人次、延续注册 440 次，铁价协一级注册造价工程师整体规模达 2600 人，整体人员队伍不断增加。

2022 年注册造价咨询企业 20 家，其中国有企业 2 家、有限责任公司 14 家、私营企业 4 家，工程造价咨询业务收入不断增加，合计 89074.8 余万元，比 2021 年 84673 万元增加 5.2%；从业人员不断增加，共计 29254 人，比 2021 年 20423 人增加 43.2%；企业营业总收入 10079684 万元，造价咨询收入占营业总收入 0.9%，占比较 2021 年有所提高。

2022 年聚焦造价工程师继续教育提升专业技能，组织开展了造价工程师继续教育培训。全年共计完成了 2560 余名造价工程师继续教育培训，学习课程包括《铁路工程设计概预算编制方法及实践应用分析》《铁路隧道机械化施工及复杂地质造价标准解读与应用》《节段预制胶结拼装箱梁施工组织与经济分析》《工程结算的编审原则与典型纠纷案例分析》《铁路技改大修项目工程概预算的审查方法与典型风险案例分析》《铁路通信信号工程概预算编制思路分享》《铁路电力牵引供电工程四新技术应用和造价研究》《铁路全过程工程咨询模式探索与实践》等内容。铁路工程造价咨询行业的专业队伍和企业实力得到不断发展和壮大。

第二节　发展环境

定额工作面临深刻变革。十八届三中全会以来，住房和城乡建设部加强"放管服"改革，提出加快转变政府职能，取消最高投标限价按定额计价的规定，逐步停止发布市政、建筑行业预算定额。党的二十大进一步要求构建高水平市场经济体制，充分发挥市场在资源配置中的决定性作用，定额的制定和发布主体将逐步从政府过渡到企业或社会组织，铁路定额的管理工作也将面临相应的变革。

铁路建设市场对造价标准要求不断提高。一是党的二十大进一步明确要围绕服务区域协调发展战略、区域重大战略、主体功能区战略、新型城镇化战略，研究加快骨干铁路网建设，着力解决铁路发展不平衡不充分特别是西部铁路"留白"偏多问题，而从前期西南地区铁路工程造价标准应用情况调研结果看，现行标准存在不适应问题，这对编制适用于西部边疆铁路网建设需要的造价标准提出了更高要求。二是随着绿色铁路、智能铁路、城际铁路、市域（郊）铁路等各类项目的规划建设，以及投资主体多元化的变革，对铁路工程造价标准在落实国家绿色、智能、安全、区域发展等方面提出了更高要求。

大数据战略为铁路工程造价管理孕育新机遇。党的二十大强调要加快实施创新驱动发展战略，增强自主创新能力，随着国家大数据战略及国铁集团全面深化铁路大数据应用战略行动方案的推进，铁路工程造价方面急需加快建成立体现铁路工程建设特点、符合信息化和市场化发展需求、服务全过程造价管理的数据库，以提升企业创新创效能力和核心竞争力。

第三节　主要问题及对策

一、持续服务保障重大铁路建设

一是聚焦重大铁路建设过程中出现的造价标准问题，加快推进隧道弃渣利用、铁路调价机制等课题研究工作；二是坚持问题导向，紧密跟踪重大铁路施工进展情况，及时掌握并研究建设过程中出现的高温高湿施工环境隧道施工等造价标准问题；三是聚焦铁路超长建设工期、复杂地形气候条件，给施工道路和施工供电工程的养护维修以及建设管理带来的影响，开展施工道路和施工供电工程养护费标准、建设单位管理费标准研究，为铁路建设提供基础支撑。

二、持续完善造价标准体系

一是以调结构、稳水平的工作思路，高质量完成新一轮行业定额修订工作，力争 2023 年发布实施；二是以 2022 年相关定额测定专题研究成果为基础，结合"四新"技术应用情况，及时开展铁路隧道明挖法施工、铁路桥梁变径钻孔桩施工等补充定额编制，完善国铁集团造价标准体系；三是围绕西部铁路网建设，以西昆高铁等重点工程建设为契机，研究建立西南边远地区补充造价标准体系，编制铁路隧道竖井井底车场施工及竖井转绞换装等定额及费用标准，为解决我国西部铁路网"留白"偏多问题提供基础支撑。

三、加快铁路工程造价大数据服务平台建设

以基于造价指标指数的铁路设计概预算编制方法研究的课题为支撑，加快构建铁路工程造价标准数字化平台，为全过程工程造价指标指数体系的构建提供支撑，推进铁路造价标准管理向标准化、信息化、市场化发展，提升创新创效能力。

（本章供稿：张静、金强）

第三十章

化学工业工程造价咨询发展报告

第一节　发展现状

化学工业工程造价咨询业务广泛分布于我国基础化学工业、石油工业、石化工业、煤炭工业等各工业领域，已经形成了各自独立的工程造价咨询经营管理和统计系统，遍布于中央企业、国有企业、民营企业和地方行业体系之中。

2022 年底，归口服务管理和统计的化学工业甲级工程造价咨询企业从业人员 2009 人，其中高级技术职称人员 864 人，中级技术职称人员 729 人，一级注册造价工程师 94 人。2022 年咨询业务收入 20408.57 万元，其中，化学工程项目 16941.2 万元，占比 83.7%；房屋建筑项目 1354.7 万元，占比 6.3%，其余为公路及其他项目。企业年均营业额仅 3400 万元。数据表明，化工造价咨询企业规模普遍偏小，主要经营范围仍以化工行业为主，跨业经营难度很大。

第二节　发展环境

化学工业工程造价咨询业务发展前景，取决于国家主管机构关于工程造价咨询产业的发展方略、宏观指导和化学工业未来发展的产业政策、行业发展规划、工程设计施工技术进步、工程造价理念及方法的发展和人才队伍建设。化学工业工程造价咨询企业、工程造价专业人员资格资质服务管理和行业统计、业务培训、工程造价纠纷调解等业务有序进行，形成了比较完善的化学工业工程造价预算定额、概算定额、费用定额的修订、发布、解释和维护服务管理体系和工作制度，为全国化学工业工程造价咨询企业经营发展提供着有效的服务保障。

全国建设工程造价员资格取消和二级造价工程师管理办法出台后，根据化学工业工程造价人才需求，及时把资格培训调整到能力培训的方向上，制定了《中国石油和化工勘察设计协会工程造价管理委员会关于化学工业工程造价专业人员队伍建设和发展规划》，组织修编了共 4 册、23 章、113 节、76 万字的培训教材，突出了实用性，形成了以需求为导向，满足不同需求的培训方式、不同岗位需要的课件系统，助力管理人员胜任工程造价管理工作，助力专业人员胜任工程项目立项研究、项目建议书编制、投资估算、设计概算、招标投标标书编制、招标控制价及施工图预算、工程项目结算和决算等咨询服务业务。

第三节　主要问题及对策

在国家取消工程造价咨询企业资质后，化学工业工程造价咨询企业规模大小不均且小企业多，服务领域开发难度大、突破行业技术壁垒难，人才队伍体系建设有待完善，国家主管机构的宏观指导和支持不可或缺等，仍然是化学工业工程造价咨询服务健康持续稳步发展所面临的主要问题。需要优化工程造价咨询业务类别、工作岗位，分层次、有重点地强化专业人员业务知识和工作能力，推动专业知识和新技术新方法融合，不断强化专业优势。加强企业管理和成本核算，改进经营方式，采用先进技术与方法，提高服务质量和企业信誉，广泛与业内同行交流，学习借鉴各兄弟行业的经验和方法，强化服务意识，提高技术水平，重视企业信誉建设，在市场竞争中稳中求进。

（本章供稿：韩晓琴、刘汉君、华娟平）

第三十一章

可再生能源工程造价咨询发展报告

第一节　发展现状

一、基本情况

2022 年，可再生能源造价咨询企业共有 16 家。其中，全国工程造价咨询企业信用评价 AAA 级企业共 9 家。

2022 年，期末从业人员 2046 人，其中正式聘用人员 1534 人，占比为 75%，临时工作人员 512 人，占比为 25%。从业人数较 2021 年增长 24.8%。正式聘用人员中，一级注册造价工程师 790 人，二级注册造价工程师 17 人，其他注册执业人员 262 人，占比分别为 51.5%、1.1%、17.1%。正式聘用人员中，高级职称人员 697 人，中级职称人员 707 人，初级职称人员 130 人，占比分别为 45.4%、46.1%、8.5%。高级、中级职称人数相较 2021 年大幅提升，分别增长 41.1%、34.2%。随着"双碳"目标推进，抽水蓄能、新能源近年来呈现蓬勃发展态势，可再生能源行业造价咨询从业人员数量逐步增加，整体素质也在不断提升。

2022 年，可再生能源行业工程造价咨询企业总营业收入约 10576064 万元。其中工程造价咨询业务收入 69424 万元，较 2021 年度增幅为 16%。

按业务范围划分，工程造价咨询业务收入中超过 1000 万元的业务领域包括：水电工程 29597 万元、水利工程 7786 万元、市政工程 9840 万元、新能源工程 7907 万元、公路工程 1421 万元、房屋建筑工程 5586 万元，其他领域 7287 万元。其中，水电业务营业收入占工程造价咨询业务收入的 42.63%，仍为主营业务，占比较 2021 年增幅显著；新能源业务较 2021 年略有减少。

按业务阶段划分，前期决策阶段咨询 22678 万元，实施阶段咨询 27141 万元，结（决）算阶段咨询 5316 万元，全过程工程造价咨询 12243 万元，工程造价经济纠纷的鉴定和仲裁咨询 1572 万元，其他 474 万元。工程实施阶段及前期决策阶段咨询业务收入相对较高，占比达到了 71.8%；全过程工程造价咨询业务相较 2021 年增长较快，较 2021 年度增幅为 136.3%。

企业盈利总体情况。2022 年企业实现利润总额 415832 万元（含其他业务）。

二、服务内容

目前管理的全国注册造价工程师共有 400 余人，共有 13 家单位被评定为 AAA 级信用企业。

1. 信息化工作

一是水电水利规划设计总院定期开展投产电力工程项目造价信息的统计分析工作，以当期投产的水电工程、风电工程和光伏发电工程的投资指标数据为基础，通过分类汇总和对比分析，得出当期工程的造价水平与变化趋势。2022 年完成并发布了《"十三五"期间投产电力工程项目造价情况》。二是长期以来，可再生能源定额站负责收集人工、材料和设备价格信息，通过测算定期发布水电工程价格指数，具体包括分地区及全国的建安工程综合指数、建筑工程分部分项工程指数、安装工程分部分项工程指数和单一调价因子价格指数等，以反映水电工程投资随政策、市场价格的变化趋势和幅度。2022 年按期发布了《水电建筑及设备安装工程价格指数（2021 年下半年）》《水电建筑及设备安装工程价格指数（2022 年上半年）》。三是《可再生能源工程造价信息》是可再生能源定额站和专委会对外发布信息的重要窗口和渠道，全年共 24 期。2022 年及时、准确反映与工程造价有关的信息内容，为广大专业工作者提供信息服务。

2. 造价专业培训

持续向水电、新能源行业培养并推送造价领域专业人才，其中水电行业已经培养了超过万余名，新能源行业已培养了千余名造价专业人才。

3. 学术交流与研讨

紧密结合水电行业发展形势，关注工程造价重点及前沿问题，加强稿件征集和审稿工作。2022 年全年 4 期《水利水电工程造价》期刊准时出版。

第二节　发展环境

一、政策环境

2022 年 1 月，国家发展改革委、国家能源局联合印发《国家发展改革委 国家能源局关于完善能源绿色低碳转型体制机制和政策措施的意见》（发改能源〔2022〕206 号），明确到 2030 年，基本建立完整的能源绿色低碳发展基本制度和政策体系，形成非化石能源既基本满足能源需求增量又规模化替代化石能源存量、能源安全保障能力得到全面增强的能源生产消费格局，并在完善国家能源战略和规划实施的协同推进机制、完善引导绿色能源消费的制度和政策体系，建立绿色低碳为导向的能源开发利用新机制、完善新型电力系统建设和运行机制等方面提出具体要求。

2022 年 3 月，国家发展改革委，国家能源局联合发布《氢能产业发展中长期规划（2021–2035 年）》，明确了氢的能源属性是未来国家能源体系的组成部分，充分发挥氢能清洁低碳特点，推动交通、工业等用能终端和高耗能、高排放行业绿色低碳转型。明确氢能是战略性新兴产业的重点方向，是构建绿色低碳产业体系、打造产业转型升级的新增长点。

2022 年 6 月，国家发展改革委、国家能源局等联合印发《"十四五"可再生能源发展规划》，提出到 2025 年，可再生能源发电量达到 2.3 万亿千瓦时左右。"十四五"期间，可再生能源发电量增量在全社会发电量增量中的占比超过 50%，风电和太阳能发电量实现翻倍。坚持生态优先、因地制宜、多元融合发展，在"三北"地区优化推动风电和光伏发电基地化、规模化开发，在西南地区统筹推进水风光综合开发，在中东南部地区重点推动风电和光伏发电就地就近开发，在东部沿海地区积极推进海上风电集群化开发。

2022 年 8 月，国家发展改革委、国家统计局、国家能源局联合印发《国家发展改革委 国家统计局 国家能源局关于进一步做好新增可再生能源消费不纳入能源消费总量控制有关工作的通知》（发改运行〔2022〕1258 号），准确界定新增可再生能源电力消费量范围，现阶段主要包括风电、太阳能发电、水电、生物质发电、地热能发电等可再生能源。并以各地区 2020 年可再生能源电力消费量为基数，"十四五"期间，每年较上一年新增的可再生能源电力消费量，在全国和地方能源消费总量考核时予以扣除。提出绿色电力证书（简称"绿证"）作为可再生能源电力消费量认定的基本凭证，绿证核发范围覆盖所有可再生能源发电项目，建立全国统一的绿证体系，积极推动可再生能源参与绿证交易。完善可再生能源消费数据统计核算体系，要夯实可再生能源消费统计基础，开展国家与地方层面数据核算。

2022 年 11 月，国家能源局综合司印发《关于积极推动新能源发电项目应并尽并、能并早并有关工作的通知》，要求各单位按照"应并尽并、能并早并"原则，保障新能源发电项目及时并网。同时要求加大配套接网工程建设与风电、光伏发电项目建设做好充分衔接，力争同步建成投运。

二、市场环境

2022 年，我国新增可再生能源发电装机 1.52 亿千瓦，占全国新增发电装机的 76.2%，已成为我国电力新增装机的主体。其中风电新增 3763 万千瓦、太阳能发电新增 8741 万千瓦、生物质发电新增 334 万千瓦、常规水电新增 1507 万千瓦、抽水蓄能新增 880 万千瓦。

截至 2022 年底，可再生能源装机达到 12.13 亿千瓦，占全国发电总装机的 47.3%，较 2021 年提高 2.5 个百分点。其中，水电装机容量 41350 万千瓦（含抽水蓄能 4579 万千瓦），占全部发电装机容量的 16.1%；风电装机容量 36544 万千瓦，占全部发电装机容量的 14.3%；太阳能发电装机容量 39261 万千瓦，占全部发电装机容量的 15.3%；生物质发电装机容量 4132 万千瓦，占全部发电装机容量的 1.6%。

2022 年，可再生能源发电量达 2.7 万亿千瓦，占全社会用电量的 31.6%，较 2021 年提高 1.7 个百分点。其中风电、光伏年发电量首次突破 1 万亿千瓦，接近国内城乡居民生活用电量。可再生能源在保障能源供应方面发挥的作用逐渐明显。可再生能源装机和发电量稳步增长，有力推动清洁低碳高效能源体系的构建。

2022年，以沙漠、戈壁、荒漠地区为重点的大型风电光伏基地建设全面推进，白鹤滩水电站16台机组全部投产，以乌东德、白鹤滩、溪洛渡、向家坝、三峡、葛洲坝为核心的世界最大"清洁能源走廊"全面建成；抽水蓄能建设明显加快，全年新核准抽水蓄能项目48个，合计装机容量6890万千瓦，已超过"十三五"时期全部核准规模。科技创新取得新突破，陆上6兆瓦级、海上10兆瓦级风电机组已成为主流，量产单晶硅电池平均转换效率已达到23.1%。全球能源产业重心进一步向中国转移，中国生产的光伏组件、风机发电机、齿轮箱等关键零部件占全球市场份额的70%。2022年，中国可再生能源发电量相当于减排全国二氧化碳约22.6亿吨，出口的风电光伏产品可为其他国家减排二氧化碳约5.7亿吨，合计减排二氧化碳28.3亿吨，约占全球同期可再生能源折算二氧化碳减排量的41%，中国为全球应对气候变化作出重要贡献。

第三节　主要问题及对策

一、进一步推进定额标准管理工作

一是根据国家投资管理体制变化情况，结合目前工程造价管理实际和发展趋势，在进一步完善项目前期有关定额标准体系的基础上，研究建设期、运营期工程造价管理需求，建立科学、完整的可再生能源发电工程全寿命周期造价管理及定额标准体系，搞好行业定额标准管理的顶层设计，为开展相关工作指明方向。

二是继续推进《水电建筑工程概算定额》《水电设备安装工程概算定额》《太阳能热发电工程概算定额》《水电工程投资匡算编制规定》《水电工程投资估算编制规定》等已立项工程定额标准制（修）订工作，进一步完善定额标准体系。拓展新型能源、储能方式的定额标准制定工作，如压缩空气储能、氢能工程投资导则编制。

二、加强工程造价热点难点专题研究工作

结合工程造价管理需求及业务发展需要，开展相关造价专题研究工作，具体包括水电及新能源工程中新材料、新设备、新技术应用下的技术经济研究，如水电 TBM 掘进技术、海上漂浮式风电工程、压缩空气储能等施工造价分析；变更索赔处理有关计价方法及标准研究；水电及新能源工程建设管理模式及合同管理、造价分析研究。

三、进一步强化工程造价管理工作

一是以"双碳"目标为导引，结合行业发展需要，开展行业造价信息统计、分析和研究工作，形成工程造价信息监测长效机制，及时掌握行业造价管理的实际情况，为行业健康持续发展提供建设性意见。当前需继续做好国家能源局委托的投产电力工程项目造价统计分析工作，开展《2021—2022 年投产电力项目造价统计分析报告》编写工作。

二是完善水电工程造价指数测算及发布工作。按期完成 2022 年下半年和 2023 年上半年水电建筑工程和设备安装工程价格指数测算和发布工作，并逐步扩大指数测算和发布范围和内容，进一步完善指数测算方法，提高指数合理性和准确性。

三是加强行业自律，根据中价协总体部署，大力推进造价咨询企业及造价专业人员诚信体系建设，促进行业造价咨询业务健康发展。

四是积极开展专业培训、学术交流和研讨活动。继续办好每年的水电及新能源工程造价培训班，为造价专业队伍培养人才。积极组织召开学术交流、研讨会，充分发挥委员单位作用和委员的专业特长，对工程造价管理中的突出和迫切需要解决的问题进行研讨，科学引领行业发展。

五是扩大对外交流与合作，学习国际上先进造价管理经验和方法，推动中国造价咨询业国际化发展进程，服务"一带一路"倡议和"走出去"战略。

（本章供稿：周小溪、刘春高、刘春影）

第三十二章

中石油工程造价咨询发展报告

第一节 发展现状

计价依据优化升级取得新突破。2022年组织完成的预算定额、概算指标、费用定额和其他费用标准四部新版计价依据颁布实施，妥善解决了定额人工单价偏低、量价费结构不平衡、营改增等政策落实不到位等突出问题。同时，为解决新版计价依据实施后与检维修定额水平存在的差异问题，开展检维修定额修编工作，2022年完成定额执行情况调研、分析及行业对标工作，总体修编方案已通过专家审查，计划2023年发布实施。

新能源项目投资控制迈出新步伐。开展光伏发电、风电工程计价依据和投资控制指标研究，创新性地完成了包括光伏发电项目投资编制规则和方法、概算估价表、主要设备材料参考价格、典型工程示例、投资综合指标、工程量清单计算规则等一系列造价成果，并印发了《光伏发电项目投资编制与工程量清单计价指南（试行）》，对规范集团公司光伏发电项目投资编制、指导发承包招标投标管理具有重要意义。

造价管理数字化转型站上新台阶。坚持应用大数据、人工智能等数字技术促进业务发展，创新构建高效智能化投资指标管理体系。一是建设完成指标数字化管理方法论，规范指标数字化管理工作流程。二是开发指标管理软件，通过与造价平台数据接口和导入，极大地提升了数据采集效率。三是完善指标分类目录，按照油田、气田等9类工程，编制完成不同层级的投资控制指标体系。四是创新移动端成果展示和精准推送服务，在微信公众号开发"指标查询功能模块"，解决指标成果应用渗透率低、用户使用不便等问题。

价格信息动态研究达到新水平。深化设备材料价格专项研究，形成了更加完善的价格信息制定、发布、联动、共享、保障等价格管控机制。密切跟踪国内宏观经济形势和对工程造价影响较大的基础钢材、新能源设备材料等大宗材料市场走势，完成 6 期《大宗材料价格趋势分析与预测简报》；收集、整理物资采购价格数据，研究制定初步设计概算编制、审核综合控制价和常用设备材料参考价格，形成 30 万条价格数据的《常用设备材料价格数据库（2022 版）》，为工程造价文件编审和投资决策提供价格支撑和参考依据。

重大项目投资审查取得新成效。研究制定《投资审查统一规定（2022 版）》，统一标准、严格审查，提供投资估算和概算审查支持服务。2022 年配合集团公司开展建设项目投资控制，参与工程建设项目投资估算、概算及专项费用审查，其中境内项目共 35 项，境外项目共 37 项。

石油工程造价行业管理得到新加强。一是积极承担住房和城乡建设部造价研究课题，作为主编单位完成的《通用安装工程消耗量定额第三册：静置设备与工艺金属结构制作安装工程》正式出版；参编的团体标准《建设项目工程总承包计价规范》T/CCEAS 001-2022 正式发布，《建设项目设计概算编审规程》已完成征求意见稿；二是对 3 家造价咨询企业开展了信用评价，1 家单位荣获 AAA 级信用评价等级；为 129 人办理一级造价工程师初始注册，为 153 人办理延续注册，为 85 人办理变更注册；三是编制《工程造价管理办法》，填补造价管理顶层制度空白；开展石油工程造价专业人员岗位认证工作，解决了造价人员无证上岗和不合规执业的历史遗留问题；组建第七届"石油建设地面工程造价专家委员会"；依据集团公司内部工程造价争议鉴定相关规定，完成宁夏石化和庆阳石化烷基化两个项目结算争议鉴定；履行定额解释答疑职责，保障甲乙双方利益。四是利用"中国石油工程造价管理中心"微信公众号发布百余篇推送内容；编辑、发行《石油工程造价管理》期刊共 4 期，组织评选 2022 年石油工程造价优秀成果 23 项、优秀论文 51 篇。

第二节　发展环境

随着能源行业面临巨大变革、建筑行业数字化管理加速演变、造价市场化改革大力推进，石油工程造价管理工作也面临新挑战和新任务。一是市场经济条件下的工程造价管理改革不断推进。当前，我国经济发展以市场化结构性改革和高质量发展为主线。住房和城乡建设部大力推行工程造价管理市场化改革，发挥市场在工程建设领域资源配置中的决定性作用，新形势下对石油工程造价管理提出了更高要求。二是能源转型为石油工程造价管理工作带来新机遇。"双碳"目标提出后，绿色发展理念深入人心，能源结构绿色低碳转型已成全球共识，绿色建造技术开始全面推广；中国石油把"绿色低碳"纳入公司五大战略，明确"清洁替代、战略接替、绿色转型"三步走总体部署。加快构建"油气热电氢"多能互补新格局，为石油工程造价管理发展提供了新的机遇。三是信息化与数字化技术快速迭代为造价管理赋能。2022年我国大数据产业规模达1.57万亿元，同比增长18%。随着国家大数据战略的落地，大数据体量呈现爆发式增长，国内BIM、大数据、云计算、人工智能等新兴技术近几年在造价管理领域也发挥了愈加明显的作用，推动石油工程造价数字化转型将为实现"数字中国石油"的目标助力。

第三节　主要问题及对策

石油工程造价行业将持续深入贯彻党的二十大精神，真抓实干、守正创新，全力推动石油行业造价管理工作高质量发展。一是做精造价业务。加强国际化对标研究，完善全产业链投资参考指标体系，推进工程量清单计价，提升集团公司投资控制精细化管理水平。二是强化行业管理。密切跟踪工程造价领域政策变化，持续加强多层级、多元化培训，推动造价人才队伍建设和素质能力提升。三是持续推进数字化转型。充分利用数字技术手段，持续推进工程造价管理平台深度开发利用，加速工程造价管理数字化转型、智能化发展。四是突出管理创新。坚持把创新作为造价业务发展的第一动力，加强创新能力培养和管理创新实践，切实提升课题研究质量和造价管理水平。五是强化境外项目投资控制。研究编制适应境外项目的计价依据和投资控制指标，推动以境内项目管理的要求严格控制境外项目前期投资，结合项目建设所在国实际合理确定工程造价。

（本章供稿：付小军、肖倩、刘晓飞）

第三十三章

中石化工程造价咨询发展报告

第一节　发展现状

一、基本情况

截至 2022 年末，管理 21 家工程造价咨询企业（其中专营造价咨询企业 5 家，具有多种资质的企业 16 家，直属企业 8 家，改制企业 13 家）；造价咨询总收入 24120 万元；信用 AAA 级企业 14 家，AA 级企业 1 家。一级注册造价工程师 810 人。工程造价从业人员 14200 余人，其中石油工程概预算专业人员 3000 余人，石油化工预算专业人员 9100 余人，石油化工概算专业人员约 2100 人。

在建重点项目包括镇海炼化 1100 万吨年炼油和高端合成新材料项目、巴陵己内酰胺项目、茂名炼油转型升级及乙烯提质改造项目、天津南港乙烯及下游高端新材料产业集群项目、新疆库车绿氢示范项目等。

二、信息化建设情况

1. 计价依据制修订信息化建设

实现计价依据制修订及动态管理信息化，建立定额与指标等计价依据之间数据联动机制。设备材料价格管理、定额工料机库价格管理、指标组合内容及含量管理等信息化手段提高工作效率，缩短计价依据动态调整周期。

2. 工程造价数据平台建设

探索石化工程的造价数据进行标准化、结构化组织和数据积累的有效实施路径，将造价数据进行结构化处理，实现"量价对应"，实现了造价数据的多维度、多角度、多阶段、跨项目的统计、查询、对比、分析等功能。达到支撑建设项目估算、概算、预算及全过程工程造价管理数据收集、管理、应用的目的。下一步，将工程造价数据平台融入实施投资管控体系化建设中，持续深化开发工程造价数据采集和大数据应用功能。对重点工程项目推广应用，实现新建项目的全覆盖，提升全过程工程造价数据管控能力，促进石化工程造价管理水平提升。

3. 实现工程造价专业队伍管理信息化

持续推进专业人员培训、考核、注册、年检等管理信息化，建立中国石化工程造价专业人员信息库，为工程造价管理提供专业人才保障。

4. 持续完善造价信息发布

有效利用工程造价各专业管理机构的网站为媒介，持续完善石化工程造价信息发布，包括工料机价格指数、非标设备价格、电缆、阀门价格等。

第二节　发展环境

石油化工工程造价咨询行业的发展主要依赖于能源化工领域的投资环境，能源化工领域包括炼油、石油化工、煤化工、天然气化工等，投资来源包括中国石化、中国石油、中国海油、国家能源投资集团、中化集团、陕西延长石油、浙江石化、壳牌公司、沙特阿美公司、巴斯夫公司、埃克森公司等国内、国外的中央、地方、民营、合资、独资等企业。这些企业在能源化工领域的投资战略、投资管理模式、工程项目各阶段费用控制方法等都决定着石油化工工程造价咨询行业的发展走向。

一、服务于石油化工基建工程项目投资控制的造价咨询

石化行业具有产业链长、涉及面广、高危高风险、国有投资规模大、资金密集等特点，工程建设项目普遍规模大，生产装置种类多，设备、工艺复杂，建设周期长，新工艺、新技术、新设备、新材料发展和应用较快，建设标准高、质量标准高、HSSE 风险高，对项目管理水平要求比较高，项目的投资控制难度也比较大。为响应国家工程造价改革号召，石油化工领域建设单位积极发挥主观能动性，通过强化建设项目实施过程管控来夯实主体管控责任。一系列工程造价管理规定、建设项目实施投资控制管理规定等规章制度发布施行，对石油化工工程造价咨询企业而言，既是机遇也是挑战。

二、服务于工程项目全生命周期修理费管理的造价咨询

做好石油化工企业修理费管理，是保障石化装置安全、稳定、长周期生产运行的重要基础。近些年，由于生产企业推行"定岗、定员、定编"的三定工作，工程造价专业人员普遍配备不足且主要精力投入造价总体管控之中，造价业务基本上是以框架服务招标、项目服务招标的方式发包给能源化工领域的各工程造价咨询公司。虽然这些项目都偏小，但项目服务常年都存在，项目服务方式固定，因此该领域工程造价咨询服务的竞争同样激烈。

三、服务于工程结算和竣工决算的审计造价咨询

石油化工工程造价咨询行业在工程结算审计、竣工决算审计、项目在建跟踪审计等各项审计业务中发挥着重要的作用。这些审计类咨询服务政策性强、业务水平要求较高，为了能在这一领域开展业务，各工程造价咨询企业必须不断提高员工自身素质和业务能力水平。开展工作的业务人员要严格按照国家审计法规、审计工作规定、审计工作办法、审计业务规范等开展工作，为工程结算把好关。近几年，全球新材料行业规模不断扩大，市场需求旺盛。大量地方国有企业和民营企业以及跨国能源化工公司开始重金投入能源化工领域。为能源化工领域工程造价咨询行业的发展增加了新的驱动力。

第三节　主要问题及对策

石油化工工程造价业务服务于工程项目，由于石油化工项目受国家政策变化和市场价格波动影响，项目决策和实施过程相对复杂，需要工程造价业务适应各类石油化工工程项目需要。

一、不断改革、创新工程造价计价体系

持续深化改革、创新，加强计价体系建设。按照"量真价实、贴近市场"改革思路，建立计价基本要素与市场的联动机制，发布造价指数和市场价格信息，以新标准、新技术、新要求为依据，加强专题研究，提高计价依据的科学性和适用性，使传统计价依据（标准）与时俱进、不断焕发新的活力，逐步与市场接轨、与国际接轨。

二、强化全生命周期造价管理

以工程造价制度建设为基础，以工程建设项目全过程投资控制管理为核心内容，以工程计价体系建设、工程造价专业队伍及人员管理规范为基础支撑，全面落实建设单位投资控制主体责任，推进工程建设项目可研估算、总体（基础）设计概算、控制预算、招标投标、合同、施工图预算、结算、决算、审计等各环节的贯通，加强工程建设项目实施过程投资管控，制订投资控制分目标，进行费用跟踪与预测；编制费用报告，分析费用偏差，提出纠偏措施，控制工程建设项目在批准投资概算内建成，落实建设单位投资控制主体责任，保障项目投资总体受控。

三、以信息化为载体强化造价体系建设

以"数据 + 平台 + 应用"模式，持续探索运用大数据、云平台、NPL 语义

分析、人工智能等新技术的应用，不断强化信息化应用平台体系化建设、探索石化智慧造价应用。

建设项目全过程投资管控信息平台，从项目设计源头加强数据结构化治理，提升数据传递、数据积累、数据分析及应用的自由度，提升信息化为项目管理服务的水平，集成项目信息、各阶段工程造价文件（估算、概算、预算、结算等）、实施过程投资管控及变更管理等功能。实现造价文件线上编制、审查和数据集成流转，逐步建立中国石化工程建设项目统一的工程造价及投资控制平台。打造业务与数据共生的闭环体系，建设动态化工程造价数据库，探索工程造价大数据应用，促进工程建设资源、要素合理配置，以工程造价大数据赋能石化工程建设高质量发展。

四、强化工程造价从业人员管理和培训

加强从业人员专业业务管理。加大各专业取证及继续教育培训力度、完善相关培训内容，在工程造价理论、工程造价体系文件、石化专业技术知识、专业应用软件、专业技能和工程建设相关知识学习等方面科学谋划课程设置和课件研发，努力提高造价从业人员履行岗位职责的能力及业务水平，保证专业人才队伍持续补充新生力量，采用以老带新模式，尽快提升整体专业水平，促进专业人才梯队体系建设，在层次化、差异化、精准化培训方面下功夫，继续探索专业人才培养新途径。

五、构建工程咨询企业服务能力评价体系

以信息化建设为载体，构建工程咨询企业服务能力评价体系，对服务于石化建设项目的工程造价咨询企业进行及时、客观的动态化和可量化评价考核。一是助力石化建设单位客观了解造价咨询企业服务石化项目的能力、水平和工作质量，为建设单评优选优提供参考。二是引导造价咨询企业提升服务石化项目的能力和技术水平，开展更高端的造价咨询，为建设单位提供更优质的增值服务，促进石化工程造价咨询行业健康发展。

石油化工行业目前在国外的投资不断加大，正在按照国家"走出去"战略，开展"一带一路"国家建设，跟随这些建设项目的步伐，工程造价咨询企业也已起步开展"一带一路"海外工程造价咨询服务，这是工程造价咨询企业实现可持续健康发展的重要努力方向。

（**本章供稿：常乐、刘学民、蒋炜、李燕辉、潘昌栋、张学凯、王少龙**）

第三十四章

冶金工程造价咨询发展报告

第一节　发展现状

随着国家体制改革和社会主义市场经济的发展，冶金工程造价咨询行业与冶金工业建设行业同步发展，业务范围不断扩大。冶金工程造价咨询企业逐渐成为市场活跃的主体，其中大部分形成了集工程咨询、设计、监理、工程总承包、造价咨询为一体的综合性工程技术公司。企业依据各自特点和规划，基本采取"一业为主、两头延伸、多种经营"的发展战略，不断拓展业务领域，有选择地开展工程技术咨询、工程造价咨询、行业发展规划、项目可行性研究、环评、工程造价过程控制、建设监理、工程总包、建筑智能化、建设项目全过程工程造价咨询等多种经营活动，部分延伸到市政、岩土工程、房地产开发、装备制造等领域。

冶金行业主要工程造价咨询企业共 16 家，其中国有独资或国有控股企业15 家，民营企业 1 家。从业人员数量约 16959 人，专业技术人员约 10769 人，具有中、高级职称约 9443 人，占总人数约 55.7%。主要职业资格持有情况为：一级造价工程师 473 人、注册建造师 1172 人、注册监理工程师 597 人。人员年龄各段占比情况：35 岁以下约为 21.8%、35~45 岁约为 45.6%、45 岁以上约为 32.6%。现阶段冶金工程造价咨询行业主营业务仍以面向冶金工程项目为主。近年来，根据统计数据结果显示，非冶金项目数量日趋增长。2022 年，冶金和矿山业务占比 61.82%，房建、市政、公路三大板块业务占比 35.58%，非冶金业务占比首次超三成以上。今后在冶金工业强化改造升级和结构性调整的背景下，冶金工程造价咨询企业的业务范围必将向非冶金项目领域加速拓展。

冶金建设项目规模庞大、投资额度高、建设周期长，专业涵盖面广、系统繁多、子项分解极其复杂，因此冶金造价咨询企业凸显专业齐全、技术先进、装备精良、积累雄厚等特点，且普遍具有丰硕的业绩和良好的信誉。截至目前，16家冶金工程造价咨询单位在造价咨询企业信用评价中，除 1 家未申报外，先后有13 家被评定为 AAA，2 家评定为 AA。

第二节　发展环境

一、政策环境

从今年以来，国家发展改革委、工业和信息化部下发关于钢铁产业的发展要求和对产能置换监管力度，以及近期津西钢铁百亿防城港项目取消、山东 11 个钢铁项目被关停退出等可以看出，国家层面对"严禁新增产能"的决心之坚决，这也意味着中国钢铁工业规模迅速增长的时代已经历史性完结，城市钢厂环保搬迁新建项目的高峰期已经过去，未来新建绿地钢铁市场机会将大幅减少。"结构调整、创新驱动、智能制造、绿色发展、开放发展"仍然是钢铁产业的必行之路，这也为我国钢铁工业的跨越发展提供了至关重要的战略机遇，同时也对冶金建设行业和工程造价咨询企业提出了新的课题和挑战目标。

钢铁行业规模在一定时期内仍将保持稳定。党的二十大报告提出发展现代化产业体系，把着力点放在实体经济上，发展新型工业化。钢铁作为工业的"粮食"，在国民经济中的重要地位没有变，随着工业化进程以及城镇化建设持续推进，钢铁需求仍将保持一定规模。截至 2020 年，我国人均钢铁积蓄量只有 8 吨，美国、日本当年达到钢铁峰值时的人均钢铁积蓄量分别为 11 吨、10.5 吨。我国钢铁产量年增长率尽管已下降到个位数，但仍在保持一定增长，表明近一段时期中国钢铁仍将保持一定的规模，为冶金建设市场保持稳定提供保障。

二、市场环境

2022年以来，受国内外环境多重因素影响，冶金建设行业面临严峻挑战。从国际看，世界钢铁生产和消费整体下行，国际市场价格进入下降通道，出口动力减弱，大型钢铁企业多处于观望状态，增量市场新建项目策划周期长达3~5年以上；存量市场改造项目数量加大，相对周期较短，但项目规模普遍较小。多重因素的影响下，海外市场进一步收缩，国际市场拓展面临较大压力。

从国内看，一是钢铁行业下行周期加快。2022年我国钢材消费量为9.2亿吨，同比下降3.1%，预计2023年我国钢材需求量为9.1亿吨，同比下降1.1%。二是"严禁新增产能"仍然是钢铁产业巩固供给侧结构性改革成果的重要政策要求。三是钢铁行业兼并重组进程加快，将进一步改变行业发展格局。未来随着部分企业的持续亏损，企业间因战略和经营调整带来的兼并重组还将继续，宝武、鞍钢等龙头企业正在加速形成，将给冶金建设行业的发展格局带来深刻影响。

在"双碳"政策背景下，推动高端化、智能化和绿色化升级是未来的发展方向。钢铁企业加快发力氢冶金等低碳技术，2022年4月，酒钢氢冶金中试基地全球首轮煤基氢试验取得多项成果，煤基氢冶金主工艺流程完全打通；9月下旬，全球首套绿氢零碳流化床高效炼铁新技术示范项目开工仪式在鞍钢鲅鱼圈钢铁基地举行。我国钢铁行业由传统"碳冶金"向新型"氢冶金"的转变迈出了示范性、关键性步伐，也为冶金建设和造价咨询行业带来新的发展机遇。

第三节 主要问题及对策

一、海外项目工程造价咨询

近年来，冶金行业的设计、施工企业陆续承揽了亚欧和南美等地区诸多海外工程项目，面对的主要问题包括EPC模式应用、外汇汇率风险、计价模式各异、人工机械降效、材料采购运输、设计验收标准、索赔与反索赔、税费、外文资料翻译等问题。海外项目的建设经营难点繁多，企业在投资管控与造价咨询等实际运作中有着许多成功的经验，也经历了不少困境和挫折。

海外市场风险与机遇并存，随着"一带一路"建设继续推进，还将有越来越多的钢铁企业走出国门，在全球范围内持续推进优质产能合作，钢企海外扩张空间较大。同时，非洲、东南亚等欠发达国家和地区城市化进程还在延续，其基础设施建设、房地产等投资将成为全球钢铁消费主战场，市场潜力巨大，为冶金建设及造价咨询业务未来发展提供更多市场机会。今后准备针对海外项目中面临的共性问题，在行业内筹划设立一个信息化的合作平台，并建议在跨行业间建立类似平台，以便于交流和相互借鉴，整合协调海外项目相关信息与经验的共享，以促进工程造价咨询行业的整体发展。

二、工程计价标准体系

1. 大部分计价标准亟待更新

构建新形势下的冶金工程计价标准体系任务相当繁重。冶金工业概算指标和估算指标近三十年没有更新；冶金工程量清单计价规则、冶金及矿山建设工程预算定额及配套费用定额的年限也达 10 年以上。各类计价依据的修编和更新需要大量的信息收集、资料整理及测算分析、人力资源和必要的经费，这些都是需要面对和着力解决的问题。

2. 策略及方法

冶金工程计价标准体系要依据项目各阶段的需求进行编制，拟采取的策略是：一是标准体系统一筹划、依据客观条件分步实施；二是标准水平贴近市场，子目设置突出冶金特点，实用便捷；三是充分依靠冶金行业建设、设计、施工、咨询、院校等单位的密切合作，讲求为行业奉献的精神；四是厉行节约、精打细算，同时尽可能争取有关方面的关注与支持。

3. 近期重点推进的工作

在初步设计阶段实施工程量清单招标，已经在冶金工业建设中广泛采用，但一直没有与之配套的计价依据。以往通常是各企业参照概算或预算定额自行编制清单单价，因基础定额消耗量不准和各企业的具体情况，所报单价水平参差不齐，差异较大。在初步设计阶段实施工程量清单招标，合理准确地编制清单单价是关键环节。目前正在尝试编制的《冶金工业清单综合单价》，就是为有关各方编制投标报价和审查，提供一个反映行业一般水平的指导性依据。鉴于冶金工业建设的施工技术、施工工艺、技术装备和人工、机械、材料的品质、质量及消耗水平与原有定额发生了相当大的变化。《冶金工业清单综合单价》就是将子目中的人工和机械费用市场化，分析采用同类项目投标（中标）价格中人工、机械费所占比例，以此替代原定额中的相应费用。《冶金工业清单综合单价》的主要特点是贴近市场，较之传统定额编制方式有所创新和变革。由于其编制模式尚无先例，单价水平的调整方法尚需进一步探索，在工作中肯定还会遇到各种困难，不仅需要充分发挥编制人员的聪明才智，更要得到包括设计、建设、施工、定额总站、软件公司等单位的精诚合作。

今后冶金行业高质量发展重在改造升级和结构性调整。随着国家对传统产业自主创新、产品结构调整、装备效率升级、绿色低碳改造的要求，技改项目投资占比会逐渐增高。因此，冶金工业技术改造项目的投资管理模式和计价方式要跟上形势发展的需要，拟通过组织建设、设计、施工、造价咨询等单位的深入研讨，适时启动编制适应此类项目的计价标准。

"坚持市场决定工程造价，深化工程计价体系改革，全面实施适应市场经济的工程量清单计价模式，充分发挥市场在计价、定价中的决定性作用"是现阶段工程造价管理及运行机制的发展趋势。政府有关部门也提出了加强和完善工程投资估算指标、设计概算定额的制定等要求。冶金行业着力推进的"冶金工业建设工程计价标准体系"建设，符合国家倡导的工程造价管理及运行机制的发展方向。通过不懈努力，冶金工程计价标准体系一定会日臻完善。

（本章供稿：朱四宝、侯孟、辛烁文）

第三十五章

电力工程造价咨询发展报告

第一节　发展现状

一、企业基本情况

2022 年，29 家电力工程造价咨询企业主要分布在华北地区、华东地区、华南地区、华中地区、西北地区、西南地区和东北地区，数量占比分别为 31.0%、13.8%、10.3%、24.1%、6.9%、10.3% 和 3.4%。

按照注册类型结构，分为国有独资、国有控股和有限责任公司等类型，其中国有企业类型 4 家，有限责任公司类型 25 家。

截至 2022 年底，专营"工程造价咨询"的企业共有 9 家，占比 31.04%。除具有"工程造价咨询"资质外，部分企业还具有工程设计、工程监理等其他资质，其中具有"工程造价咨询 + 工程监理"资质的兼营企业共有 1 家，占比 3.45%；具有"工程造价咨询 + 工程咨询"资质的兼营企业共有 5 家，占比 17.24%；具有"工程造价咨询 + 工程咨询 + 工程设计"资质的兼营企业共有 4 家，占比 13.79%；具有"工程造价咨询 + 工程监理 + 工程咨询"资质的兼营企业共有 5 家，占比 17.24%；同时具有上述四种资质的兼营企业共有 5 家，占比 17.24%。

2018-2022 年期间，29 家电力工程造价咨询企业从业人员总数呈上涨趋势，从 9358 人增长至 14699 人，涨幅达到 57.07%。一级注册造价工程师数量由 488 人上升为 695 人，总体呈现稳定增长趋势，年均增长幅度为 10.60%。2022 年，29 家电力工程造价咨询企业中获得二级及以上注册造价工程师的人数占比最高的为66.59%，最低的为1.60%。拥有高级及以上的人数由3819人上升为6009人，增长幅度为57.34%；拥有中级职称的人数由2632人上升为3827人，增长幅度为45.40%。

2022年，29家电力工程造价咨询企业累计营业收入为13.75亿元。其中前期决策阶段咨询收入、实施阶段咨询收入、结（决）算阶段咨询收入、全过程工程造价咨询收入占比分别为7.96%、31.43%、23.30%、34.13%。

二、管理和服务

1. 不断建立和完善科学合理的电力工程计价依据体系

持续推进现有电力工程计价定额体系的编制与修订工作。坚持把系统观念贯穿于电力工程计价定额体系的编制与修订工作中，完成《20kV及以下配电网工程定额与费用计算规定（2022年版）》修编工作，报送国家能源局并通过审查工作；完成《西藏地区电网工程定额与费用计算规定》修编工作；完成新版《电力建设工程工期定额》的编制工作，实现动态更新与完善，不断完善现行电力工程计价定额体系。

研究构建顺应绿色低碳发展要求的电力工程计价定额体系。为最大限度地提升新型储能项目投资控制水平，充分结合各类应用场景和多元化技术路线，研究构建新型储能项目工程计价依据体系框架。采取实地调研与专家访谈相结合的方式，调查研究储能技术发展状况和我国储能项目建设情况，积极推进新型储能项目定额和费用计算规定的研究编制工作。目前，已初步完成电化学储能电站（锂电池部分）定额和费用计算规定的编制工作。

积极探索更高效的电力工程计价定额编制协作机制。认真贯彻落实国家能源局对电力工程计价定额管理工作的一系列指示，在各级电力工程造价与定额管理机构的共同协助下，提出"构建畅通交流平台、统一思路和原则、重点研究和详细测算、集中编制和严格审查"的编制原则，有效支撑了电力工程计价定额的及时响应度和科学适用性。

2. 系统强化电力工程计价标准体系的制定与应用推广

全力推进标准化体系完善。编制《分布式光伏项目经济评价规范》T/CEC

637-2022 等 6 项团体标准，经中国电力企业联合会实现批准发布。完成《光伏发电工程对外投资项目造价编制及财务评价导则》《海上风电场工程对外投资项目造价编制及财务评价导则》《陆上风电场工程对外投资项目造价编制及财务评价导则》等标准的审查和上报工作。

积极推进国际标准的互译互通。受英国皇家特许测量师学会（RICS）的邀请，负责第三版《国际成本管理标准》（ICMS）中文翻译及推广工作，并在英国皇家特许测量师学会（RICS）年度工作会议上正式发布。通过标准互译，实现国内外信息互通，协助电力企业和造价人员了解国际惯例、参与国际合作，引导造价专业国际化发展。

逐步形成标准编制与推广应用融合转化的良性循环。为进一步加深电力工程造价专业对"政府推动、市场引导、系统管理、重点突破、整体提升"的标准化工作思路的认识，逐步在相关电力企事业单位设立不同领域的技术经济分标委会。针对 2021 年版电力建设工程工程量清单计价与计算规范，完成相关行业标准使用指南的编制工作，以进一步强化标准的宣贯、实践应用和评估反馈，推进团标、行标、国标及国际标准融合转化。

3. 增强电力工程造价与定额信息化发展与数字化应用

以多元要素价格为抓手，响应市场需求变化新形势。为落实国家宏观调控政策，加强工程建设投资的动态管理，组织编制《电力建设工程投资价格指数报告（2022 年）》并上报国家能源局；定期出版《电力工程主要设备材料价格信息》《20kV 及以下配网工程设备材料价格信息》；定期发布现行定额价格水平动态调整系数、材料综合预算价格信息等。

以行业分析预测为依托，展示工程造价发展新动向。为全面、客观反映电力行业工程造价管理发展现状，电力工程定额总站作为牵头单位，以行业统计与调查数据资料为依据，以行业机构及相关电力企业提供的资料为支撑，组织编制并出版发布《中国电力行业造价管理年度发展报告（2022）》，为行业提供扎实有效的造价管理信息支撑。

以探索研究为手段，激发工程造价管理新动能。各级电力定额和造价管理机构不断传承宝贵经验和深厚积淀，通过开展产学研用一体化合作，深入开展相关课题的研究和联合攻关，不断丰富、拓展和创新电力造价管理的理论与技术方法。通过"理论－研究－实践－标准"的循环系统以及"行业－企业－工程"的互动模式，深入激发工程造价管理新动能。

以大数据平台创建为支撑，拓展工程造价管理服务新模式。组织开展"电力工程造价大数据平台"构建工作，主要功能包括工程计价依据辅助编制、材料设备价格信息查询与预测、工程造价指标与指数发布、BIM 模型自动算量与计价、答疑与纠纷鉴定、专业人员与咨询企业管理等，致力于开启电力造价管理服务的新模式。

<h2 style="text-align:center">第二节　发展环境</h2>

一、电力规划与投资发展环境

党的二十大报告强调，要积极稳妥推进碳达峰碳中和，深入推进能源革命，加快规划建设新型能源体系。"双碳"目标对电力行业中长期发展规划、战略设计以及规模性、结构性调整带来重大影响，调整能源电力结构是实现"双碳"的重要手段，高质量加快构建"新型能源体系"承载着能源转型的历史使命，加快煤电清洁低碳化发展和灵活调节能力提升，高质量提高风电、光伏等清洁发电装机比例，促进电力输送环节与清洁能源高速发展相适应，推动构建适应大规模新能源发展的源网荷储多元综合保障体系，成为电力工程建设投资发展的明确方向与重要任务。

2022 年 1 月 29 日，国家能源局发布《"十四五"新型储能发展实施方案》，提出推动系统友好型新能源电站建设，在新能源资源富集地区，如内蒙古、新疆、甘肃、青海等，重点布局一批配置合理新型储能的系统友好型新能源电站。2022 年 3 月 17 日，国家能源局发布《2022 年能源工作指导意见》，提出大力发展风电光伏，积极有序推动新的沿海核电项目核准建设，加大力度规划建设新能源供给消纳体系。2022 年 3 月 22 日，国家发展改革委、国家能源局发布《"十四五"现代能源体系规划》，提出推动构建新型电力系统，提升电网智能化水平，增强电力系统资源优化配置能力，推动电网主动适应大规模集中式新能源和量大面广的分布式能源发展，推动电力系统向适应大规模高比例新能源方向演进。2022 年 4 月 3 日，国家能源局、科学技术部发布《"十四五"能源领域科技创新规划》，要求集中攻关开展多电压等级交直流混合配电网灵活组网模式研究，实现配电网大规模分布式电源有序接入、灵活并网和多种能源协调优化调度，有效提升配电网的韧性和运行效率。相关政策与指导文件的出台，对项目投资环境优化起到牵引作用，为电力工程发展建设与投资方向调整优化做出科学指引。

二、工程建设与技术创新环境

为保证我国工程建设体系健康有序发展，国家发展改革委、住房和城乡建设部、国家能源局等相关主管部门结合具体工作发布相关指导文件，规范和促进我国工程建设行业高质量发展。在一系列相关政策规划引导下，我国工程建设体制机制与配套体系不断完善。

2022 年 3 月 1 日，住房和城乡建设部发布了《"十四五"建筑节能与绿色建筑发展规划的通知》，提出加强高品质绿色建筑建设，推进绿色建筑标准实施，加强规划、设计、施工和运行管理，提高建筑节能水平，推动绿色建筑高质量发展。2022 年 3 月 8 日，中国工程建设标准化协会发布了《建设项目全过程工程咨询标准》T/CECS 1030-2022，针对投资决策、勘察、设计、监理、造价、招标采购、运营维护等工程环节，对建设项目全过程工程咨询的管理活动进行规范，推动了工程建设项目全过程管理的细化与规范，助力工程造价管理高质量发展。相关政策的出台，推动了建造方式绿色转型，细化规范了工程建设项目全过程管理，将为优化计价依据编制和市场化建设提供支持，助力工程造价管理高质量发展。

2022 年 5 月 9 日，住房和城乡建设部印发了《关于印发"十四五"工程勘察设计行业发展规划的通知》，提出深化工程勘察设计相关法规制度、优化市场环境，推动工程勘察设计行业绿色化、工业化、数字化转型全面提速，持续助力工程建设高质量发展。2022 年 9 月 30 日，住房和城乡建设部等五部发布了《关于阶段性缓缴工程质量保证金的通知》，要求贯彻落实党中央、国务院关于稳定经济增长、稳定市场主体的决策部署，对阶段性缓缴工程质量保证金的有关事项进行规范和说明。相关政策的出台，推动了建设工程价款结算及多元解纷机制的建设，深化工程勘察设计相关法规制度，为全面推行施工过程价款结算和工程勘察设计提供制度基础，有利于对工程造价管理进行规范。

三、工程造价改革与发展环境

为持续深入推进工程造价管理改革，推动工程造价管理工作高质量发展，营造公平竞争的"有效市场"，相关管理部门出台了一系列政策、指导意见及工作实施方案，系统化完善与提升工程造价管理工作。

2022 年 10 月 21 日，国家市场监督管理总局等九部门联合印发《建立健全碳达峰碳中和标准计量体系实施方案》，要求围绕碳达峰碳中和主要目标和重点任务，加强碳达峰碳中和计量与标准顶层设计与协同联动，提出加强重点领域碳减排标准体系建设。2022 年 12 月 28 日，中价协发布《工程造价指标分类及编制指南》，提出实现建设工程造价指标数据的共享，指导工程造价从业人员及企业对建设工程造价指标分类及编制，提升工程造价管理和服务水平。2022 年 12 月 29 日，住房和城乡建设部印发了《建设工程质量检测管理办法》(中华人民共和国住房和城乡建设部令第 57 号)，提出建设单位应当在编制工程概预算时合理核算建设工程质量检测费用，单独列支并按照合同约定及时支付。相关政策的出台，进一步完善造价计量标准体系，实现工程造价指标数据共享，推动工程造价管理和服务水平提高。

第三节　主要问题及对策

一、存在问题

面对新时代社会经济发展和能源电力转型升级要求，以及企业创新发展和工程投资精益管理的需求，电力工程造价管理在监督机制构建、标准体系完善与人才交流培养等方面的矛盾逐步凸显，存在与新时代、新形势的不适应和不匹配之处，也给电力工程造价管理工作带来新形势与新挑战。具体来看，主要存在三方面问题：一方面，近年来，我国电力科学技术加快迭代，在云计算、大数据、物联网、人工智能、5G 通信等为代表的先进信息技术的加持下，加速电力业务数字化转型，电力科技技术创新发展对电力工程造价与定额管理数字化建设提出更强呼唤。另一方面，作为电力建设工程领域人才队伍的重要组成部分，专业人才培养机制与体系的持续完善是提升专业人才能力水平的关键。最后，电力工程造价与定额监督管理和沟通协调的手段和渠道存在不足。

二、发展建议

1. 创新电力工程计价定额和标准规范编制方法

电力工程造价管理创新发展，来源于电力工程技术、造价管控理论、管理科学理念方法等多方面叠加驱动，未来电力工程造价管理将进一步依托大数据、云计算、区块链和人工智能等现代信息化、数字化技术与方法，积累和分析工程要素市场价格信息，为国家、行业和企业提供多元化数据信息产品。接下来，将着力研究基于信息集成与智能优化的造价管控新技术，实现对电力项目全生命周期投资和成本的动态分析、管控评价和预测应用，探索利用现场动态感知采集和人工智能分析技术，提高计价依据数据的准确性和科学性，更好地支撑电力工程投资决策、造价管理与成本控制。

2. 进一步提升电力工程计价专业管理人才能力

卓越的人才队伍建设是提升电力工程造价管理水平的核心与关键，是提高服务质量、优化行业服务体系和专业营商环境的根基和保障，同时，百年未有之大变局为电力企业"走出去"提供了良好机遇与挑战，未来电力工程造价管理将努力打造多元化的交流合作载体和平台。接下来，建议按照国家深化人才发展体制机制改革的要求，以适应电力工程造价管理发展需求为导向，逐步健全完善造价管理人才培养新机制。强化造价人才培养战略体系建设，着眼长远，制订电力工程造价管理专业人才培养与发展战略规划，进一步完善工程造价专业人员职业资格制度，形成专业人才培养的常态化模式，并构建知识结构立体、专业复合交叉、创新综合发展的造价人才培养体系。

3. 研究制定适合国情的电力工程造价监督机制

电力工程造价管理支撑电力投资科学确定与合理控制，构建适合国情的电力工程造价监督机制具有一定的必要性。接下来，将明晰电力投资高质量发展要求下工程造价监督机制的功能定位与主旨目标，指引电力工程造价管理工作科学发展规划。基于科学的方法，构建出适合国情和现有管理体制机制的监督体系。

（本章供稿：周慧、董士波、顾爽）

第三十六章

林业和草原工程造价咨询发展报告

第一节　发展现状

随着国家对生态文明建设的重视和对林草行业资金投入的加大，林业和草原中央预算内投资项目由原来单一的基本建设项目（主要是建筑工程类别）发展到现在涵盖森林和草原防火、自然保护区建设、林草科技、湿地、林木种苗、林（草）业有害生物防控、重点国有林区公益性基础设施建设、国家公园等多个领域。

2022年主要完成了国家林业和草原局直属单位项目可研和初步设计审核49个；竣工验收材料审核19个；完成了2022年度生态保护和修复支撑体系建设项目（森林防火、保护区、种苗）的造价审核工作，项目数量累计448个；完成《林业和草原建设项目可行性研究报告编制规定》《林业和草原建设项目可行性研究报告审核规定》《林业和草原建设项目初步设计编制规定》《林业和草原建设项目初步设计审核规定》等规范标准的征求意见工作；编制完成2022年度《林业和草原建设工程造价信息》，内容涵盖森林和草原防火、自然保护区、科技等方面；完成中央财政林业和草原转移支付项目储备库入库审核工作、林业和草原中央预算内投资建设项目动态监管工作。

完成中央财政林业和草原转移支付资金绩效评价工作，组织10个组70多人分赴全国35个省级单位、72个县级单位开展林改、生态、国土绿化试点示范项目资金现场绩效评价工作，撰写分省报告和全国总报告。最终形成的绩效评价成果为林草行业主管部门提供了政策依据和技术支持。

285

第二节　发展环境

一、政策环境

党的二十大报告指出，绿水青山不仅是林区的底色，也是谋发展的命根子；有了绿水青山，才能换来金山银山。行业坚决扛起生态保护建设政治责任，坚持正确的生态观、发展观，坚定不移保护绿水青山，促进人与自然和谐共生，全力筑牢生态安全屏障。一是不折不扣抓好生态保护。坚持依法治林，积极构建以生态保护修复、红线监管、专项行动等为主体的生态保护体系。全面推行林长制，抓好信息通报等相关制度建设，全力解决林长制中植绿、护绿、增绿和用绿中的热点难点问题，推动森林资源管控制度化。同时，加大湿地和野生动植物保护力度，规范林下资源采集管理，确保森林数量逐步增加、质量稳步提高、功能持续增强，推动森林资源管控科学化。全面提升管护能力，创新生态网络感知系统建设，推动管护网络系统化。二是不遗余力抓好生态安全。在森林防灭火上，严格落实防火责任，强化火源管控，加强队伍建设和基础设施建设，扎实做好森林防灭火工作。在森林病虫害防治上，推动重大林业有害生物灾害防治管理综合平台建设，加快构建监测预警、检疫御灾、防治减灾和支撑保障体系。三是多措并举抓好资源培育。在人身安全和生态安全的前提下，做好营林地块踏查、安全培训和技术指导，全面提高营林作业质量和安全防范水平，实行"三制"，高质高效落实造林绿化、营林抚育、补植补造、病防等任务。

党的二十大报告树立了绿水青山就是金山银山、冰天雪地也是金山银山的理念，加快推动绿色产业发展，促进森林旅游、森林碳汇、林下经济产业齐头并进、协调发展，让绿色产品、生态产品成为生产力。林业是具有生态、经济和社会三大功能，能够提供生态、物质和文化三大产品的公益事业和基础产业。开发林业的多种功能，是适应经济社会发展对林业不断提出的多元需求，推进林业产业发展的必然选择。目前，我国林业产业发展保持了强劲势头，中国已成为世界林产品生产和贸易大国。2022 年，国家林业和草原局发布《林草产业发展规划

（2021—2025 年）》，明确到 2025 年，全国林草产业总产值达 9 万亿元，基本形成比较完备的现代林草产业体系，林草产品国际贸易强国地位初步确立。《全国林下经济发展指南（2021—2025 年）》（简称《指南》），立足新发展阶段，明确了今后 10 年全国林下经济发展的总体思路和基本布局。《指南》提出，到 2030 年，全国林下经济经营和利用林地总面积达 7 亿亩，实现林下经济总产值 1.3 万亿元；从林地利用范围、发展方向、发展模式、区域布局等方面明确了全国林下经济的发展布局；提出了积极推广林下中药材产业、大力发展林下食用菌产业、科学引导林下养殖产业、有序发展林下采集产业、加快发展森林康养产业等重点领域；确定了加强林下经济品牌建设、加快经营主体培育、加快市场营销流通体系构建、深化林下经济示范基地建设等主要任务。

各项规划、指南等纲领性文件的出台，各项指标的日益增长，以及林草的可持续发展、科技创新等重要成效，将对林业和草原工程造价咨询行业的发展起到重要的指引和促进作用。

二、技术环境

林业和草原工程造价行业特点是项目建设内容涉及面广、技术水平要求较高，从业人员涵盖了林业、草业、生态、经济、地理、水文、气象、航空、通信、网络安全、卫星遥感、建筑类、管理类等近 60 个专业。专家队伍建设采取行业内与行业外相结合的运行模式，广泛吸收、补充不同行业的相关专业专家参与到林业和草原行业工程建设当中，为行业工程建设顺利开展奠定了技术支撑和保障。

在建立完善专家库的基础之上，对专家库入库人员采取动态管理模式。对超龄、转行或因个人其他原因而不再符合入库专家基本条件的人员，会及时予以调整出库。对相关专业或行业中有较深造诣和较高声誉，熟悉其专业或行业的国内外情况和动态的专家予以补充入库。随机抽取入库专家参与项目评审工作，在项目评审过程中，须严格执行回避制度，当出现在库专家参与被评审项目、与项目建设单位存在利害关系及其他可能妨碍评审公正性情形时，须回避项目评审。同时，根据林草行业领域工程建设项目特点和咨询项目类型，合理确定专家选取条件和专家组成原则，使专家优势得到充分发挥。专家评审工作完成后，要组织相关人员对专家参与评审活动情况进行评估，评估结论将作为以后专家选取和使用的重要参考依据。为打造良好的技术环境，评审工作结束后，将专家评审意见汇总整理成册，作为内部交流、研讨的学习材料。

第三节　主要问题及对策

一、存在问题

一是全过程造价监管体系不完善。受资金和人力资源不足的限制，林业和草原项目全过程造价监管工作不够深入，监管体系有待完善。我国疆域辽阔、地理及气候复杂，各工程项目建设地点分散，而林业和草原工程造价咨询又涉及诸多部门，因此，造成国家投资主体对项目信息掌握及控制能力不高。虽然随着业务拓展已延伸到资金绩效评价、项目监管等方面，但是仍局限性较大。

二是咨询成果质量不高。目前，林业和草原工程咨询成果中，存在着不重视资料的积累与整理分析，单纯的资料积累只是建设单位所提供的大量且繁琐的资料堆砌，各部分之间缺乏内在联系，深度不符合咨询成果的要求，各部分之间缺乏内在的、统一的逻辑推理分析。在任务完成过程中，出于成本等因素的考虑，工作人员未能详细地做好前期调研和资料收集工作，造成完成的成果难以因地制宜地体现建设单位的真实需求。在方案设计中，普遍缺乏方案比选、专家评审等环节。风险分析、社会评价分析过于简单，不重视风险分析。这些长期存在的现象，暴露出相关从业人员对林业和草原工程建设项目不熟悉，在咨询的过程中无法根据实际情况进行科学论证，使得工程咨询工作无法顺利开展。

三是信息化水平较低。随着信息化技术的普及和应用，工程造价行业也逐渐实现了数字化、智能化的转型升级，但很多咨询单位在开展林业工程造价管理时并没有充分利用互联网的优势，依然采用传统的方式对信息进行搜集和计量，这种方式不仅缺乏信息的时效性和准确性，还会影响工作质量和效率。目前缺少完整信息系统能够准确快捷地反映项目建设取费标准，制约了林业和草原工程造价管理工作有序发展。

二、发展建议

一是完善行业法律规范，建立监管体制。加强顶层设计，仔细分析当前林业和草原工程造价咨询行业发展的大形势。通过法律规范对每一个环节进行详细规定，使从业人员能够依据准确的标准开展造价咨询工作。另外，要建立项目动态监管和台账制度，完善项目全过程监控的各项规章制度，提升体系的科学性和有效性，为项目投资主体的监管和决策提供有力的保障和参考。

二是提高林草行业工程咨询工作的水平。建立常态化学习交流平台，学习林草行业相关法律法规、投资管理办法、标准规范等。掌握行业的最新动态消息。针对不同类型项目建立项目资料库，及时整理、归纳、更新林业和草原工程造价信息。专家队伍采取行业内与行业外相结合的运行模式，广泛吸收、补充不同行业及相关专业专家参与到林业和草原行业工程建设当中。在每个项目实施过程中做到充分的前期调研和沟通，不断提高咨询服务质量。

三是加强信息化平台建设。在林业和草原工程建设造价中引入信息化技术，进行建模、数据管理和协同设计，以及利用大数据分析系统对信息进行分类、汇总、筛选，储存等，实现工程造价信息平台化、集约化、智能化，提升行业管理效率和服务能力。有关主管部门可以结合我国林业和草原工程建设项目的大致情况建设有关的网站，汇总林业和草原工程建设造价有关的各项资料，做好相关标准的设定，只有这样才能为林业建设工程的决策、实施、评价提供大量的基础信息。

（本章供稿：杨晓春、吴晓妹、杨冬雪、刘吉雨、高钊、李荣汉、陈思宇）

附录

2022 年度行业大事记

　　1 月 19 日，住房和城乡建设部发布《住房和城乡建设部关于印发"十四五"建筑业发展规划的通知》（建市〔2022〕11 号）。对于深化工程造价改革，提出要进一步完善工程造价市场形成机制；加快建立国有资金投资工程造价数据库，加强工程造价数据积累，为相关工程概预算编制提供依据；强化建设单位造价管控责任，严格施工合同履约管理，全面推行施工过程价款结算和支付。

　　1 月 20 日，全国住房和城乡建设工作会议在京召开，大会总结 2021 年工作，分析形势和问题，研究部署 2022 年工作，提出在 2022 年要稳字当头、稳中求进，积极推动住房和城乡建设事业高质量发展，以优异成绩迎接党的二十大胜利召开。

　　3 月 11 日，住房和城乡建设部印发《住房和城乡建设部关于印发"十四五"住房和城乡建设科技发展规划的通知》（建标〔2022〕23 号），指出到 2025 年，住房和城乡建设领域科技创新能力大幅提升，科技创新体系进一步完善，科技对推动城乡建设绿色发展、实现碳达峰目标任务、建筑业转型升级的支撑带动作用显著增强。

　　3 月 11 日，人力资源和社会保障部正式发布《人力资源社会保障部关于降低或取消部分准入类职业资格考试工作年限要求有关事项的通知》（人社部发〔2022〕8 号），提出降低或取消《国家职业资格目录（2021 年版）》中 13 项准入类职业资格考试工作年限要求。一级、二级造价工程师，一级建造师考试报考条件均有所调整。以一级造价师为例，调整后从事工程造价、工程管理业务的工作年限要求均减少一年。

　　3 月 25 日，中价协发布 2022 年工作要点，提出 2022 年协会的总体工作思路是：以习近平新时代中国特色社会主义思想为指导，全面贯彻党的十九大和十九届历次全会精神，在新的发展形势下，完整、准确、全面贯彻新发展理念，坚持稳中求进，创新驱动发展，做好"四个服务"，着力在推进行业数字化建设、维护公平公正市场环境等方面下功夫，统筹疫情防控和助推工程造价行业高质量发展，努力在行业新发展格局的构建过程中体现新担当、展现新作为、做出新贡献，以优异成绩迎接党的二十大胜利召开。

4 月 22 日，住房和城乡建设部发布 2022 年信用体系建设工作要点，指出需推进信用信息共享平台与建筑市场、房地产市场、工程造价、工程质量安全等领域已有监管平台的信用数据统筹，逐步形成标准统一、互通共享的住房和城乡建设领域信用信息共享系统。完善已有平台的信用管理功能，加强信用信息的收集、公开和共享。

5 月 23 日，中价协组织开展了 2022 年第一批工程造价咨询企业信用评价工作。经评审程序，对 236 家工程造价咨询企业信用评价等级进行了公示，对 2022 年第一批工程造价咨询企业信用评价结果予以公布。

6 月 17 日，由中价协组织编制的《法律知识与项目管理》和《工程造价咨询 BIM 应用指南》正式发行。其中，《法律知识与项目管理》围绕工程造价管理领域的法律条款和法律制度进行解释。《工程造价咨询 BIM 应用指南》从工程建设全过程的角度，深入研究了 BIM 技术在工程造价咨询业务中的应用范围、应用深度、业务边界、业务标准和成果质量。

6 月 20 日，财政部、住房和城乡建设部联合发布《关于完善建设工程价款结算有关办法的通知》（财建〔2022〕183 号），提出为进一步完善建设工程价款结算有关办法，维护建设市场秩序，减轻建筑企业负担，保障进城务工人员权益，工程进度款支付比例 8 月 1 日起提高至 80%。

6 月 24-30 日，中价协组织召开了《建设项目工程总承包计价规范》《房屋工程总承包工程量计算规范》《市政工程总承包工程量计算规范》《城市轨道交通工程总承包工程量计算规范》4 项团体标准送审稿审查会议。经过认真评审，专家组肯定了标准的编制成果，送审稿通过了审查。

7 月 13 日，中价协在京召开"建设工程造价指标信息服务平台系统"线上审查会。在调研了行业内现有指标服务平台的基础上，该平台系统是以工程量清单计价规则为依据，结合《工程造价指标编制指南》等课题研究的基础上开发的。平台具有工程造价数据采集、指标加工、指标发布三大功能，企业能够使用平台形成本企业的指标数据库，也可以查看其他企业分享的数据，为工程造价咨询服务提供参考。

7月18日，国家发展改革委等部门发布《国家发展改革委等部门关于严格执行招标投标法规制度进一步规范招标投标主体行为的若干意见》（发改法规规〔2022〕1117号），针对当前招标投标市场存在的招标投标各方主体权责落实不到位，市场隐性壁垒和门槛尚未完全消除，规避招标、虚假招标、围标串标、有关部门及领导干部插手干预等违法违规行为易发高发等突出问题，提出了有针对性的政策措施。这些政策措施，对于完善招标投标工作具有重要指导意义。

9月15日，国务院办公厅发布《关于进一步优化营商环境降低市场主体制度性交易成本的意见》（国办发〔2022〕30号），要求在2022年10月底前，推动工程建设领域招标、投标、开标等业务全流程在线办理和招标投标领域数字证书跨地区、跨平台互认；支持地方探索电子营业执照在招标投标平台登录、签名、在线签订合同等业务中的应用。取消各地区违规设置的供应商预选库、资格库、名录库等；不得将在本地注册企业或建设生产线、采购本地供应商产品、进入本地扶持名录等与中标结果挂钩。

11月1日，市场监管总局、中央网信办、国家发展改革委等18部门联合印发《进一步提高产品、工程和服务质量行动方案（2022—2025年）》（国市监质发〔2022〕95号），提出推动建筑工程品质提升，推进完整社区、活力街区建设。其中，住房和城乡建设部与工业和信息化部、财政部等按职责分工负责"推动建筑工程品质提升"，要求"进一步完善建筑性能标准，合理确定节能、无障碍、适老化等建筑性能指标"。探索建立建筑工程质量评价制度，鼓励通过政府购买服务等方式，对地区工程质量状况进行评估。加快推进工程质量管理标准化建设，推动落实工程质量安全手册制度。住房和城乡建设部还与财政部、人民银行等按职责分工负责"健全财政金融政策"，要求各地区要将质量提升行动工作经费列入预算，鼓励企业加大对质量提升的资金投入，完善质量提升资金多元筹集和保障机制。企业质量提升活动中发生符合条件的研发费用支出，可按规定享受税前加计扣除政策。加强政府采购需求和履约验收管理，更好实现政府采购优质优价。

11月4日，中价协组织开展了2022年第二批工程造价咨询企业信用评价工作。经评审程序，对 283 家工程造价咨询企业信用评价等级进行了公示，对 2022 年第二批工程造价咨询企业信用评价结果予以公布。

11 月 18 日，科技部、住房和城乡建设部印发《"十四五"城镇化与城市发展科技创新专项规划》（国科发社〔2022〕320 号），提出将重点加强城市发展规律与城镇空间布局研究、城市更新与品质提升系统技术研究、智能建造和智慧运维核心技术装备研发、绿色健康韧性建筑与基础设施研究等，着力提升城镇化与城市发展领域的科技支撑能力，破解城镇化发展难题，构建中国特色新型城镇化范式，开创城镇化与城市发展领域科技创新工作新局面。

11 月 28 日—12 月 4 日，全国市长研修学院（住房和城乡建设部干部学院）和中价协联合举办线上工程造价纠纷调解员培训班，进一步提升工程造价纠纷调解员的综合素质和业务能力，从而提高工程造价纠纷调解的质量和效率。

12 月 28 日，中价协组织编制的《工程造价指标分类及编制指南》正式发布。《工程造价指标分类及编制指南》符合国家、行业、地区的现行有关标准的规定，其主要内容包含房屋建筑工程、房屋修缮工程、市政工程、城市轨道交通工程四个专业。